⚠ 最新规范

⚠ 全国大学版协优秀畅销书

建筑施工技术 （第5版）

主 编 陈泽友 文 希 石元印
副主编 魏 瑶 杜德权 杨 何
参 编 秦良彬 宋春梅 陈 杰 程杰挺 汪驰骋
晏金秋 李彦佳 王瑞林 沈 君
主 审 方 俊

重庆大学出版社

内容提要

本书以党的二十大报告关于"实施科教兴国战略,强化现代化建设人才支撑"为指引,以全国高等学校土木工程学科专业指导委员会编制的《高等学校土木工程本科指导性专业规范》为依据,结合建筑行业相关施工规范、土木工程施工技术与组织管理的最新发展进行编写。全书共16章,主要内容包括施工技术部分和施工组织部分。施工技术部分包括土石方工程与基础工程、砌体工程、混凝土结构工程、脚手架工程、结构安装工程、高层建筑主体结构工程、防水工程、装饰工程、建筑保温节能工程、绿色施工、路桥工程等的施工程序、操作方法、施工工艺、技术要点等;施工组织部分包括土木工程施工组织概论、流水施工基本原理、网络计划技术、单位工程施工组织设计和施工组织总设计等。

本书可供高校土木工程、工程管理、工程造价等专业教学使用,也可作为工程技术人员及建造师、造价工程师和监理工程师执业资格考试人员备考学习资料。

图书在版编目(CIP)数据

建筑施工技术 / 陈泽友,文希,石元印主编. -- 5 版.
重庆 : 重庆大学出版社,2024.10. --(高等学校土木
工程本科教材). -- ISBN 978-7-5689-4639-1

Ⅰ.TU7

中国国家版本馆 CIP 数据核字第 2024TT0829 号

建筑施工技术
(第 5 版)

主 编 陈泽友 文 希 石元印
副主编 魏 瑶 杜德权 杨 何
主 审 方 俊

责任编辑:文 鹏 版式设计:杨粮菊
责任校对:王 倩 责任印制:张 策

*

重庆大学出版社出版发行
出版人:陈晓阳
社址:重庆市沙坪坝区大学城西路 21 号
邮编:401331
电话:(023) 88617190 88617185(中小学)
传真:(023) 88617186 88617166
网址:http://www.cqup.com.cn
邮箱:fxk@ cqup.com.cn(营销中心)
全国新华书店经销
重庆巍承印务有限公司印刷

*

开本:787mm×1092mm 1/16 印张:18.75 字数:469 千
2024 年 10 月第 5 版 2024 年 10 月第 19 次印刷
印数:51 066—53 065
ISBN 978-7-5689-4639-1 定价:49.80 元

土木工程专业本科系列教材
编审委员会

第 5 版前言

《建筑施工技术》作为高等学校土木工程专业本科系列教材之一,第1—4版由石元印老教授及其助手沈君整理出版,自第1版面世以来,已重印17次,产生了良好的社会效益。然而建筑施工技术迅猛发展,施工新技术、新工艺层出不穷,为此,在与原作者及重庆大学出版社商议后,组建了本书第5版的编写团队。编写团队在保持第4版知识结构及部分专业知识的基础上,以党的二十大报告关于"实施科教兴国战略,强化现代化建设人才支撑"为指引,以全国高等学校土木工程学科专业指导委员会编制的《高等学校土木工程本科指导性专业规范》为依据,结合建筑行业相关国家施工规范及土木工程施工技术与组织管理的最新发展,特别是国家倡导的绿色建筑及建筑工业化的新形势和新实践,根据土木工程施工课程的教学改革以及目前部分高校"土木工程施工"课程教学实际情况,结合当前的人才培养目标、行业需求编写本书。

本书紧扣当前施工和教学的需求,删除原书第1章、第14章,同时删除已被淘汰和落后的施工工艺,增加了装配式混凝土结构安装及施工组织等内容,在拓展内容中增加了土木工程施工组织的内容,以便相关人员参考。

通过本次修订,本书主要具有以下特色:

①基于教授、专家及编写团队的教学经验、理论研究和工程实践进行编写,集教学需求、理论探讨、实践应用于一体,以提高学生对专业知识的理解、应用和创新能力为目的,使教师和学生在使用本书过程中形成教学相长的局面。

②紧扣当前建设主管部门对施工技术及施工组织的新要求、颁布的新规范进行编写,确保教材内容的时效性和规范性,并能够在实践中进行有效的运用。

③专业知识较为综合,能够有效地应用于实践环节,除了供本科阶段相关专业(土木工程、工程管理、工程造价专业)教学使用外,还能作为工程技术人员及建造师、造价工程师和监理工程师等职业资格考试的备考资料。

本书的编写大纲由石元印老教授会同第5版的主编西华大学陈泽友提出并进行整理。全书各章的具体编写分工如下:第1,3,6章由西华大学陈泽友、陈杰编写,第4,7,12章由文希、程杰挺编写;第2,8章由魏瑶编写,第5,15章由成都大学杨何、汪驰骋编写,第9,10章由攀枝花学院秦良彬、晏金秋编写,第11,13章由西华大学杜德权、李彦佳编写,第14,16章由宋春梅、王瑞林编写,全书的整理和校核工作由沈君、陈杰、宋春梅负责。

在本书编写过程中,编写团队得到了武汉理工大学方俊教授的大力支持,方俊教授提出了许多具有建设性的建议,使得本书具有鲜明的特色。同时,本书的编写参考了部分国内学者的研究成果,在此深表谢意!

由于编写团队水平有限,书中难免存在不妥之处,恳请选用本书的高校师生、从事建筑施工的技术人员、广大读者和同行专家批评指正,并请读者向出版社或编者联系,对此编者表示诚挚的谢意。

编　者

2023 年 5 月

本书资源清单

序号	名称	二维码图形	序号	名称	二维码图形
1	钢板桩及钢支撑支护下的土方开挖		17	钢筋直螺纹施工工艺视频	
2	集水井降排水动画		18	箍筋制作	
3	土方回填夯实		19	梁板柱钢筋动画	
4	预制管桩打桩过程		20	楼梯钢筋动画	
5	构造柱施工工艺动画		21	有梁板钢筋	
6	砌体砌筑		22	布料机浇筑混凝土	
7	填充墙砌体砌筑施工动画		23	落地式及悬挑式脚手架施工	
8	独立基础模板		24	型钢悬挑脚手架施工工艺动画	
9	剪力墙模板		25	叠合板吊装动画	
10	楼梯木模板		26	预制楼梯吊装动画	

续表

序号	名称	二维码图形	序号	名称	二维码图形
11	模板施工工艺动画		27	预制外墙吊装动画	
12	斜柱模板技术交底		28	装配式预制梁安装施工动画	
13	柱模板垂直度校正		29	地下室高分子卷材防水施工	
14	底层板钢筋		30	热熔法高聚物改性沥青卷材施工	
15	电弧焊		31	壁布裱糊工程施工动画	
16	电渣压力焊				

目　录

1 土石方工程与基础工程

本章学习要求

本章重难点：土石方工程性质、场地平整土方量的计算及土方调配；地下水的控制及基坑支护；填土压实的影响因素及质量检查；桩基础的工程施工。

学习目标：了解土石方工程分类及鉴别方法，浅基、桩基的施工方法，土石方调配区的划分，井点降水的施工方法和作用；熟悉常用土方机械的性能和使用范围；掌握土方的填筑与压实的要求和方法；了解炸药、炸药量计算及起爆方法；了解刚性基础、板式基础、杯形基础、预制桩、灌注桩的施工方法。

1.1 土石方工程概述

土石方工程是一切建筑物施工的先行，是建筑工程施工中的重要工程之一。它包括土方的测量、开挖、爆破、运输、填筑、平整和压实等主要施工过程，以及排水、降水、土壁支撑等准备工作与辅助工作，土石方工程施工必须严格执行现行《建筑施工土石方工程安全技术规范》（JGJ 180—2009）中的各项规定。

1.1.1 土石方工程施工特点

土石方工程施工具有面积大、工作量大、施工期长、劳动强度大、施工条件复杂等特点，土石方工程施工受气候、水文、地质、地下障碍等因素的影响较大，不可确定的因素较多。在组织土石方工程施工前，应充分做好土石方工程的施工准备，如场地准备、机械设备准备、施工方案及施工计划准备等，以保证土石方工程的顺利进行，提高施工的经济效益。

1.1.2 土石的工程分类

土的种类繁多，其工程性质直接影响土方工程施工方法的选择、劳动量和工程的费用，只有根据工程地质勘察报告，充分了解各层土的工程特性及对土方的影响，才能选择正确的施工方法。

土按开挖难易程度划分，可以分为一至四类土（表1.1）和极软岩至坚硬岩五类岩石（表1.2）。

1.1.3 土的工程性质

土木工程中，土的工程性质对土方工程施工有直接影响。在进行土方量的计算、确定土方挖运机械的类型和数量时，需要考虑土的可松性；在确定基坑降水时，需要考虑土的渗透性；在分析边坡稳定性，进行土方填筑时，需要考虑土的含水量和密实性。

表 1.1　土壤分类表

土壤分类	土壤名称	开挖方法
一、二类土	粉土、砂土(粉砂、细砂、中砂、粗砂、砾砂)、粉质黏土、弱中盐渍土、软土(淤泥质土、泥炭、泥炭质土)、软塑红黏土、冲填土	用锹,少许用镐、条锄开挖机械能全部直接铲挖满载
三类土	黏土、碎石土(圆砾、角砾)混合土、可塑红黏土、硬塑红黏土、强盐渍土、素填土、压实填土	主要用镐、条锄,少许用锹开挖机械需部分刨松方能铲挖满载或可直接铲挖但不能满载
四类土	碎石土(卵石、碎石、漂石、块石)、坚硬红黏土、超盐渍土、杂填土	全部用镐、条锄挖掘,少许用撬棍挖掘机械需普遍刨松方能铲挖满载

表 1.2　岩石分类表

岩石分类		代表性岩石	开挖方法
极软岩		1.全风化的各种岩石 2.各种半成岩	部分用手凿工具,部分用爆破法开挖
软质岩	软岩	1.强风化的坚硬岩或较硬岩 2.中等风化—强风化的较软岩 3.未风化—微风化的页岩、泥岩、泥质砂岩等	用风镐和爆破法开挖
	较软岩	1.中等风化—强风化的坚硬岩或较硬岩 2.未风化—微风化的凝灰岩、千枚岩、泥灰岩、砂质泥岩等	用爆破法开挖
硬质岩	较硬岩	1.微风化的坚硬岩 2.未风化—微风化的大理岩、板岩、石灰岩、白云岩、钙质砂岩等	用爆破法开挖
	坚硬岩	未风化—微风化的花岗岩、闪长岩、辉绿岩、玄武岩、安山岩、片麻岩、石英岩、石英砂岩、硅质砾岩、硅质石灰岩等	用爆破法开挖

(1)土的可松性

天然土经开挖后,颗粒间的连接遭到破坏,其体积因松散而增加,虽经回填夯实,但仍不能完全恢复,这种现象称为土的可松性。土的可松性程度是挖填土方时,计算土方机械生产率、回填土方量、运输机具数量,进行场地平整规划竖向设计、土方平衡调配的重要参数。由于土方体积按天然密度体积(也称自然方)计算,回填土按压实后的体积(也称实方)计算,所以在土方调配、计算土方机械生产率及运输工具数量时,必须考虑土的可松性。土的可松性程度可用可松性系数表示,即

$$K_s = \frac{V_2}{V_1}; \quad K'_s = \frac{V_3}{V_1} \tag{1.1}$$

式中　K_s——最初可松性系数;

K'_s——最后可松性系数；

V_1——土在天然状态下的体积，m^3；

V_2——土经开挖后的松散体积，m^3；

V_3——土经回填压实后的体积，m^3。

（2）土的渗透性

土的渗透性是指土体被水透过的性质。土的渗透性影响施工降水与排水的速度，通常用渗透系数 K 表示。渗透系数 K 表示单位时间内水穿透土层的能力，以 m/d（米/天）表示。根据土的渗透系数不同，土可分为透水性土（如砂土）和不透水性土（如黏土）。一般土的渗透系数 K 由试验确定，也可参考表1.3中的数值选取。

表1.3　土的渗透系数

土的名称	渗透系数 $K/(\text{m}\cdot\text{d}^{-1})$	土的名称	渗透系数 $K/(\text{m}\cdot\text{d}^{-1})$
黏土	<0.005	中砂	5.00~20.00
亚黏土	0.005~0.10	匀质中砂	35~50
轻亚黏土	0.10~0.50	粗砂	20~50
黄土	0.25~0.50	圆砾石	50~100
粉砂	0.50~1.00	卵石	100~500
细砂	1.00~5.00		

1.2　场地平整

场地平整是指在建筑红线范围内的自然地形现状，通过人工或机械挖填平整改造为设计所需要的平面。对较大面积的场地平整，正确地选择场地平整标高，对节约工程成本、加快建设速度具有重要意义。因此，必须确定场地平整的设计标高，以此作为计算挖填土石方量、进行土石方平衡调配、选择施工机械、制订施工方案的依据。

1.2.1　场地平整设计标高的确定

场地平整前，首先根据设计文件规定的要求，确定场地平整后的设计标高；然后由设计标高与自然地面标高之差值，来计算场地有关点位的施工高度，即挖方和填方高度：

施工高度（挖填高度）= 设计标高 - 自然标高

由此计算整个场地的挖方和填方工程量。对较大面积的场地平整（如大型工业厂区、机场等），正确选择设计标高是十分重要的。

1.2.1.1　场地平整设计标高确定的原则

场地设计标高既是进行场地平整和土石方量计算的依据，也是总体规划和竖向设计的依据。在确定场地设计标高时，除满足规划、功能要求外，还需考虑以下因素：

①尽量利用地形，以减少挖填方量。

②符合生产工艺和运输的要求。

③场地内的挖方与填方应相互平衡,以降低土方的运输费用。

④考虑与周围环境协调及排水要求。

1.2.1.2　场地平整设计标高确定的方法

场地设计标高一般在设计文件中予以规定,当设计文件中没有对场地设计标高进行规定时,场地设计标高的确定方法主要有"挖填土方量平衡法"和"最佳设计平面法"两种。下面仅介绍挖填土方量平衡法。此法概念清楚,计算简便,精度能满足工程要求,常为一般土方工程量计算时所采用。具体步骤如下所述。

(1)初步计算场地设计标高

如图1.1(a)所示,将地形图划分成方格网,每个方格的角点标高可根据地形图上两相邻等高线的标高,用插入法求得。在无地形图情况下,可直接在地面上用木桩打好方格网,然后用仪器直接测出。

按照场地土石方挖填相等的原则,若不考虑场地设计标高的调整,如场地泄水坡度对设计标高的影响,把整个场地看作一个水平面,则场地设计标高可用平均断面法[图1.1(b)]计算求得,即

$$H_0 \cdot n \cdot a^2 = \sum_{i=1}^{n} \left(a^2 \cdot \frac{H_{11} + H_{12} + H_{21} + H_{22}}{4} \right) \tag{1.2}$$

$$H_0 = \frac{1}{4n} \sum_{i=1}^{n} \left(H_{11} + H_{12} + H_{21} + H_{22} \right) \tag{1.3}$$

式中　H_0——所计算的场地设计标高,m;

　　　a——方格边长,m;

　　　n——方格数;

　　　H_{11},H_{12},H_{21},H_{22}——任一方格4个角点的标高,m。

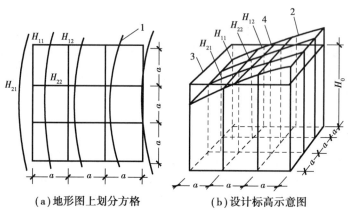

(a)地形图上划分方格　　　(b)设计标高示意图

图1.1　场地设计标高计算简图

1—等高线;2—自然地面;3—设计标高平面;4—自然地面与设计标高平面的交线(零线)

从图1.1可知,H_{11}为一个方格的角点标高,H_{12}和H_{21}均系2个方格公共的角点标高,H_{22}则系4个方格公共的角点标高。如果将所有方格的4个角点标高相加,那么类似H_{11}的角点标高要用一次,类似H_{12},H_{21}的角点标高要用两次,类似H_{22}的角点标高要用到4次。因此,式(1.3)可改写为

$$H_0 = \frac{1}{4n}\left(\sum H_1 + 2\sum H_2 + 3\sum H_3 + 4\sum H_4\right) \tag{1.4}$$

式中 H_1——1 个方格仅有的角点标高,m;

H_2——2 个方格共有的角点标高,m;

H_3——3 个方格共有的角点标高,m;

H_4——4 个方格共有的角点标高,m。

(2)场地平整设计标高的调整

原计算所得的场地设计 H_0 只是一个理论值,在实际工程中,应考虑以下因素对 H_0 进行调整:

1)土的最终可松性

场地回填时,受土的最终可松性影响,一般情况下,填土会有多余,需要相应提高设计标高,以达到土方量的实际平衡。如图 1.2 所示,设 Δh 为土的可松性引起的设计标高增加值,则设计标高调整后的总挖方体积 V_w' 为

$$V_w' = V_w - F_w \times \Delta h \tag{1.5}$$

总填方体积 V_T' 应为

$$V_T' = V_w' K_s' = (V_w - F_w \times \Delta h) K_s' \tag{1.6}$$

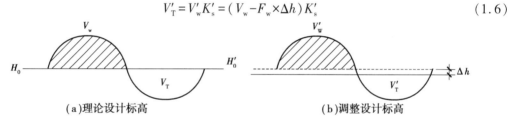

(a)理论设计标高   (b)调整设计标高

图 1.2 设计标高调整计算

此时,填方区的标高应与挖方区一样提高 Δh,即

$$\Delta h = \frac{V_T' - V_T}{F_T} = \frac{(V_w - F_w \times \Delta h) K_s' - V_T}{F_T} \tag{1.7}$$

式中 V_w, V_T——按理论设计标高计算的总挖方、总填方体积;

F_w, F_T——按理论设计标高计算的挖方区、填方区总体积;

K_s'——土的最后可松性系数。

简化整理(当 $V_T = V_w$ 时)得

$$\Delta h = \frac{V_w(K_s' - 1)}{F_T + F_w K_s'} \tag{1.8}$$

考虑土的可松性后,场地设计标高调整为

$$H_0' = H_0 + \Delta h \tag{1.9}$$

2)场地泄水坡度

如果按式(1.4)计算出的设计标高进行场地平整,那么,整个场地表面将处于同一个水平面上,但实际上由于排水要求,场地表面均有一定的泄水坡度。因此,需根据场地的泄水坡度要求,设置单向泄水或双向泄水,计算出场地内各方格角点实际施工时所采用的设计标高。

①单向泄水坡度。场地具有单向泄水坡度时,场地各方格角点的设计标高[图 1.3(a)]是把已经调整后的设计标高 H_0 作为场地中心线的标高,场地内任意一个方格角点的设计标

高为

$$H_{dn} = H_0 \pm l \cdot i \qquad (1.10)$$

式中　H_{dn}——场地内任意一个方格角点的设计标高，m；

　　　　l——该方格角点至场地中心线的距离，m；

　　　　i——场地泄水坡度（不小于2‰）；

　　　　$\pm$——该点标高比H_0高则取"+"，否则取"−"。

例如，图1.3（a）中场地内角点H_{52}的设计标高为

$$H_{52} = H_0 - 1.5ai \qquad (1.11)$$

②双向泄水坡度。场地具有双向泄水坡度时，场地各方格角点的设计标高［图1.3（b）］以计算出的设计标高H_0为场地中心线的标高，场地内任意一点的设计标高为

$$H_{dn} = H_0 \pm l_x i_x \pm l_y i_y \qquad (1.12)$$

式中　l_x, l_y——该点于x—x，y—y方向距场地中心线的距离；

　　　　i_x, i_y——场地于x—x，y—y方向上的泄水坡度。

例如，图1.3（b）中场地角点H_{42}的设计标高为

$$H_{42} = H_0 - 1.5ai_x - 0.5ai_y$$

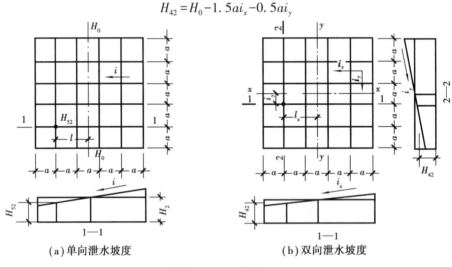

（a）单向泄水坡度　　　　　　　　　（b）双向泄水坡度

图1.3　场地泄水坡度

3）设计标高调整应考虑的其他因素

实际工程中，对计算所得的设计标高，应考虑以下因素进行调整：

①考虑工程余土或工程用土，相应提高或降低设计标高。

②根据经济比较结果。如采用场外取土或弃土的施工方案，则应考虑由此引起的土方量的变化，需将设计标高进行调整。

1.2.2　场地平整土方量计算

1.2.2.1　场地平整土方量计算方法

场地平整土方量的计算方法，通常有方格网法和断面法等。方格网法适用于地形较为平坦、面积较大的场地，断面法则多用于地形起伏较大或地形狭长的地带。

（1）方格网法

其计算步骤如下：

1）划分方格网，计算各方格角点的施工高度

方格网可直接在已有地形图上绘制，如没有地形图则可根据现场测设各方格网点的位置和高程。方格一般采用 20 m×20 m 至 40 m×40 m，将设计标高和自然地面标高分别标注在方格点的右上角和右下角。自然地面标高与设计地面标高的差值，即各角点的施工高度，填在方格网的左上角，挖方为"+"，填方为"−"，方格网的左下角填的是角点标号，如图 1.4 所示。

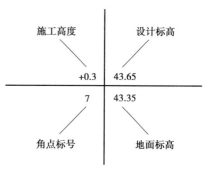

图 1.4　角点标注

各方格角点的施工高度按下式计算，即：

$$h_n = H - H_n \qquad (1.13)$$

式中　h_n——角点施工高度，$h_n > 0$ 时为挖，$h_n < 0$ 时为填；

　　　H_n——角点的设计标高（若无泄水坡度，即场地的设计标高）；

　　　H——自然地面标高。

2）计算零点位置

在一个方格网内同时有填方或挖方时，要先算出方格网边的零点位置，并标注于方格网上，连接零点就得零线，它是填方区与挖方区的分界线（图 1.5）。

零点的位置按下式计算：

$$x_1 = \frac{h_1}{h_1 + h_2} \cdot a \,; x_2 = \frac{h_2}{h_1 + h_2} \cdot a \qquad (1.14)$$

式中　x_1, x_2——角点至零点的距离，m；

　　　h_1, h_2——相邻两角点的施工高度，m，均用绝对值；

　　　a——方格网的边长，m。

在实际工作中，为省略计算，可采用图解法直接求出零点，如图 1.6 所示。方法是用尺在各角上标出相应比例，用尺相连，与方格相交点即为零点位置，比较方便，可避免计算或查表出错。

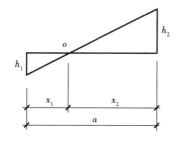

图 1.5　零点位置计算示意图

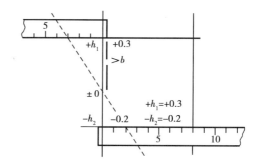

图 1.6　零点位置图解法

3）计算方格土方工程量

按方格网底面积图形和表 1.4 所列公式，计算每个方格内的挖方或填方量。

表 1.4　常用方格网点计算公式

项目	图式	计算式
一角点填方或挖方 （三角形）		$V = \dfrac{1}{2}\dfrac{\sum h}{3}bc = \dfrac{bch_3}{6}$ 当 $b = c = a$ 时，$V = \dfrac{a^2 h_3}{6}$
二角点填方、挖方 （梯形）		$V_填 = \dfrac{b+c}{2}a\dfrac{\sum h}{4} = \dfrac{a}{8}(h_1 + h_3)(b + c)$ $V_挖 = \dfrac{e+d}{2}a\dfrac{\sum h}{4} = \dfrac{a}{8}(h_2 + h_4)(e + d)$
三点填方或挖方 （五角形）		$V = \left(a^2 - \dfrac{bc}{2}\right)\dfrac{\sum h}{5} = \left(a^2 - \dfrac{bc}{2}\right)\dfrac{h_1 + h_2 + h_4}{5}$
四点填方或挖方 （正方形）		$V = \dfrac{a^2}{4}\sum h = \dfrac{a^2}{4}(h_1 + h_2 + h_3 + h_4)$

注:1. a 为方格网边长(m);b,c 为零点到一角的边长(m);h_1,h_2,h_3,h_4 为方格网四角点的施工高度(m),用绝对值代
入;$\sum h$ 为填方或挖方施工高度的总和(m),用绝对值代入;V 为挖方或填方体积(m³)。
2. 本表公式是按各计算图形底面积乘以平均施工高度得出的。

4)边坡土方量计算

如图 1.7 所示为一场地边坡的平面示意图。从图中可知,边坡的土方量可划分为两种近似的几何形体进行计算,一种为三角棱锥体(如体积①—③,⑤—⑪);另一种为三角棱柱体(如体积④)。

①三角棱锥体边坡体积。

如图 1.7 中的①,其体积为

$$V_1 = \frac{1}{3}F_1 L_1 \tag{1.15}$$

$$F_1 = \frac{h_2(mh_2)}{2} = \frac{mh_2^2}{2} \tag{1.16}$$

式中　L_1——边坡①的长度,m;

F_1——边坡①的端面积,m²;

h_2——角点的挖土高度,m;

m——边坡的坡度系数,m=宽/高。

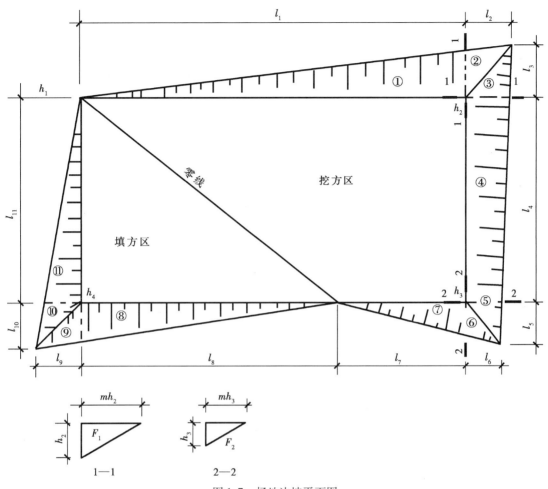

图 1.7　场地边坡平面图

②三角棱柱体边坡体积。

如图 1.7 中的④,其体积为

$$V_4 = \frac{F_1 + F_2}{2} \cdot L_4 \qquad (1.17)$$

当两端横断面面积相差很大时,

$$V_4 = \frac{L_4}{6}(F_1 + 4F_0 + F_2) \qquad (1.18)$$

式中　L_4——边坡④的长度,m;

　　　F_1, F_2, F_0——边坡两端及中部的横断面面积,m^2,算法同上(图 1.7 剖面系近似表示,实际上地面不完全是水平的)。

5)计算土方总量

将挖方区(或填方区)所有方格计算的土方量和边坡土方量汇总,即得该场地挖方和填方的总土方量。

(2)断面法

沿地形图、竖向布置图或现场测绘,将要计算的场地沿纵向或相应方向划分为若干个相互平行的横断面,将所取的每个断面划分为若干个三角形或梯形。求出各个三角形与梯形的面积后相加即可得某一断面的面积,如图1.8所示。

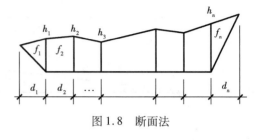

图1.8 断面法

其中三角形与梯形的面积为

$$f_1 = \frac{h_1}{2}d_1, \quad f_2 = \frac{h_1+h_2}{2}d_2, \cdots, \quad f_n = \frac{h_n}{2}d_n$$

如果f_i表示每个梯形或三角形的面积,则整个断面面积$F_i = f_1 + f_2 + f_3 + \cdots + f_n$。

如果$d_1 = d_2 = d_3 = \cdots = d_n = d$,则$F_i = d(h_1 + h_2 + h_3 + \cdots + h_n)$。

各个横断面积求出后,可计算土方体积。若各断面面积分别为$F_1, F_2, F_3, \cdots, F_n$,相邻两断面间的距离分别为$l_1, l_2, l_3, \cdots, l_n$,则所求土方体积为

$$V = \frac{F_1+F_2}{2}l_1 + \frac{F_2+F_3}{2}l_2 + \cdots + \frac{F_{n-1}+F_n}{2}l_n \tag{1.19}$$

相邻两断面间的距离$l_1, l_2, l_3, \cdots, l_n$的划分与地形相关;当地形平坦时,距离可取较大些;当地形起伏较大时,距离可取较小些。除此之外,一定要沿地形每个起伏点的转折处取一断面,并确定两断面间的距离,不然会影响土方量的精确度。当采用断面法计算土方量时,边坡土方量已经包括在内,无须重复计算。

另外,可以利用软件对土方工程量进行计算,土方工程量计算软件较多,本书限于篇幅不作介绍。

1.2.2.2 场地平整土方量计算示例

某建筑场地地形图和方格网布置如图1.9所示,方格边长为20 m,试用方格网法计算挖填土方总量。

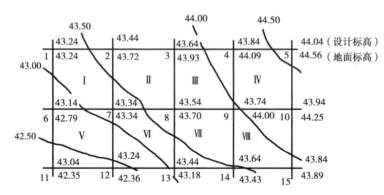

图1.9 方格网角点、标高编号图

(1)划分方格网计算施工高度

根据图1.9方格各角点的自然地面标高和设计地面标高,计算出方格各角点的施工高度,例如:

$$h_4 = (44.09 - 43.84)\,\mathrm{m} = +0.25\ \mathrm{m}$$

$$h_5 = (44.56 - 44.04)\,\mathrm{m} = +0.52\ \mathrm{m}$$

$$h_6 = (42.79 - 43.14)\,\mathrm{m} = -0.35\ \mathrm{m}$$

$$h_7 = (43.34 - 43.34) \, \text{m} = 0$$

其余各角点施工高度如图 1.10 所示。

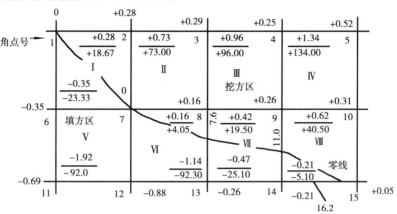

图 1.10　填挖高度土方量工程图

角点施工高度"+"表示挖方,"−"表示填方。

(2)计算零点位置

从图 1.10 可知,8—13,9—14,14—15 三条方格边两端的施工高度符号不同,说明在此方格边上有零点存在。

由式(1.14)知

$$x_1 = \frac{ah_1}{h_1 + h_2}$$

求得

8—13 线 $x_1 = \left(\dfrac{20 \times 0.16}{0.16 + 0.26} \right) \text{m} = 7.6 \, \text{m}$

9—14 线 $x_1 = \left(\dfrac{20 \times 0.26}{0.26 + 0.21} \right) \text{m} = 11.0 \, \text{m}$

14—15 线 $x_1 = \left(\dfrac{20 \times 0.21}{0.05 + 0.21} \right) \text{m} = 16.2 \, \text{m}$

将各零点标于图上,并将零点连接起来,得零线。

(3)计算土方量

①方格 Ⅰ:底面为两个三角形

三角形 127 土方量 $V_{挖} = \left(\dfrac{0.28}{6} \times 20 \times 20 \right) \text{m}^3 = 18.67 \, \text{m}^3$

三角形 167 土方量 $V_{填} = \left(\dfrac{0.35}{6} \times 20 \times 20 \right) \text{m}^3 = 23.33 \, \text{m}^3$

②方格 Ⅱ,Ⅲ,Ⅳ,Ⅴ:底面为正方形

$V_{Ⅱ挖} = \left[\dfrac{20 \times 20}{4} (0.28 + 0.29 + 0.16 + 0) \right] \text{m}^3 = 73.00 \, \text{m}^3$

$V_{Ⅲ挖} = \left[\dfrac{20 \times 20}{4} (0.29 + 0.25 + 0.26 + 0.16) \right] \text{m}^3 = 96.00 \, \text{m}^3$

$$V_{\text{IV挖}} = \left[\frac{20 \times 20}{4}(0.25+0.52+0.31+0.26)\right] \text{ m}^3 = 134.00 \text{ m}^3$$

$$V_{\text{V填}} = \left[\frac{20 \times 20}{4}(0.35+0+0.88+0.69)\right] \text{ m}^3 = 192.00 \text{ m}^3$$

③方格Ⅵ:底面为一个三角形,一个梯形

三角形 780 土方量 $V_{\text{挖}} = \left[\frac{0.16}{6}(7.6 \times 20)\right] \text{ m}^3 = 4.05 \text{ m}^3$

梯形 712130 土方量 $V_{\text{填}} = \left[\frac{(20+12.4)}{8} \times 20(0.88+0.26)\right] \text{ m}^3 = 92.34 \text{ m}^3$

④方格Ⅶ:底面为两个梯形

梯形 8900 土方量 $V_{\text{挖}} = \left[\frac{(7.6+11)}{8} \times 20(0.26+0.16)\right] \text{ m}^3 = 19.53 \text{ m}^3$

梯形 013140 土方量 $V_{\text{填}} = \left[\frac{(12.4+9)}{8} \times 20(0.21+0.26)\right] \text{ m}^3 = 25.15 \text{ m}^3$

⑤方格Ⅷ:底面为三角形和五边形

三角形土方量 $V_{\text{填}} = \left[\frac{0.21}{6} \times 9 \times 16.2\right] \text{ m}^3 = 5.10 \text{ m}^3$

五边形土方量 $V_{\text{挖}} = \left[\left(\frac{0.26+0.31+0.05}{5}\right) \times \left(20 \times 20 - \frac{16.2 \times 9}{2}\right)\right] \text{ m}^3 = 40.56 \text{ m}^3$

(4)土方量汇总

全部挖方量:

$V_{\text{挖}} = (18.67+73.00+96.00+134.00+4.05+19.53+40.56) \text{ m}^3 = 385.81 \text{ m}^3$

全部填方量:

$V_{\text{填}} = (23.33+192.00+92.34+25.15+5.10) \text{ m}^3 = 337.92 \text{ m}^3$

1.2.3 土方调配

在土方的施工标高、挖填区面积、挖填区土方量都已算出,并考虑各种变更因素(如土的松散率、压缩率、沉降量等)进行调整后,应对土方进行综合平衡调配。土方调配工作是土方规划设计的一项重要内容,其目的是在使土方运输量或土方运输成本最低的条件下,确定填、挖方区土方的调配方向和数量,从而达到缩短工期和提高经济效益的目的。

进行土方调配,必须综合考虑工程和现场情况、有关技术资料、进度要求和土方施工方法以及分期分批施工工程的土方堆放问题和调运问题,经过全面研究,确定调配原则之后,才可着手进行土方平衡调配工作。

(1)土方调配原则

①挖方与填方基本达到平衡,在挖方的同时进行填方,减少重复倒运。

②挖(填)方量与运距的乘积之和尽可能最小,即运输路线和路程合理,运距最短,总土方运输量或运输费用最小。

③好土应用在回填质量要求较高的地区。

④取生或弃土应尽量不占农田或少占农田。

⑤分区调配应与全场调配相协调,最好能与其他场地规划相结合,避免只顾局部平衡,任

意挖填而破坏全局平衡。

⑥调配应与地下建(构)筑物的施工相结合,有地下设施的填土,应留土后填。

⑦选择恰当的调配方向、运输路线,做到施工顺序合理,土方运输无对流和乱流现象,同时便于机械化施工。

(2)土方调配程序

1)划分调配区

在平面上首先划出挖填方区的分界线,并在挖方区和填方区适当划出若干调配区,确定调配区的大小和位置。如图 1.11 所示为某土方工程的土方调配区的划分及各调配区的土方量。其中,$W_i(i=1,2,3,4)$ 为挖方区,$T_j(j=1,2,3)$ 为填方区,各区填、挖方的土方量如图中所标数据。

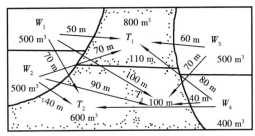

图 1.11 挖填分区及土方量分布图

2)平均运距的确定

平均运距是指挖方区与填方区之间的重心距离。取场地或方格网中的纵横两边为坐标轴,以一个角点为坐标原点,各区土方重心位置坐标 (x_0,y_0) 为

$$x_0 = \frac{\sum V_i x_i}{\sum V_i}, y_0 = \frac{\sum V_i y_i}{\sum V_i} \qquad (1.20)$$

式中　V_i——第 i 个方格的土方量;

　　x_i,y_i——第 i 个方格的重心坐标。

为了简化计算,可用作图法近似求出几何形心位置来代替方格的重心位置。求出各挖填区重心后,即可以求出各挖方区到各填方区的运距,得出土方平衡运距表,见表 1.5。

3)确定土方调配的初始方案

以挖方区与填方区土方调配保持平衡为原则,土方调配的初始方案多采用最小元素来制订。表 1.6 所示即为用最小元素法确定的初始调配方案。

表 1.5　土方平衡运距表

挖方区	填方区						挖方量/(100 m³)
	T_1		T_2		T_3		
W_1		50		70		100	500
	X_{11}		X_{12}		X_{13}		
W_2		70		40		90	500
	X_{21}		X_{22}		X_{23}		
W_3		60		110		70	500
	X_{31}		X_{32}		X_{33}		
W_4		80		100		40	400
	X_{41}		X_{42}		X_{43}		

续表

挖方区	填方区			挖方量/（100 m³）	
	T_1	T_2	T_3		
填方量/（100 m³）	800	600	500	1 900	1 900

注：①表中小方格内的数字是平均运距，用数字 C_{ij} 表示，单位 m。

②X_{ij} 表示 i 挖方区调入 j 填方区的土方量（100 m³）。

表 1.6　初始调配方案

挖方区	填方区			挖方量/（100 m³）
	T_1	T_2	T_3	
W_1	50　500	70　×	100　×	500
W_2	70　×	40　500	90　×	500
W_3	60　300	110　100	70　100	500
W_4	80　×	100　×	40　400	400
填方量/（100 m³）	800	600	500	1 900　1 900

4）确定土方调配的最优方案

以初始调配方案为基础，采用表上作业法可以求出在保持挖方区、填方区土方调配平衡的条件下，土方调配总运距最小的最优方案。这个方案是土方调配中的最经济方案，称为土方调配的最优方案。表 1.7 所示为土方调配的最优方案，其调配的总运距（或总运输量）最小。

表 1.7　最优调配方案

位势数　　填方区 挖方区		T_1 $v_1 = 50$	T_2 $v_2 = 70$	T_3 $v_3 = 60$	挖方量/（100 m³）
W_1	$u_1 = 0$	50　400	70　100	100　＋	500
W_2	$u_2 = -60$	70　＋	40　500	90　＋	500
W_3	$u_3 = 10$	60　400	110　＋	70　100	500

位势数 填方区 挖方区		T_1 $v_1=50$	T_2 $v_2=70$	T_3 $v_3=60$	挖方量/ $(100\ \mathrm{m}^3)$
W_4	$u_4=-20$	80 +	100 +	40 400	400
填方量/$(100\ \mathrm{m}^3)$		800	600	500	1 900 1 900

5)绘出土方调配图

经土方调配最优化求出最佳土方调配后,即可绘出土方调配图以指导土方工程施工。土方调配图如图 1.12 所示。

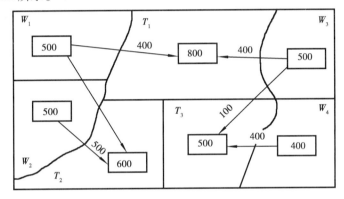

图 1.12　土方调配图

(方框中数据为土方量,单位为 m^3,运距单位为 m)

对土方调配程序作如下几点说明:

①挖、填方区的划定应根据施工现场地貌和工程特点确定。

②初始方案和最优土方调配方案,都是基于整个现场挖、填方量平衡的条件下进行的。

③若现场挖、填方量不平衡,则在使用最小元素法确定土方调配初始方案和使用表上作业法确定土方调配最佳方案时,应根据土方不平衡量虚拟增设填(挖)方区。

④最小元素法和表上作业法参见相关参考文献。

1.3　基础土方工程

基础是建筑物的根基,属于地下隐蔽工程,它的设计和施工质量直接关系着建筑物的安危,故重要性是显而易见的。基础的类型较多,分类的方法也非常多,根据基础的埋置深度可分为浅基础与深基础;根据材料可分为砖基础、毛石基础、混凝土和钢筋混凝土基础。根据构造类型可分为独立基础、条形基础、柱下十字交叉基础、筏形基础、箱形基础以及桩基础。在内容上,基础土方包括地下水控制、基坑支护、基础土方量计算以及基坑工程施工监测等内容。

1.3.1 地下水控制

1.3.1.1 地下水概述

地下水可分为包气带水、潜水和承压水 3 种，具体概念如下：

①包气带水是指存在于包气带中以各种形式出现的水，它是一种局部的、暂时性的地下水。其中既包括分子水、结合水、毛细水等非重力水，也包括属于下渗的水流和存在于包气带中局部隔水层上的重力水（又称上层滞水）。其特征是完全依靠大气降水或地表水流直接下渗补给，在位于距地表不深的地方，以蒸发或逐渐下渗的形式排泄；分布范围有限；补给区与分布区一致；水量随季节变化，雨季出现，旱季消失，极不稳定。

②潜水是指地表以下第一个稳定隔水层以上的具有自由水面的地下水，水压等于水头，也称无压力水。

③承压水是指充满两个稳定隔水层（是指由透水性很低的土质形成的土层，如淤泥质黏土）中间含水层中的地下水，承受土层之间一定的静水压力。其中，工程基础施工中遇到的需要进行降水的情况主要是潜水和承压水。

1.3.1.2 流砂和管涌的防治

基坑开挖时，如地下水压力过大，可能会导致地基土被破坏，破坏形式主要有流砂和管涌两种。土体颗粒在向上的渗流力作用下，颗粒间有效应力为零时，颗粒群发生悬浮、移动的现象称为流砂现象。

在渗透水流作用下，土中的细颗粒在粗颗粒形成的孔隙中移动，以致流失，随着土的孔隙不断扩大，渗透速度不断增加，较粗的颗粒相继被水流逐渐带走，最终导致土体内形成贯通的渗流管道，造成土体塌陷，这种现象称为管涌。在基坑开挖中，防治流砂、管涌的原则为"必先治水"。其主要途径有减少或平衡动水压力、设法使动水压力方向向下、截断地下水流。其具体措施有以下几种：

①枯水期施工法。枯水期地下水位较低，基坑内外水位差小，动水压力小，不易产生流砂。

②抛大石块法。分段抢挖土方，使挖土速度超过冒砂速度，在挖至标高后立即铺上竹子、芦席，并抛上大石块，以平衡动水压力，将流砂压住。此法适用于治理局部的或轻微的流砂。

③设止水帷幕法。将连续的止水支护结构（如连续板桩、深层搅拌桩、密排灌注桩等）打入基坑底面以下一定深度，形成封闭的止水帷幕，从而使地下水只能从支护结构下端向基坑渗流，增加地下水从坑外流入基坑内的渗流路径，减小水力坡度，从而减小动水压力，防止流砂产生。

④人工降低地下水位法。采用井点降水法（如轻型井点、喷射井点、管井井点等），使地下水位降低至基坑底面以下，地下水的渗流向下，则动水压力的方向也向下，从而使水不能渗流入基坑内，可有效防止流砂的发生。此法应用广泛且较可靠。

此外，采用地下连续墙、压密注浆法、土壤冻结法等，在不同条件下可有效阻止地下水流入基坑，防止流砂、管涌的发生。

1.3.1.3 降水施工

降低地下水位是土方工程施工的重要工作内容。开挖基坑时，流入坑内的地下水和地面水如不及时排走，不但会使施工条件恶化，造成土壁塌方，还会影响地基的承载力。为了保证施工的正常进行,防止边坡塌方和地基承载能力下降,必须做好基坑降水工作。常见的降水方法分为集水坑降水法和人工降低水位法。

(1)集水坑降水法

集水坑降水法又称集水明排法,这种方法是在基坑开挖时,沿基坑周围合适位置设置临时明沟和集水井,使水流入集水坑内,然后用水泵抽出坑外,如图 1.13 所示。此法适用于基坑面积较小、土质情况较好、地下水量不大的基坑开挖时的排水。

为防止坑底土结构遭到破坏,在基坑开挖到接近地下水位时,沿基坑四周开挖有一定坡度的沟底比挖土面不低于 0.3 m 的排水

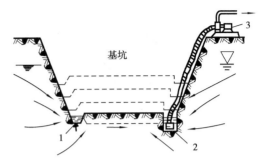

图 1.13 集水坑降水法
1—排水沟;2—集水坑;3—水泵

沟和一定数量的集水井,排水沟和集水井最好布设在基坑四周、基础范围以外,且位于地下水流的上游。集水井一般每隔 30~40 m 设置一个,集水井截面一般为 0.6 m×0.6 m 至 0.8 m× 0.8 m,其深度随挖土加深而加深,并保持低于挖土面 0.8~1.0 m。

当基坑继续挖深时,排水沟和集水井均先期加深,直至挖到设计标高为止。排水沟底宽一般不小于 0.3 m,纵坡不小于 3‰。

当基坑开挖至设计标高后,集水井井底应低于坑底 1~2 m,井壁常用木板、竹笼加固,井底铺设 0.1~0.2 m 厚的碎石、粗砂反滤层,防止抽水时井底的土被搅动、带走。

集水井降水法常用水泵主要有离心泵、潜水泵和泥浆泵。土方施工过程中,应注意定期清理排水沟中的淤泥,以防止排水沟堵塞。另外,定期观测排水沟是否出现裂缝,及时进行修补,避免渗漏。

(2)人工降低水位法

人工降低水位法,就是在基坑开挖前,先在基坑周围埋设一定数量的滤水管,利用抽水设备从中抽水,使地下水位降落到坑底以下一定距离,直至施工完毕为止。

人工降低地下水位的方法有两类:一类为轻型井点(包括电渗井点与喷射井点);另一类为管井井点(包括深井泵)。

各类井点降水法的适用范围见表 1.8。

表 1.8 各类井点降水法的适用范围

序号	井点类别	土层渗透系数/$(m \cdot d^{-1})$	降低水位深度/m
1	单层轻型井点	0.1~50	3~6
2	多层轻型井点	0.1~50	6~12
3	喷射井点	0.1~2	8~20
4	电渗井点	<0.1	根据选用的井点确定
5	管井井点	20~200	3~5
6	深井井点	10~250	>15

上述各类井点降水法中,工程中轻型井点降水法应用最为广泛,下面着重介绍。

轻型井点就是沿基坑四周将许多直径较细的井点管埋入蓄水层内,井点管上部与总管连接,通过总管利用抽水设备将地下水从井点管内不断抽出,以降低地下水位,如图 1.14 所示。

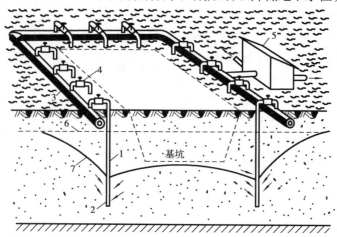

图 1.14　轻型井点降低地下水位全貌图

1—井点管;2—滤管;3—总管;4—弯联管;5—水泵房;6—原有地下水位线;7—降低后地下水位线

1)轻型井点设备的组成

轻型井点设备由管路系统和抽水设备组成。管路系统包括滤管、井点管、弯管及总管等。

滤管为进水渗透管,长度为 1 ~ 1.5 m,直径为 38 ~ 50 mm,管壁上钻有直径为 13 ~ 19 mm 的小圆孔,外包两层滤网,滤管上端与井点管连接。井点管直径也为 38 ~ 50 mm,使用长度为 5 ~ 7 m 的钢管整根或分节组成。井点管的上端用弯管与总管相连。

总管一般用直径为 100 ~ 127 mm 的无缝钢管,每段长 4 m,其上装有与井点管连接的短接头,间距为 0.8 m 或 1.2 m。

抽水设备主要由真空泵、离心泵和集水箱等组成,一般都有固定型号,可根据需要直接选用,如真空泵有 W5,W6 型。采用 W5 型泵时,总管长度不大于 100 m;采用 W6 型泵时,总管长度不大于 120 m。

2)轻型井点的布置

轻型井点的布置,应根据基坑平面形状及尺寸、深度、土质情况、地下水位高低与流向、降水深度要求等来确定,一般分为平面布置和高程布置。

①平面布置。当基坑或沟槽宽度小于 6 m,且降水深度不超过 6 m 时,可用单排线状井点,布置在地下水流的上游一侧,两端延伸长度以不小于槽宽为宜,如图 1.15(a)所示;当宽度大于 6 m 或土质不良时,则可用双排线状井点;面积较大的基坑宜采用环状井点布置,如图 1.16 所示,有时可布置成 U 形,以利于挖土机和运土车辆出入基坑。井点管距离基坑壁一般可取 0.7 ~ 1.0 m 以防局部发生漏气。井管间距一般为 0.8 m,1.2 m,1.6 m,由计算或经验确定。井点管在总管四角部分应适当加密。

②高程布置。井点降水深度,在管壁处一般可达 6 ~ 7 m。井点管埋置深度 H[图 1.16 (b)]按下式计算:

$$H \geqslant H_1 + h + IL \tag{1.21}$$

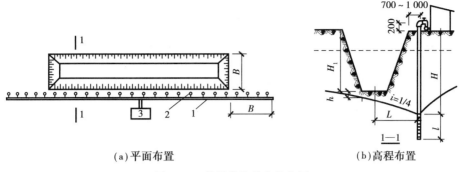

(a)平面布置   (b)高程布置

图 1.15 单排线状井点的布置
1—总管;2—井点管;3—抽水设备

式中 H_1——井点管埋设面至基坑底面的距离,m;

     h——基坑底面至降低后的地下水位线的距离,一般取 $0.5 \sim 1.0$ m;

     I——水力坡度,根据实测,环状井点为 1/10 左右,单排井点为 $1/5 \sim 1/4$;

     L——井点管至基坑中心的水平距离,m。

根据式(1.21)求出的 H 值如大于 6 m,则应适当降低井点管和抽水设备的埋置面,如仍达不到降水深度的要求,可采用二级井点或多级井点。在确定井点管埋置深度时,井点管应露出地面 $0.2 \sim 0.3$ m,且滤水管必须埋在含水层内。

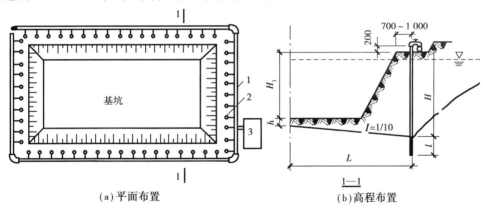

(a)平面布置   (b)高程布置

图 1.16 环形井点布置简图
1—总管;2—井点管;3—抽水设备

3)轻型井点施工

轻型井点施工主要包括准备工作,井点系统的安装、使用及拆除等阶段。

准备工作包括井点设备、施工机具、水源、动力及必要材料的检查等,并做好水位观测孔位置的设置选择。

井点系统的安装顺序为放线、挖井点沟槽、埋设总管、冲孔、下井点管、填砂滤层、连接井点管与总管、安装抽水设备。

井点的埋设一般用水冲法冲孔。利用起重设备将冲孔管吊起并插在井点的位置,利用高压水将土冲松,冲孔管边冲边沉,直至冲孔深度比滤管深度低 0.5 m 左右时为止,关闭水枪拔出冲管。

冲孔完成后,立即拔出冲管插入井点管,并在井点管与孔壁之间迅速填灌砂滤层,以防孔壁塌土。砂滤料的填灌质量是保证井管施工质量的关键。滤砂要用干净粗砂,滤层厚度均匀一致,然后用至少 1.0 m 厚的黏土封顶,以防漏气。

井点管系统全部安装完毕后,应立即进行抽水试验,检查有无漏水、漏气现象。

轻型井点使用时,一般应连续抽水,不要停机,以防滤网堵塞。中途停抽会造成地下水回流,引起土方边坡坍塌等事故。

1.3.2 基坑支护

(1)放坡

1)边坡坡度和边坡系数

边坡坡度以土方挖土深度 h 与边坡底宽 b 之比表示(图1.17),即

$$土方边坡坡度 = \frac{h}{b} = \frac{1}{\frac{b}{h}} = \frac{1}{m} \qquad (1.22)$$

边坡系数以土方边坡底宽 b 与挖土深度 h 之比 m 表示,即

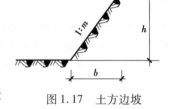

图 1.17 土方边坡

$$m = \frac{b}{h} \qquad (1.23)$$

2)土方边坡放坡

为防止塌方,保证施工安全,在边坡放坡时要放足边坡。土方边坡坡度的留设应根据土质、开挖深度、开挖方法、施工工期、地下水水位等因素确定。

边坡稳定地质条件良好,土质均匀,高度在 10 cm 内的边坡,按表 1.9 选用;永久性场地,坡度无设计规定时,按表 1.10 选用;对岩石边坡,根据岩石类别、坡度,按表 1.11 选用。

表 1.9 土质边坡坡度允许值

土的类别	密实度或状态	坡度允许值(高宽比)	
		坡高 5 m 以下	坡高 5 ~ 10 m
碎石土	密实	1∶0.35 ~ 1∶0.50	1∶0.50 ~ 1∶0.75
	中密	1∶0.50 ~ 1∶0.75	1∶0.75 ~ 1∶1.00
	稍密	1∶0.75 ~ 1∶1.00	1∶1.00 ~ 1∶1.25
黏性土	坚硬	1∶0.75 ~ 1∶1.00	1∶1.00 ~ 1∶1.25
	硬塑	1∶1.00 ~ 1∶1.25	1∶1.00 ~ 1∶1.25

表 1.10 永久性土场地构筑物挖方坡度

项次	挖土性质	边坡坡度
1	天然湿土,层理均匀、不易膨胀的黏土、粉质黏土和砂土(不包括细砂、粉砂)内深度不超过 3 m	1∶1 ~ 1∶1.25
2	土质同上,深度为 3 ~ 12 m	1∶1.25 ~ 1∶1.50

项次	挖土性质	边坡坡度
3	干燥地区内结构未经破坏的干燥黄土及类黄土,深度不超过12 m	1∶0.10~1∶1.25
4	碎石土和泥灰岩土,深度不超过12 m,根据土的性质、层理特性确定	1∶0.20~1∶1.50
5	在风化岩石内的挖方,根据岩层性质、风化程度、层理特性确定	1∶0.20~1∶1.50
6	在微风化岩石内的挖方,岩石无裂缝且无倾向挖方坡脚的岩层	1∶0.20~1∶1.50
7	在未风化的完整岩石内的挖方	直立的

表1.11　岩石边坡坡度允许值

岩石类土	风化程度	坡度允许值(高宽比)		
		坡高8 m以下	坡高8~15 m	坡高15~30 m
硬质岩土	微风化	1∶0.10~1∶0.20	1∶0.20~1∶0.35	1∶0.30~1∶0.50
	中等风化	1∶0.20~1∶0.35	1∶0.35~1∶0.50	1∶0.50~1∶0.75
	强风化	1∶0.35~1∶0.50	1∶0.50~1∶0.75	1∶0.75~1∶1.00
软质岩土	微风化	1∶0.35~1∶0.50	1∶0.50~1∶0.75	1∶0.75~1∶1.00
	中等风化	1∶0.50~1∶0.75	1∶0.75~1∶1.00	1∶1.00~1∶1.50
	强风化	1∶0.75~1∶1.00	1∶1.00~1∶1.25	—

(2)土钉墙

土钉墙具有结构简单、施工方便、造价低等特点,在基坑工程中得到广泛应用。土钉墙是通过钢筋、钢管或其他型钢对原位土进行加固的一种支护形式。在施工上,土钉墙是随着土方逐层开挖、逐层将土钉体设置到土体中的。此外,在土钉墙中复合水泥土搅拌桩、微型桩、预应力锚杆等可形成复合土钉墙。

1)土钉墙的设计

①整体稳定性验算。

整体滑动稳定性可按图1.18所示,采用圆弧滑动条分法进行验算。当基坑面以下存在软弱下卧土层时,整体稳定性验算滑动面中应包括由圆弧与软弱土层面组成的复合滑动面。

②坑底隆起稳定性验算。

对基坑底面下有软弱下卧土层的土钉墙坑底隆起稳定性验算(图1.19)是将抗隆起计算平面作为极限承载力的基准面,根据普朗特尔(Prandtl)及太沙基(Terzaghi)极限荷载理论对土钉墙进行验算,即

$$\frac{q_3 N_q + c N_c}{(q_2 b_2 + q_1 b_1)/(b_2 + b_1)} \geq K_b \qquad (1.24)$$

式中　K_b——土钉墙的抗隆起安全系数;

　　　H——基坑深度,m;

　　　b_1——地面均布荷载计算宽度,m,可取$b_1 = h$;

b_2——土钉墙放坡的坡底宽度,m,当土钉墙坡面垂直时取 $b_2=0$;

N_c,N_q——承载力系数,按式(1.25)、式(1.26)计算:

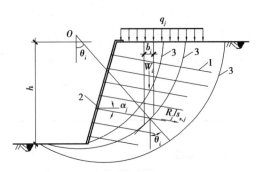

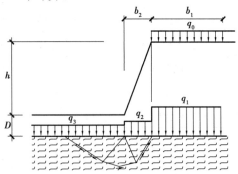

图 1.18　土钉墙整体稳定性验算图式
1—土钉;2—喷射混凝土面层;3—滑动面

图 1.19　基坑底面下有软弱下
卧土层的土钉墙坑底隆起稳定性验算

$$N_q = \tan^2\left(45° + \frac{\varphi}{2}\right) e^{\pi\tan\varphi} \tag{1.25}$$

$$N_C = \frac{N_q - 1}{\tan\varphi} \tag{1.26}$$

式中　c,α——抗隆起计算平面以下土的粘聚力(kPa)、内摩擦角(°);

q_1,q_2,q_3——坑外非放坡段、坑外放坡段和坑内抗隆起计算平面上的荷载。

$$q_1 = \gamma_{m1}h + \gamma_{m3}D + q_0 \tag{1.27}$$

$$q_2 = 0.5\gamma_{m1}h + \gamma_{m3}D \tag{1.28}$$

$$q_3 = \gamma_{m3}D \tag{1.29}$$

式中　γ_{m1}——基坑底面以上土的重度(kN/m³);对多层土取各层土按厚度加权的平均重度;

γ_{m3}——基坑底面至抗隆起计算平面之间土层的重度(kN/m³);对多层土取各层土按厚度加权的平均重度;

D——基坑底面至抗隆起计算平面之间土层的厚度,m,当抗隆起计算平面为基坑底面平面时,取 $D=0$。

③土钉极限抗拔承载力。

土钉极限抗拔承载力由土钉侧表的土体与土钉的摩阻力确定,土钉的锚固段不考虑圆弧滑动面以内的长度。单根土钉的极限抗拔承载力应通过抗拔试验确定,工程中可按式(1.30)估算,但应通过土钉抗拔试验进行验证。

$$R_j = \pi d_j \sum q_{s,i} l_i \tag{1.30}$$

式中　R_j——第 j 层土钉的极限抗拔承载力,kN;

d_j——第 j 层土钉的锚固体直径,m;

$q_{s,i}$——第 j 层土钉在第 i 层土的极限黏结强度,kPa;

l_i——第 j 层土钉在滑动面外第 i 层土中的长度,m。

计算单根土钉极限抗拔承载力时,取图 1.20 所示的直线滑动面,直线滑动面与水平面的夹角取 $(\beta+\varphi_m)/2$,其中,φ_m 为基坑底面以上各土层内摩擦角按厚度的加权平均值。

单根土钉承受的轴向拉力 N_j 为该土钉所承担面积$(s_{x,j}s_{z,j})$上的主动土压力,即

$$N_j=\frac{k_{\alpha,j}s_{x,j}s_{z,j}}{\cos\ \alpha_j}\qquad(1.31)$$

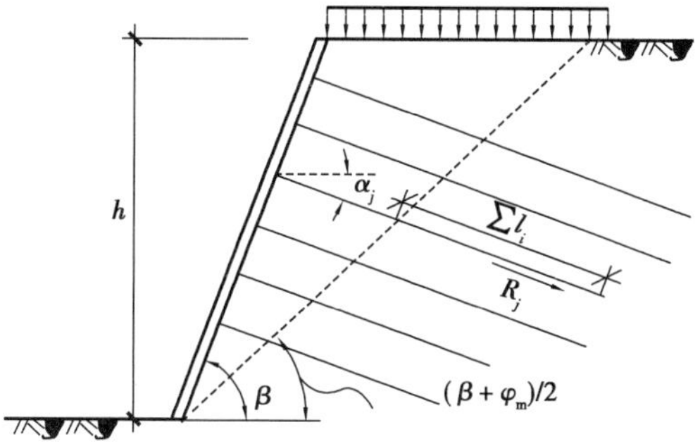

图 1.20 土钉极限抗拔承载力计算图式

式中 N_j——第 j 层土钉的轴向拉力,kN;

$k_{\alpha,j}$——第 j 层土钉处的主动土压力强度,kPa;

$s_{x,j},s_{z,j}$——计算土钉的水平间距和垂直间距,m;

α_j——第 j 层土钉的倾角,(°)。

当土钉墙的墙面有倾角时,其主动土压力可予以折减。位于不同层的土钉轴向拉力有所不同,必要时可进行适当调整。

考虑安全系数,则

$$\frac{R_j}{N_j}\ge K\qquad(1.32)$$

式中 K——钉抗拔安全系数。

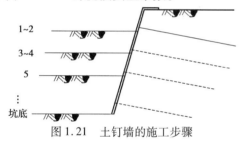

图 1.21 土钉墙的施工步骤

2)土钉墙的施工

土钉墙的施工一般从上到下分层构筑,施工中土方开挖应与土钉墙施工密切结合,并严格遵循"分层分段,逐层施作,限时封闭,严禁超挖"的原则。

①土钉墙基本施工步骤如图 1.21 所示。基坑开挖第一层土体,开挖深度为第一道土钉至第二道土钉的竖向间距加作业距离(一般为 0.5 m)。

②在这一深度的作业面上设置一排土钉、喷射混凝土面层,并进行养护。

③向下开挖第二层土体,其深度为第二道土钉至第三道的竖向间距,并加上作业距离。

④设置二排土钉并养护、喷射混凝土面层,并进行养护。

⑤重复上述③④步骤,向下逐层开挖直至达到设计的基坑深度。

每层土钉及喷射混凝土面层施工后应养护一定时间。养护时间不应少于 48 h。如土钉没有得到充分养护就继续开挖下层土方,则会因上层土钉难以达到一定抗拔力而留下隐患。

当基坑面积较大时,一般采用"岛式开挖"的方式,先沿基坑四周约 10 m 宽度范围内分段开挖形成土钉墙,待四周土钉墙全部完成后再开挖中央土体。

3)土钉和喷锚网施工

根据土层特性及工程要求可选用不同的施工工艺,土钉按设置的施工工艺可分为成孔注浆土钉和打入钢管土钉。前者是先进行钻孔,而后植入土钉,再进行注浆。钻孔植入的土钉杆体可采用钢筋、钢绞线或其他型材。打入式土钉的杆体多为钢管,我国工程常采用

$\phi48/3$ mm 的钢管。

土钉注浆采用压力注浆,注浆材料可选用水泥浆或水泥砂浆。对成孔注浆土钉宜采用二次注浆方法,其中,第一次注浆宜采用水泥砂浆,第二次采用水泥浆。打入式土钉注浆一般采用一次注浆,浆液为水泥浆。浆液的水灰比宜取 0.40 ~ 0.55,灰砂比宜取 0.5 ~ 1.0。

喷射混凝土面层的厚度一般为 80 ~ 100 mm。混凝土强度等级不低于 C20。钢筋网的钢筋直径 $\phi6$ ~ 10 mm,网格边长为 150 ~ 300 mm。喷射混凝土是一种借助喷射机械,利用压缩空气或其他动力将制备好的拌合料通过管道输送,并以高速喷射到受喷面上凝结硬化而成的混凝土。其施工工艺分为干喷、湿喷及半湿式喷 3 种。

(3)土层锚杆

土层锚杆是设置在土层下的拉锚形式。它的一端与围护墙连接,另一端锚固在土体中。土层锚杆将作用在支护结构上的荷载通过拉杆与土的摩阻力传递到周围稳定的土层中,形成桩(墙)锚支护形式(图 1.22)。土层锚杆可沿基坑开挖深度布置多道,并随土方开挖逐层设置。

土层锚杆施工的工艺流程为:土方开挖→钻孔→安放拉杆→灌浆→养护→安装锚头张拉锚固(下层土方开挖→下层锚杆施工)。

土层锚杆施工的主要机械设备为钻孔机,按工作原理可分为回旋式钻机、螺旋式钻机、旋转冲击式钻机及潜孔冲击钻等几类,主要根据土质、钻孔深度和地下水情况进行选用。表 1.12 是各类锚杆钻机的适用土层。

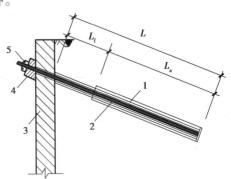

图 1.22 土层锚杆
1—锚杆拉杆;2—注浆锚固体;3—围护墙;
4—围檩;5—锚头;L_f—自由段;L_a—锚固段

表 1.12 各类锚杆钻机的适用土层

钻机类型	适用土层
回旋式钻机	黏性土、砂性土
螺旋式钻机	无地下水的黏土、粉质黏土及较密的砂层
旋转冲击式钻机	黏土类、砂砾类、卵石类、岩石及浅水地基
潜孔冲击钻	孔隙率大、含水率低的土层

常用的土层锚杆拉杆有粗钢筋、钢丝束及钢绞线束等。为使拉杆能安置于钻孔中心,以防止安放时触碰土壁,并使拉杆四周的锚固体均匀,以保证足够的握裹力,在拉杆上需设置定位器,其形式有三角形、环形、"["形等,间距为 1.5 ~ 2.0 m。

土层锚杆的注浆浆液采用水泥砂浆或水泥浆,一般为二次注浆。注浆养护完成后,可进行锚杆的预应力张拉。张拉设备应根据拉杆材料配套选择,如单根粗钢筋拉杆,可采用螺杆锚具,采用拉杆式千斤顶;钢绞线可选取用夹片式锚头,采用穿心式千斤顶。

锚杆的张拉与施加预应力(锁定)应符合以下规定:
①当锚杆固结体的强度达到 15 MPa 或设计强度的 75% 后,方可进行锚杆的张拉锁定。
②锚杆锁定前,应按锚杆抗拔承载力的检测值进行锚杆预张拉。

③锁定时的锚杆拉力应考虑锁定过程的预应力损失,锁定时的锚杆拉力可取锁定值的
1.1~1.15倍。

④锚杆锁定应考虑相邻锚杆张拉锁定引起的预应力损失。当锚杆预应力损失严重时,应
进行再次张拉锁定。

⑤当锚杆需要再次张拉锁定时,锚具外杆体的长度和完好程度应满足张拉要求。

(4)重力式水泥土墙

重力式水泥土墙是利用水泥材料作为固化剂,通过特制的深层搅拌机械,在地基深处就
地将软土和水泥强制搅拌形成连续搭接的水泥土柱状加固体,利用水泥和软土之间所产生的
一系列物理化学反应,使软土硬结成具有整体性、稳定性和一定强度的挡土、防渗墙,从而提
高地基强度和增大变形模量。

重力式水泥土墙施工工艺可采用3种方法:喷浆式深层搅拌(湿法)、喷粉式深层搅拌(干
法)和高压喷射注浆法(也称高压旋喷法)。湿法施工注浆量容易控制,成桩质量好,目前绝
大部分重力式水泥土墙施工中都采用湿法工艺。干法施工工艺虽然水泥土强度较高,但喷粉
量不易控制,难以搅拌均匀,导致桩体均匀性差,桩身强度离散较大,目前使用较少。高压喷
射注浆法是采用高压水、气切削土体,将水泥与土搅拌形成重力式水泥土墙。高压旋喷法施
工简便,施工时只需在土层中钻一个直径为50~300 mm的小孔,便可在土中喷射成直径
0.4~2 m的水泥土桩,但该工艺水泥用量大,造价高,一般在施工场地受到限制,湿法机械施
工困难时选用。本书主要对湿法施工工艺进行介绍。

1)施工步骤

搅拌机械就位、调平→预搅下沉至设计加固深度→边喷浆(或粉),边搅拌提升至预定的
停浆(或灰)面→重复搅拌下沉至设计加固深度→根据设计要求,喷浆(或粉)或仅搅拌提升
至预定的停浆(或灰)面→关闭搅拌机械。

在预(复)搅下沉时,也可采用喷浆(粉)的施工工艺,但必须确保全桩长上下至少再重复
搅拌一次。对地基土进行干法咬合加固时,如复搅困难,可采用慢速搅拌,保证搅拌的均
匀性。

2)质检要求

根据《建筑基坑支护技术规程》(JGJ 120—2012)第6.3.2条的要求,重力式水泥土墙的
质量检测应符合下列规定:①应采用开挖的方法,检测水泥土固结体的直径、搭接宽度、位置
偏差;②应采用钻芯法检测水泥土的单轴抗压强度及完整性、水泥土墙的深度。进行单轴抗
压强度试验的芯样直径不应小于80 mm。检测桩数不应少于总桩数的1%,且不应少于6根。
水泥土桩挡墙作为重力式支护的同时不作截水帷幕用,其施工要求见表1.13。

(5)钢板桩

钢板桩有平板形、Z形和U形,最常见的是U形(图1.23)。钢板桩之间通过锁口咬合的
形式(也称为"小止口")搭接,形成牢固连接、整体的板桩墙,具有良好的止截水作用。钢板
桩支护还常用于水中围堰工程。

钢板桩施工中要划分施工段,采用合适的施工方法,以保证墙面平直、锁口闭合,满足地
下工程施工。钢板桩一般采用锤击法或振动锤打入,入土方法有单独打入法、分段复打法和
封闭复打法等。

表 1.13　单轴与双轴水泥土搅拌桩截水帷幕质量标准

项目	序号	检查项目	允许偏差或允许值		检查方法
			单位	数值	
主控项目	1	水泥用量	不小于设计值		查看流量表
	2	桩长	不小于设计值		测钻杆长度
	3	导向架垂直度	$\leqslant \dfrac{1}{150}$		经纬仪测量
	4	桩径	mm	±20	测量搅拌叶回转直径
一般项目	1	桩身强度	不小于设计值		28 d 试块强度或钻芯法
	2	水胶比	设计值		实际用水量与水泥等脱离危险胶凝材料的质量比
	3	提升速度	设计值		测机头上升距离和时间
	4	下沉速度	设计值		测机头下沉距离和时间
	5	桩位	mm	≤20	用全站仪或钢尺量
	6	桩顶标高	mm	±200	水准测量,最上部 500 mm 浮浆层及劣质桩体不计入
	7	施工间歇	h	≤24	检查施工记录

图 1.23　U 形钢板桩及其搭接

易纠正,墙面平直度难以控制。在钢板桩长度不大(小于 10 m),工程要求不高时可采用此法。

为保证钢板桩的平直度以及锁口闭合,可采用导向围檩,即围檩插桩法。采用围檩支架作板桩打设导向装置(图 1.24)。围檩支架由围檩和围檩桩组成,在平面上分单面围檩和双面围檩,高度方向有单层和双层之分。在打设板桩时起导向作用。双面围檩之间的距离,比两块板桩组合宽度大 8 ~ 15 mm。

2)分段复打法

1)单独打入法

此法是从一角开始逐块插打,每块钢板桩自起打到结束中途不停顿。桩机行走路线短,施工简便,打设速度快。但是,单块打入易向一边倾斜,累积误差不

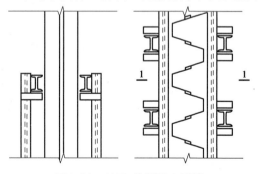

图 1.24　双面、单层导向围檩

此法又称屏风法,是将成组(10 ~ 20 块)钢板桩沿导向围檩插入土中一定深度形成屏风墙,先将其两端的两块打入,严格控制其垂直度,打好后用电焊固定在围檩上,然后将其他板桩按顺序以 1/5 ~ 1/3 板桩高度依次打入,重复多遍使钢板桩达到设计标高。此法可以防止

板桩过大倾斜和扭转,防止误差积累,有利实现封闭合龙,且分段打设,不会影响邻近板桩施工。

3)封闭复打法

封闭复打法是在地面上,离板桩墙轴线一定距离先筑起双层围檩支架,而后将钢板桩依次在双层围檩中全部插好,成为一个高大的钢板桩墙,待四角实现封闭合龙后,再按阶梯形逐渐将板桩逐块打入设计标高。此法的优点是可以保证平面尺寸准确和钢板桩垂直度,但施工速度慢。

地下工程施工结束后,钢板桩一般都要拔出,以便重复使用。钢板桩的拔出要正确选择拔出方法与拔出顺序。板桩拔出时带土,往往会引起土体变形,对周围环境造成危害,必要时应采取注浆等方法填充。

(6)钻孔灌注排桩

排桩是指沿基坑侧壁排列设置的支护桩及冠梁组成的支挡式结构部件或悬臂式支护结构。上文所述的钢筋混凝土预支板桩和钢板桩属于排桩的范围。

灌注桩排桩是指以灌注桩的工艺形成的排桩支护结构。排桩可分为单排桩和双排桩。

1)排桩支护的布置形式

①柱列式排桩支护。当边坡土质较好、地下水位较低时,可利用土拱作用,以稀疏钻孔灌注桩或挖孔桩支挡土坡,如图1.25(a)所示。

②连续式排桩支护。连续式排桩支护如图1.25(b)所示。软土中一般不能形成土拱,支挡桩应该连续密排。密排的钻孔桩可以互相搭接,或在桩身混凝土强度尚未形成时,在相邻桩之间做一根素混凝土树根桩把钻孔桩排连起来,如图1.25(c)所示;也可以采用钢板桩、钢筋混凝土板桩,如图1.25(d)、(e)所示。

③组合式排桩支护。在地下水位较高的软土地区,可采用钻孔灌注桩排桩与水泥土桩防渗墙组合的形式,如图1.25(f)所示。

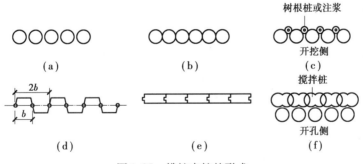

图1.25　排桩支护的形式

2)质量要求

除特殊要求外,排桩的施工偏差应符合下列规定:

①桩位的允许偏差应为50 mm。

②桩垂直度的允许偏差应为0.5%。

③预埋件位置的允许偏差应为20 mm。

④桩的其他施工允许偏差应符合现行行业标准《建筑桩基技术规范》(JGJ 94—2008)的规定。

（7）型钢水泥土搅拌墙

型钢水泥土搅拌墙在国外称为 SMW（Soil Mixing Wall）工法。它是在水泥土桩中插入大型 H 型钢，形成围护墙。型钢水泥土搅拌墙由 H 型钢承受侧向水、土压力，水泥土桩作为截水帷幕。

型钢水泥土搅拌墙的施工流程为：样槽开挖→铺设导向围檩→设定施工标志→搅拌桩施工→插入型钢→型钢水泥地下连续墙完成。在基坑工程完成后还可将 H 型钢拔出回收。

（8）地下连续墙

地下连续墙是分槽段用专用机械成槽、浇筑钢筋混凝土所形成的连续地下墙体。施工时一般在地面上利用各种挖槽机械，沿支护轴线，在泥浆护壁条件下，开挖出一条狭长深槽，清槽后在槽内吊放钢筋笼，然后用导管法浇筑水下混凝土，筑成一个单元槽段，如此逐段进行，在地下筑成一道连续的钢筋混凝土墙，作为截水、防渗、承重、挡土结构。

地下连续墙的特点是墙体刚度大、整体性好，基坑开挖过程安全性高，支护结构变形较小；施工振动小，噪声低，对环境影响小；墙身具有良好的抗渗能力，坑内降水时对坑外的影响较小；可用于密集建筑群中深基坑支护及逆作法施工；可作为地下结构的外墙；可用于多种地质条件。

1）工程特点

地下连续墙施工具有以下优点：

①地下连续墙的墙体刚度大、整体性好，基坑开挖过程安全性高，支护结构变形较小，既可用于密集建筑群中深基坑支护，也可作为地下结构的外墙。

②可用于多种地质条件下施工。对砂卵石地层或要求进入风化岩层时，钢板桩难以施工，可以采用具有合适的成槽机械施工的地下连续墙结构。

③可减少工程施工时对环境的影响。施工时振动小，噪声低；对周围相邻的工程结构和地下管线的影响较小，对沉降及变位较易控制。

④可进行逆作法施工，有利于加快施工进度，降低造价。

地下连续墙施工法也有不足之处，主要表现在以下 3 个方面：

①对废泥浆的处理，不但会增加工程费用，若泥水分离技术不完善或处理不当，还会造成新的环境污染。

②在施工过程中，可能出现槽壁坍塌问题。如地下水位急剧上升、护壁泥浆液面急剧下降、土层中有软弱疏松的砂性夹层、泥浆的性质不当或已变质、施工管理不善等均可能引起槽壁坍塌，引起邻近地面沉降，危害邻近工程结构和地下管线的安全；也可能使墙体混凝土体积超方、墙面粗糙度和结构尺寸超出允许界限。

③由于地下连续墙施工机械的因素，其厚度具有固定的模数，不能像灌注桩一样对桩径和刚度进行灵活调整，且地下连续墙的成本较高，因此地下连续墙只有用在一定深度的基坑工程或其他特殊条件下才能显示其经济性和特有的优势。

2）施工步骤

地下连续墙的施工是多个单元槽段的重复作业，主要步骤有：开挖导槽→修筑导墙→配制泥浆→开挖槽段→吊装钢筋笼→浇筑混凝土，详细步骤如图 1.26 所示。

（9）内支撑系统

内支撑主要有钢支撑和混凝土支撑两种形式。根据《建筑基坑支护技术规程》（JGJ

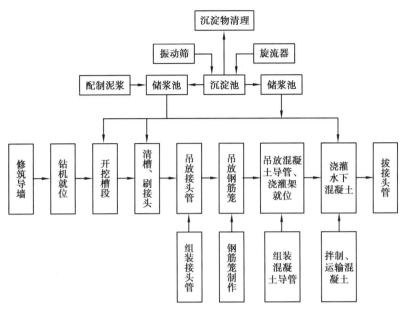

图 1.26 地下连续墙施工工艺流程

120—2012)第 4.10 节的要求,内支撑施工和质检的主要要求如下:

①内支撑结构的施工与拆除顺序,应与设计工况一致,必须遵循先支撑后开挖的原则。

②混凝土腰梁施工前应将排桩、地下连续墙等挡土构件的连接表面清理干净,混凝土腰梁应与挡土构件紧密接触,不得留有缝隙。

③钢腰梁与排桩、地下连续墙等挡土构件间隙的宽度宜小于 100 mm,并应在钢腰梁安装定位后,用强度等级不低于 C30 的细石混凝土填充密实或采用其他可靠连接措施。

④对预加轴向压力的钢支撑,施加预压力时应符合下列要求:

a. 对支撑施加压力的千斤顶应有可靠、准确的计量装置。

b. 千斤顶压力的合力点应与支撑轴线重合,千斤顶应在支撑轴线两侧对称、等距放置,且应同步施加压力。

c. 千斤顶的压力应分级施加,施加每级压力后应保持压力稳定 10 min 后方可施加下一级压力;预压力加至设计规定值后,应在压力稳定 10 min 后,按设计预压力值进行锁定。

d. 支撑施加压力过程中,当出现焊点开裂、局部压曲等异常情况时应卸除压力,在对支撑薄弱处进行加固后,方可继续施加压力。

e. 当监测的支撑压力出现损失时,应再次施加预压力。

⑤对于钢支撑,当夏期施工产生较大温度应力时,应及时对支撑采取降温措施;当冬期降温使支撑端头出现空隙时,应及时用铁楔将空隙楔紧或采用其他可靠连接措施。

⑥支撑拆除应在替换支撑的结构构件达到换撑要求的承载力后进行。当主体结构底板和楼板分块浇筑或设置后浇带时,应在分块部位或后浇带处设置可靠的传力构件。支撑的拆除应根据支撑材料、形式、尺寸等具体情况采用人工、机械和爆破等方法。

⑦内支撑的施工偏差应符合下列要求:支撑标高的允许偏差应为 30 mm;支撑水平位置的允许偏差应为 30 mm;临时立柱平面位置的允许偏差应为 50 mm,垂直度的允许偏差应为 1/150。

1.3.3 基础土方量计算

土方工程施工前,必须计算土方的工程量。但各工程的土体外形很复杂,且不规则。一般情况下,将其划分成一定的几何形状,并采用具有一定精度而又和实际情况近似的方法进行计算。

基坑形状一般为多边形,其边坡常有一定坡度;基坑(槽)土方工程量计算可按拟柱体体积的公式计算(图1.27),即

$$V = \frac{H}{6}(F_1 + 4F_0 + F_2) \tag{1.33}$$

式中 V——土方工程量,m^3;

$\quad\quad F_0$——F_1 与 F_2 之间的中截面面积,m^2。

H, F_1, F_2 如图1.27所示。对基坑而言,H 为基坑的深度,m_i,F_1, F_2 分别为基坑的上下底面积,m^2;对基槽或路堤,为便于计算,可取 H 为基槽或路堤的长度,m;F_1, F_2 为两端的面积,m^2。

基槽与路堤通常根据其形状(曲线、折线、变截面等)划分成若干计算段,再用同样的方法计算(图1.28),即

$$V_1 = \frac{L_1}{6}(F_1 + 4F_0 + F_2) \tag{1.34}$$

式中 V_1——第一段的土方量,m^3;

$\quad\quad L_1$——第一段的长度,m。

将各段土方量相加即总土方量:

$$V = V_1 + V_2 + V_3 + \cdots + V_n \tag{1.35}$$

式中 $V_1, V_2, V_3, \cdots, V_n$——各分段的土方量,$m^3$。

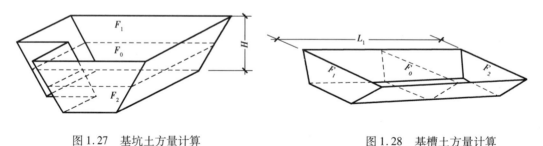

图1.27 基坑土方量计算　　　　　　　　图1.28 基槽土方量计算

1.3.4 基坑工程施工监测

基坑工程施工及使用阶段,岩土的复杂性使工程中的设计分析与现场实测存在一定差异,为准确掌握和预测基坑在施工及使用阶段的受力和变形状态及其对周边环境的影响,科学地完成基坑工程施工,必须进行施工监测。国家标准《建筑基坑工程监测技术规范》(GB 50497—2019)明确规定"开挖深度大于或等于5 m的土质基坑;极软岩基坑、破碎的软岩基坑、极破碎的岩体基坑;上部为土体,下部为极软岩、破碎的软岩、极破碎的岩体构成的土岩组合基坑;以及开挖深度小于5 m但现场地质情况和周围环境较复杂的基坑工程均应实施基坑工程监测"。监测内容主要有位移(变形)监测、内力监测、水压(水位)监测等。

(1)基坑监测

为了确保基坑和周边环境安全,在基坑施工中,应对支护结构、地下水、坑底及周边土体、周边建(构)筑物周边管线及设施、周边道路等的变化情况进行检测,如变形、沉降、倾斜、裂缝和水平位移等。

①基坑工程应实施动态设计和信息化施工。

②基坑开挖监测内容根据《建筑基坑工程监测技术规范》(GB 50497—2019),可按表1.14选择。监测项目选择应根据基坑支护形式、地质条件、工程规模、施工工况与季节及环境保护的要求等因素综合而定。

表1.14　基坑监测项目选择表

监测项目		基坑工程安全等级		
		一级	二级	三级
围护墙(边坡)顶部水平位移		应测	应测	应测
围护墙(边坡)顶部竖向位移		应测	应测	应测
深层水平位移		应测	应测	宜测
立柱竖向位移		应测	应测	宜测
围护墙内力		宜测	可测	可测
支撑轴力		应测	应测	宜测
立柱内力		可测	可测	可测
锚杆轴力		应测	宜测	宜测
坑底隆起		可测	可测	可测
围护墙侧向土压力		可测	可测	可测
孔隙水压力		可测	可测	可测
地下水位		应测	应测	应测
土体分层竖向位移		可测	可测	可测
周边地表竖向位移		应测	应测	宜测
周边建筑	竖向位移	应测	应测	应测
	倾斜	应测	宜测	可测
	水平位移	宜测	可测	可测
周边建筑裂缝、地表裂缝		应测	应测	应测
周边管线	竖向位移	应测	应测	应测
	水平位移	可测	可测	可测
周边道路竖向位移		应测	宜测	可测

(2)边坡监测

边坡的监测方法与基坑监测相近,但内容和要求有所不同。根据《建筑边坡工程技术规范》(GB 50330—2013)第19.1.1条(强制条文)的规定,当边坡滑塌区有重要建构筑物时,应对边坡施工进行监测。

①具体监测中需符合以下要求:

a.坡顶位移观测,应在每一典型边坡段的支护结构顶部设置不少于3个监测点的观测网,观测位移量、移动速度和移动方向。

b.锚杆拉力和预应力损失监测,应选择有代表性的锚杆(索),测定锚杆(索)应力和预应力损失。

c.非预应力锚杆的应力监测根数不宜少于锚杆总数的3%,预应力锚索的应力监测根数不宜少于锚索总数的5%,且均不应少于3根。

d.监测工作可根据设计要求、边坡稳定性、周边环境和施工进程等因素进行动态调整。

e.边坡工程施工初期,监测宜每天一次,且应根据地质环境复杂程度,周边建(构)筑物、管线对边坡变形的敏感程度,气候条件和监测数据调整监测时间及频率。当出现险情时应加强监测。

f.一级永久性边坡工程竣工后的监测时间不宜少于两年。

②监测过程中如存在以下情况,则需及时报警并采取相应应急措施:

a.有软弱外倾结构面的岩石边坡支护结构坡顶有水平位移迹象或支护结构受力裂缝有发展;无外倾结构面的岩质边坡或支护结构构件的最大裂缝宽度达到国家现行相关标准的允许值;土质边坡支护结构坡顶的最大水平位移已大于边坡开挖深度的1/500或20 mm,以及其水平位移速度已连续3 d大于2 mm/d。

b.土质边坡坡顶邻近建筑物的累积沉降、不均匀沉降或整体倾斜已大于现行国家标准《建筑地基基础设计规范》(GB 50007—2011)规定允许值的80%,或建筑物的整体倾斜度变化速度已连续3 d大于0.000 08 mm/d。

c.坡顶邻近建筑物出现新裂缝或原有裂缝有新发展。

d.支护结构中有重要构件出现应力骤增、压屈、断裂、松弛或破坏的迹象。

e.边坡底部或周围岩石体已出现可能导致边坡剪切破坏的迹象或其他可能影响安全的征兆。

f.根据当地工程经验判断已出现其他必须报警的情况。

1.4 土方回填与压实

1.4.1 回填土料的要求

填方土料应符合设计要求,保证填方的强度与稳定性,选择的填料应为强度高、压缩性小、水稳定性好,便于施工的土、石料。如设计无要求时,应符合下列规定:

①石类土、砂土和爆破石渣(粒径不大于每层铺厚的2/3)可用于表层以下的填料。

②含水量符合压(夯)实要求的黏性土,可作各层填料。

③碎块草皮和有机质含量大于8%的土以及硫酸盐含量大于5%的土,仅可用于无压要求的填土。

④淤泥和淤泥质土,一般不能用作填料,但在软土或沼泽地区,经过处理含水量符合压实要求,可用于填方中的次要部位。

⑤土料的含水量大小,直接影响填土压(夯)实效果,填土土料的含水量应在施工控制含水量范围之内。

黏性土的施工控制含水量与最优含水量(W_{op})之差可选定在-4%~2%(使用振动碾时,可选定在-6%~2%)。土的控制含水量简便检验一般以手握成团落地开花为宜。

土的最优含水量 W_{op} 可按当地经验或取 W_p+2,粉土取 14%~18%,W_p 为土的塑限含水量。土的最优含水量和最大干密度参见表 1.15。

表 1.15　土的最优含水量和最大干密度

项次	土的种类	变动范围		项次	土的种类	变动范围	
		最佳含水量/%（质量比）	最大干密度/(g·cm^{-3})			最佳含水量/%（质量比）	最大干密度/(g·cm^{-3})
1	砂土	8~12	1.80~1.88	3	粉质黏土	12~15	1.85~1.95
2	黏土	19~23	1.58~1.70	4	粉土	16~22	1.60~1.80

注:1. 表中土的最大密度应根据现场实际达到的数字为准。

　　2. 一般性的回填可不作此项测定。

1.4.2　填土压实的方法

填土可采用人工填土和机械填土。

(1)人工填土

用手推车送土,人工用铁锹、耙、锄等工具进行填土,由场地最低部分开始,由一端向另一端自下而上分层铺填,每层虚铺土厚度,用人工夯实时:砂质土不大于 0.3 m;黏性土为 20 cm;人工填土效率低成本高,除了机械无法填的地方,一般都采用机械填土。

(2)机械填土

①推土机填土:自上而下分层铺填,每层虚铺厚度不宜大于 300 cm。推土机自行推运并刮平,来回行驶碾压,履带应重叠一半。

②铲运机填土:每层虚铺厚度不大于 300~500 mm(视压实机械性能而定),利用空车返回时将填土刮平,压实机械压实。尽量采取纵横向分层卸土,以利铲运机行驶初步压实。

填土必须分层进行,并逐层压实。机械填土不得居高临下,不分层次,一次倾倒填筑。当采用分层回填时,应在下层的压实系数经试验合格后,才能进行上层施工。

施工中应防止出现翻浆或弹簧土。特别是雨期施工时,应集中力量分段回填碾压,还应加强临时排水设施,回填面应保持一定的流水坡度,避免积水。对于局部翻浆或弹簧土可以采用换填或翻松晾晒等方法处理。在地下水位较高的区域施工时,应设置盲沟疏干地下水。

(3)压实方法

填土的压实方法有碾压、夯实和振动压实等。

碾压是指由沿填筑面滚动的鼓筒或轮子的压力压实土壤的方法,多适用于大面积填土工程。碾压机械有平碾(压路机)、羊足碾和气胎碾。平碾有静力作用平碾和振动作用平碾之分,平碾对砂土、黏土均可压实。静力作用平碾用于较薄填土或表面压实、平整场地、修筑堤坝及道路工程;振动平碾使土受振动和碾压两种作用,效率高,适用于填料为爆破石渣,碎石类土、杂填土或轻亚黏土的大型填方。羊足碾需要较大的牵引力,与土接触面积小,但是单位面积的压力比较大,土壤的压实效果好。土的颗粒受到"羊足"较大的单位压力后会向四面移动,破坏土的结构。气胎碾在工作时是弹性体,给土的压力较均匀,填土质量较好。碾压机械压实回填时,一般先静压后振动或先轻后重。压实时应控制行驶速度,平碾和振动碾一般不宜超过 2 km/h;羊角碾不超过 3 km/h。每次碾压机具应从两侧向中央进行,主轮应重叠150 mm 以上。

夯实是指利用夯锤自由下落时的冲击力来夯实土壤的方法,主要是用于基坑(槽)、沟及各种零星分散,边角部位的小型填方的夯实工作。夯实机械有夯锤、内燃夯土机和蛙式打夯机等。人工夯土用的工具有木夯、石夯、飞碡。夯土影响深度可超过 0.6 ~ 1.0 m,常用于夯实湿陷性黄土、杂填土以及含有石块的填土。内燃夯土机作用深度为 0.4 ~ 0.7 m,它和蛙式打夯机都是应用较广的夯实机械。人力夯土(木夯、石碡)方法已很少使用。

振动压实主要是将振动压实机放在土层表面,用于压实非黏性土,采用的机械主要是振动压路机、平板振动器等。

1.4.3　填土压实的影响因素

填土压实质量与许多因素有关,其中主要影响因素为压实功、土的含水量以及每层铺土厚度。

(1)压实功的影响

压实功(指压实工具的质量,碾压变数或垂落高度、作用时间等),是除含水量以外影响压实效果的另一重要因素。在压实功加大到一定程度后,对最大密度的提高就不明显了,在实际施工时,应根据不同的压实密度要求和不同的压实机械来决定压实的遍数,见表 1.16。此外,松土不宜用重型碾压机直接碾压,否则土层会有强烈起伏,效率不高,但先用轻碾压实,再用重碾,就可以取得较好的效果。

表 1.16　不同压实机械分层填土需铺厚度及压实遍数

压实机具	分层厚度/mm	每层压实系数
平碾	250 ~ 300	6 ~ 8
振动压实机	250 ~ 350	3 ~ 4
柴油打夯机	200 ~ 250	3 ~ 4
人工打夯	<200	3 ~ 4

(2)含水量的影响

土中含水量对压实效果的影响比较显著。当含水量较小时,颗粒间引力(包括毛细血管压力)使土保持比较疏松的状态或凝聚结构,土中孔隙大都互相连通,水少而气多,在一定外部压实功能作用下,虽然孔隙中气体易被排出,密度可以增大,但是由于水膜润滑作用不明显以及外部功能不足以克服颗粒间引力,土粒不容易发生相对位移,因此压实系数效果比较差。

含水量逐渐增大时,水膜变厚,引力缩小,水膜又起润滑作用,外部压实功能比较容易使土粒移动,压实效果渐佳。土中含水量过大时,空隙中出现自由水,压实效果反而降低。由土的干密度与含水量关系曲线(图1.29)可知,曲线有一个峰值,此处的干密度为最大,成为最大干密度 ρ_{max},只有在土中含水达到最佳含水量的情况下压实的土,水稳定性才最好,土的密实度最大。然而含水量较小时,土粒间引力较大,但其强度可能比最佳含水量下的还高。一般取干密度最大时的含水量为最佳含水量,而不取强度最大时的含水量为最佳含水量。

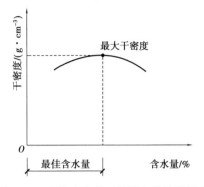

图1.29 土的含水量对其压实质量的影响

每种土都有其最佳含水量,土在这种含水量的条件下,使用同样的压实功进行压实,所得到的质量最大。各种土的最佳含水量和所能获得的最大干密度,可由击实试验取得,也可查经验表确定。施工中,土的实际含水量与最佳含水量之差可控制在±2%范围内。

(3) 铺土厚度的影响

压实厚度对压实效果有明显的影响。相同压实条件下(土质、湿度与功能不变),由实测土层不同深度的密实度得知,密实度随深度递减。不同压实工具的有效压实深度有所差异,根据压实工具类型、土质及填方压实的基本要求,每层铺筑压实厚度规定有具体数值,见表1.16。铺土厚度应小于压实机械压土的有效作用深度。此外,还应考虑最优土层厚度,铺得过厚,要经过多数遍压实才能达到规定的密实度;铺得过薄,则要增加机械的总压实遍数。最优的铺土厚度应能使土方压实而机械的功耗费最小。

1.4.4 填土压实的质量检查

填土压实后应达到一定的密实度及含水量要求。密实度要求一般由设计根据工程结构性质、使用要求以及土的性质确定,如建筑工程中的砌体承重结构和框架结构。在地基主要持力层范围内,压实系数(压实度)λ_c 应大于0.96,在地基主要持力层范围以下,则 λ_c 应为 0.93~0.96。

又如,道路工程土质路基的压实度根据所在地区的气候条件、土基的水温度状况、道路等级及路面类型等因素综合考虑。我国公路和城市道路土基的压实度见表1.17及表1.18。

表1.17 公路土方路基压实度

填挖类型	路床顶面以下深度 /cm	规定值/%		
		高速公路 一级公路	二级公路	三、四级 公路
填方	0~80	96	95	94
	80~150	94	94	93
	>150	93	92	90
零填或 挖方	0~30	—	—	94
	30~80	96	95	—

说明:表中压实度以重型击实试验法为准。

表 1.18　城市道路土质路基压实度

填挖类型	路床顶面以下深度/cm	路基最小压实度/%			
		快速路	主干路	次干路	支路
填方	0~80	96	95	94	92
	80~150	94	93	92	91
	>150	93	92	91	90
零填或	0~30	96	95	94	92
挖方	30~80	94	93	—	—

说明:表中数值均为重型击实标准。

压实系数(压实度)λ_c 为土的控制干重度 ρ_d 与土的最大干重度 ρ_{dmax} 之比,即

$$\lambda_c = \frac{\rho_d}{\rho_{dmax}} \tag{1.36}$$

ρ_d 可在现场用"环刀法"或"灌砂(或灌水)法"测定,ρ_{dmax} 则用击实试验确定。标准击实检验方法分为轻型标准和重型标准两种。两者的落锤质量、击实次数不同,即试件承受的单位压实功不同。压实度相同时,采用重型标准的压实要求比轻型标准的高,道路工程中一般要求土基压实采用重型标准,确有困难时可采用轻型标准。

1.5　土方工程机械化施工

在工业与民用建筑中,最常用的土方机械有推土机、铲运机、单斗挖土机和碾压夯实机械等。在使用这类土方机械时,进行施工的过程中应符合《建筑机械使用安全技术规程》(JGJ 33—2012)、《施工现场机械设备检查技术规程》(JGJ 160—2016)等规范规定。

(1)推土机施工

推土机实际上是在拖拉机上装有推土板的土方机械,如图 1.30 所示。根据推土机铲刀的操纵机构不同,推土机可分为索式和液压式两种。液压式推土机除了可以升降推土铲刀外,还可以调整推土铲刀的角度,具有更大的灵活性。按推土机发动机功率的大小可以分为大型推土机(320 马力以上,1 马力约等于 735 W)、中型推土机

图 1.30　T2-100 推土机外形图

(100~320 马力)和小型推土机(100 马力以下)3 种。目前,我国生产的履带式推土机有红旗100,上海 120、T-120、移山 160、T-180、TY-180、黄河 220、T-240、J320 和 TY-320 等;轮胎式推土机有 TL-160、厦门 T-180 等型号。

推土机能单独进行挖土、运土和卸土工作,操作灵活,运转方便,所需工作面较小,适用于场地清理和平整、开挖深度不大的基坑及沟槽的回填土等。此外,在推土机后面可以安装松土装置,用于破松硬土和冻土,能牵引其他无动力的土方机械,如拖式铲运机、羊足碾等。推土机能推挖一类—三类土,经济运距在 100 m 以内,效率最高为 60 m。

（2）铲运机施工

铲运机是一种能综合完成全部土方施工工序（挖土、装土、运土、卸土、压实和平土）的机械，如图 1.31 所示。按行走方式分为自行式铲运机和拖式铲运机两种。常用的铲运机斗容量为 1.5 ~ 6 m^3。若按铲斗的操纵系统可分为钢丝绳操纵和液压操纵两种。

图 1.31 铲运机铲土工作示意图

铲运机的特点是操纵简单灵活，行驶速度快，生产效率高，且运转费用低。在土方工程中常应用于大面积场地平整，开挖大型基坑，填筑堤坝和路基等，最适于开挖含水量不超过 27%的松土和普通土。坚土（三类土）需松土机预松后才能开挖。自行式铲运机适用于运距在800 ~ 3 500 m 的大型土方工程施工，以运距在 800 ~ 1 500 m 内的生产效率最高。拖式铲运机适用于运距为 80 ~ 800 m 的土方工程施工，而运距在 200 ~ 350 m 时，效率最高。

铲运机的生产效率主要取决于铲斗装土容量及铲土、运土、卸土和回程的工作循环时间。同时要选择合理的运行路线，如环形路线或 8 字形路线，以缩短运行时间，如图 1.32 所示。

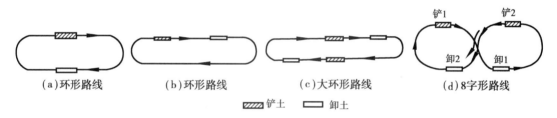

（a）环形路线　　　　（b）环形路线　　　　（c）大环形路线　　　　（d）8 字形路线

▨ 铲土　　▭ 卸土

图 1.32 铲运机开行路线

（3）单斗挖土机施工

单斗挖土机在土方工程施工中应用较为广泛。按其工作装置不同可分为正铲、反铲、拉铲和抓铲，如图 1.33 所示；按其行走装置可分为履带式和轮胎式两类。其传动方式有机械传动和液压传动。液压传动具有很大优越性，发展很快，基本取代了机械传动。

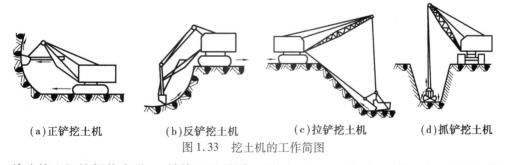

（a）正铲挖土机　　　（b）反铲挖土机　　　（c）拉铲挖土机　　　（d）抓铲挖土机

图 1.33 挖土机的工作简图

单斗挖土机挖掘能力强、工效快、通用性好，既可以用于开挖基坑（槽）、河道、沟渠等，更换装置后还可以进行起重、安装、浇筑、打桩、夯实等多种作业。

在建筑工地上，常用的挖土机型号为 W1-50，W1-100 及 W1-200，其斗容量为 0.5 m^3，1.0m^3，2.0 m^3。

采用机械挖土时,由于不能准确地挖至设计标高,往往会使基坑土层遭受破坏,因此,要预留 200 ~ 300 mm 土层由人工清理。

1)正铲挖土机施工

正铲挖土机一般仅用于开挖停机面以上的土。其挖土特点是机械前进行驶,铲斗由下向上强制切土。其挖掘力大,效率高,适用于含水量不大于27%的Ⅰ—Ⅳ类土,它可直接往自卸汽车上卸土,进行土的外运工作。

正铲挖土机的作业方式主要有侧向开挖和正向开挖两种。

侧向开挖,就是挖土机沿前进方向挖土,运输工具停在侧面装土。此法挖土机卸土时,动臂回转角度小,运输工具行驶方便,生产率高,采用较广,如图1.34(a)所示。

正向开挖,就是挖土机沿前进方向挖土,运输工具停在后面装土。此法挖土机卸土时,动臂回转角度大,装车时间长,生产效率低,且运输车辆要倒车开入。一般只用于开挖工作面狭小且较深的基坑,如图1.34(b)所示。

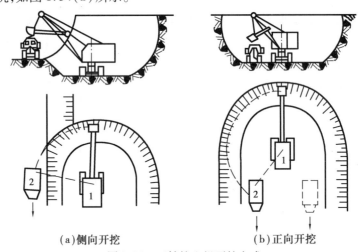

(a)侧向开挖　　　　　　　　　　　(b)正向开挖

图1.34　正铲挖土机开挖方式

1—正铲挖土机;2—自卸汽车

2)反铲挖土机施工

反铲挖土机的开挖方式可分为沟端开挖与沟侧开挖两种。

沟端开挖,就是挖土机停在沟端,向后倒退着挖土,汽车停在两侧装土。

沟侧开挖,就是挖土机沿沟槽一侧直线移动,边走边挖。此法挖土宽度和深度较小,边坡不易控制。

(4)挖掘机

如平整的场地上有土堆或土丘,或需要向上挖掘或填筑土方时可用挖掘机进行挖掘。挖掘机根据工作装置不同分为正铲、反铲和抓铲。机械传动挖掘机还有拉铲。施工中需有运土汽车进行配合作业。

(5)装载机

装载机的动力多为拖拉机,其工作装置为铲斗,适用于松软土的表层剥离、地面平整、场地清理和短距离的装载搬运等工作,其设备的装置如图1.35所示。

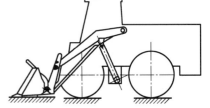

图1.35　装载机

1.6 爆破工程

在土木工程施工中,爆破技术常用于场地平整、地下工程中土石方开挖、基坑(槽)或管沟挖土中岩石的炸除、施工现场树根和障碍物的清除等。此外,在拆除旧建筑物和构筑物等也常采用爆破的方法。

(1)爆炸的基本概念

把埋在地下深处炸药引爆之后,原来体积很小的炸药,在极短的时间内,通过化学变化,由固态或液态转变为气态,体积猛然增加数百倍甚至上千倍,从而产生了很大的压力和冲击力,同时产生很高的温度,使周围的介质(土、石等)受到各种程度不同的破坏,称为爆破。

1)破坏作用圈

爆破时介质距离爆破中心越近,受到的破坏越大。通常将爆破影响的范围分为几个爆破作用圈。

爆破时最靠近药包处的介质受到的压力最大,对于塑性土壤,便被压缩成孔腔;对于坚硬的岩石,便会被粉碎。这个范围称为压缩圈或破碎圈。

在压缩圈以外的介质受到的作用力虽然减弱了一些,但足以使结构破坏,使其分裂成各种形状的碎块,这个范围称为破坏圈或松动圈。在破坏圈以外的介质,因作用力只使其产生震动现象,故称为震动圈,以上爆破的范围,可以用一些同心圆表示,称为爆破作用圈,如图1.36所示。

2)爆破漏斗

当埋设在地下的药包爆炸后,地面就会出现一个爆破坑,一部分被炸碎了的介质被抛至坑外,一部分仍坠落在坑内。由于爆破坑形似漏斗,因此被称为爆破漏斗,如图1.37所示。

爆破漏斗可用下面几个参数来表明其特征:

①最小抵抗线 W:从药包中心到临空面的最短距离。

②爆破漏斗半径 r:漏斗上口的圆周半径。

③最大可见深度 h:从坠落在坑内的介质表面到临空面的最大距离。

④爆破作用半径尺:从药包中心到爆破漏斗上口边沿的距离。

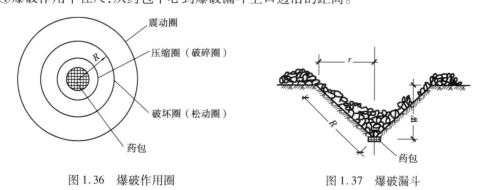

图1.36 爆破作用圈   图1.37 爆破漏斗

爆破漏斗的实际形状是多种多样的,它随着土的性质、炸药性能、药包的大小、药包的埋置深度而不同。爆破漏斗的大小一般以爆破作用指数 n 表示,即

$$n = \frac{r}{W} \quad (1.37)$$

当 $n=1$ 时,称为标准抛掷爆破漏斗; $n<1$ 时,称为减弱抛掷爆破漏斗; $n>1$ 时,称为加强抛掷爆破漏斗。

(2)炸药、炸药量计算及起爆方法

1)炸药

一般土木工程中常用的炸药可分为起爆药和破坏药两类。

起爆药是一种烈性炸药,敏感性极高,很容易爆炸,用于制造雷管、导爆线和起爆药包等。起爆药主要有雷汞、叠氮铅、黑索金、持屈儿、泰安等。

破坏药又称次发炸药,用作主炸药,具有相当大的稳定性,只有在起爆药的爆炸激发下,才能发生爆炸。这类炸药主要有梯恩梯(TNT)(或称硝基甲苯)、硝化甘油(胶质炸药)炸药、铵梯炸药、黑火药等。

2)药包量计算

爆破土石方时,用药量要根据岩石的硬度、岩石的缝隙、临空面的多少、估计爆破的土石方量以及施工经验来决定。

炸药量的理论计算是以标准抛掷漏斗为依据。用药量与漏斗内的土石方体积成正比。其药包量 Q 的基本公式为

$$Q = eqV \quad (1.38)$$

式中　q——爆破岩石所需的耗药量,kg/m^3,可参考表1.19确定;

V——被爆炸岩石的体积,m^3;

e——炸药换算系数,见表1.20。

表 1.19　标准抛掷爆破药包的单位耗药量 q 值表

土的类别	一、二	三、四	五、六	七	八
$q/(kg \cdot m^{-3})$	0.95	1.10	1.25 ~ 1.50	1.60 ~ 1.90	2.00 ~ 2.20

注:本表以1号露天铵梯炸药为标准计算,当用其他炸药时,须乘以换算系数 e 值。

表 1.20　炸药换算系数 e 值表

炸药名称	型号	e	炸药名称	型号	e
露天铵梯	1、2 号	1.00	胶质硝铵	1、2 号	0.78
煤矿铵梯	1 号	0.97	硝酸铵		1.35
煤矿铵梯	2 号	1.12	铵油炸药		1.00 ~ 1.20
煤矿铵梯	3 号	1.16	苦味酸		0.90
岩石铵梯	1 号	0.80	黑火药		1.00 ~ 1.25
岩石铵梯	2 号	0.88	梯恩梯		0.92 ~ 1.00

①当标准抛掷爆破时,因 $n=1$,即 $r=W$;又由于 $V = \pi r^2 W = \pi W^3 \approx W^3$,因此药包的炸药量为

$$Q = eqW^3 \tag{1.39}$$

②当加强或减弱抛掷爆破时,其药包的药量为

$$Q = (0.4 + 0.6n^3)eqW^3 \tag{1.40}$$

③当仅要求松动爆破时,其药包的炸药量为

$$Q = 0.33eqW^3 \tag{1.41}$$

式中,$(0.4 + 0.6n^3)$ 或 0.33 均为实验爆破系数。

(3)爆破方法简介

在土木工程中,常用的爆破方法主要有以下几种:

1)炮眼法

炮眼法又称浅孔爆破法,属于小爆破,是在被爆破的岩石内钻凿直径 28～75 mm,深度 1～5 m 筒形的炮眼,炮眼可用风钻或人工打设,然后在炮眼内装药进行爆炸。炮眼法可用于开挖基坑、开采石料、松动冻土等,但其爆破量小、效率低、钻孔工作量大。

炮眼的布置应尽量利用临空面较多的地形。炮眼方向应尽量与临空面平行,避免与临空面垂直,以免炸药爆炸时,破坏力向最小抵抗线方向发展。药包量可按松动药包量计算。为防止出现冲天炮,装药量大致为炮孔深度的 1/3～1/2。

2)药壶爆破法

药壶爆破法是在炮孔底部放入少量的炸药,经过几次爆破扩大成为圆球的形状,最后装入炸药进行爆破。此法与炮眼法相比,具有爆破效果好、工效高、进度快、炸药消耗少等优点。在浅基的短桩爆破中常采用此法。

3)拆除爆破

拆除爆破也称为"定向爆破",是通过一定的技术措施,严格控制爆炸能量和爆炸规模,使爆破的声响、震动、破坏区域以及破碎物的散坍范围,控制在规定的限度之内。

在城市和工厂往往需要拆除一些旧的建筑物或构筑物,如楼宇、厂房、烟囱、水塔以及各种基础设施等,常采用拆除爆破。拆除爆破考虑的因素很多,包括爆破体的几何形状和材质、使用的炸药、药量、炮眼布置及装药方式,覆盖物和防护措施及周围环境等,其中最主要的是炸药及装药量。

(4)爆破安全措施

爆破工程应特别重视安全施工。爆破作业的每一道工序,都必须仔细处理,要认真贯彻执行爆破安全方面的有关规定,尤其应注意以下几个方面:

①爆破器材的领取、运输和储存,应有严格的规章制度。雷管和炸药不得同车装运、同库储存。仓库离工厂或住宅区等应有一定的安全距离,并严加警卫。

②爆破施工前,应做好安全爆破的各项准备工作,画好安全距离,设置警戒哨。发生闪电雷鸣时,禁止装药接线,施工操作时严格按安全操作规程办事。

③炮眼深度超过 4 m 时,须用两个雷管起爆;炮眼深度超过 10 m 时,不得用火花起爆。

④爆破时发现拒爆,必须先查明原因后再进行处理。

1.7 浅基础与桩基础工程施工

1.7.1 浅基础工程施工

所谓浅基础一般是指基础的埋置深度小于基础的宽度,或小于 5 m,采用一般施工方法进行修筑的基础工程。按其选用的材料和构造要求,可将浅基础分为以下几种类型:

(1)刚性基础

刚性基础是指用砖、石、混凝土、毛石混凝土、灰土、三合土等材料建造的基础。这种基础的特点是抗压强度较高,抗拉、抗弯、抗剪性能差。它适用于 6 层和 6 层以下(三合土基础不宜超过 4 层)的一般民用建筑和墙承重的轻型厂房。

1)构造要求

刚性基础的截面形式有矩形、阶梯形和锥形等,如图 1.38 所示。

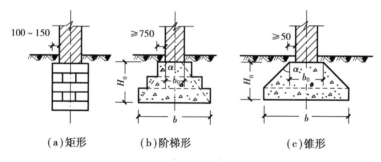

图 1.38 刚性基础形式

为保证基础内的拉应力、剪应力不超过基础的容许抗拉、抗剪强度,一般通过构造上的限制来实现。主要是 α 角要满足刚性角的要求(一般毛石基础为 27°～34°、混凝土基础为 45°、灰土基础为 34°、碎砖三合土为 30°),如图 1.38 所示,即基础底面宽度 b 应符合下式要求:

$$b \leqslant b_0 + 2H_0 \tan \alpha \qquad (1.42)$$

式中　b_0——基础顶面的砌体宽度,m;

　　　H_0——基础高度,m;

　　　$\tan \alpha$——基础台阶的宽高比允许值,按有关规范规定选用。

2)施工要点

①混凝土基础。

混凝土浇筑前应进行验槽,轴线、基坑尺寸和土质应符合设计规定。槽内浮土、积水、淤泥、杂物应清除干净。局部软弱土层应挖去,用灰土或砂砾回填夯实至基底相平(以下各基础均相同),经检查验收后,才允许混凝土浇筑。

②毛石混凝土基础。

混凝土中掺用的毛石应选用坚实、未风化的石料,其极限抗压强度不应低于 30 MPa,毛石尺寸不应大于所浇部位最小宽度的 1/3,并不得大于 30 cm,表面污泥、水锈应在填充前用水冲洗干净。

灌筑时,应先铺一层 10～15 cm 厚混凝土打底,再铺上毛石,继续浇捣混凝土,每浇捣一层(20～25 cm 厚),铺一层毛石,直至基础顶面,保持毛石顶部有不少于 10 cm 厚的混凝土覆盖层,所掺用的毛石数量应不超过基础体积的 25%。

毛石铺放应均匀排列,使大头向下,小头向上,毛石的纹理应与受力方向垂直。毛石间距一般不小于 10 cm,离开模板或槽壁的距离不应小于 15 cm,以保证每块毛石均被混凝土包裹,使振捣棒能在其中进行振捣。振捣时应避免振捣棒触及毛石和模板。

对于阶梯形基础,每一台阶高内应整分浇筑层,每阶顶面要基本抹平;对于锥形基础,应注意保持锥形斜面坡度的正确与平整。

混凝土应连续灌筑完毕,如必须留设施工缝时,应留在混凝土与毛石交接处,使毛石露出混凝土面一半,并按规定要求进行接缝处理。

浇捣完毕,混凝土终凝后,外露部分加以覆盖,并适当洒水养护。

③毛石基础。

基础砌筑前,应先检查基坑(槽)尺寸和标高,清除杂物,打好底夯,然后进行基础放线,放出基础轴线和边线,立好基础皮数杆,皮数杆上标明窗台及分层砌石高度。皮数杆之间要拉上准线。

砌阶梯形基础,应定出立线和卧线。立线用于控制基础每阶的宽度,卧线用于控制每层高度及平整度,并逐层向上移动。

砌第一层石块时,基础要坐浆,石块大面向下。选择比较方正的石块,砌在各转角上称为角石,角石两边应与准线相合,四角的角石要大致相等,角石砌好后,再砌里、外面的石块,称为面石,最后砌填中间部分,称为填腹石。砌填腹石时,应根据石块自然形状交错放置,尽量使石块间缝隙最小,然后将砂浆填在空隙中,并选择合适的小石块挤入缝隙。禁止先放小石块后灌浆的方法。

接砌第二层以上石块时,每砌一块石块,应先铺好砂浆,砂浆不必铺满,铺到边,尤其在角石及面石处,砂浆应离外边 4～5 cm,并铺得稍厚一些,当石块往上砌时,恰好压到要求厚度,并刚好铺满整个灰缝。

灰缝厚度宜为 20～30 mm,砂浆应饱满。

阶梯形基础上级阶梯的石块应至少压砌下级阶梯的 1/2,相邻阶梯的毛石应相互错缝搭接。

有高低台的基础,应从低处砌起,并由高台向低台搭接,搭接长度不小于台阶总高。

毛石基础转角及交接处应同时砌起。如不能同时砌筑时,应留砌成斜槎。

毛石基础每天可砌高度应不超过 1.2 m。

其他几种材料的刚性基础,其构造要求和施工要点均可查有关手册,此处不再叙述。

(2)板式基础

板式基础包括柱下钢筋混凝土独立基础(图 1.39)和墙下钢筋混凝土条形基础(图 1.40)。柱下独立基础当柱荷载的偏心距不大时,常用方形;偏心距大时,则用矩形。

1)构造要求

锥形基础边缘高度 h_1 一般不小于 20 cm,阶梯形基础的每阶高度 h_1 一般为 30～50 cm。

垫层厚度一般为 10 cm。

底板受力钢筋的最小直径宜大于 8 mm,当有垫层时钢筋保护层的厚度不宜小于 35 mm,

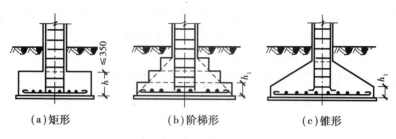

(a)矩形　　　　　　　(b)阶梯形　　　　　　　(c)锥形

图1.39　柱下钢筋混凝土独立基础

(a)板式条形基础　　　(b)梁板式条形基础　　　(c)梁板式条形基础

图1.40　墙下钢筋混凝土条形基础

无垫层时不宜小于70 mm。插筋的数目与直径应与柱内纵向受力钢筋相同。

基础混凝土标号不宜低于C15。

此外,现浇柱基础纵向钢筋锚固长度要求,当基础高度在900 mm以内时,插筋应伸至基础底部的钢筋网,并在端部做成直弯钩;当基础高度较大时,位于柱子四角的插筋应伸到基础底部,其余的钢筋只需伸至锚固长度即可。

2)施工要点

基坑验槽清理同刚性基础。垫层混凝土在验槽后应立即灌筑,以保护地基,混凝土宜用表面振动器进行振捣,要求表面平整。

垫层达到一定强度后,在其上弹线、支模、铺放钢筋网片,底部用与混凝土保护层同厚的水泥砂浆块垫塞,以保证位置正确。

在灌筑混凝土前,模板和钢筋上的垃圾、泥土、油污等杂物,应清除干净。模板应浇水加以润滑。

基础混凝土宜分层连续浇灌完成。对阶梯形基础,每一台阶高度内应整分浇筑层,每浇灌完一台阶应稍停0.5~1 h,使其初步获得沉实,再浇灌上层,以防止下台阶混凝土溢起,在上台阶根部出现“烂脖子”现象。对于锥形基础,应注意锥体斜面坡度的正确,斜面部分的模板应随混凝土浇捣分段支设并顶压紧,以防模板上浮变形,边角处的混凝土必须注意捣实。严禁斜面部分不支模,用铁锹拍实。

基础上有插筋时,要加以固定,保证插筋位置正确,防止浇捣混凝土时发生移位。

混凝土浇灌完毕,外露表面应覆盖浇水养护。

(3)杯形基础

杯形基础主要用作装配式钢筋混凝土柱的基础,形式有一般杯口基础、双杯口基础、高杯口基础等,如图1.41所示。所用材料为钢筋混凝土,接头采用细石混凝土灌浆。

1)构造要求

柱的插入深度h_1,可按表1.21选用。基础的杯底厚度和杯壁厚度,可参考表1.22。当柱为轴心或小偏心受压且 $t/h_2 \geq 0.65$ 时,或大偏心受压且 $t/h_2 \geq 0.75$ 时,杯壁内一般不配筋。当柱为轴心或小偏心受压且 $0.5 \leq t/h_2 \leq 0.65$ 时,杯壁内可参考表1.23配筋。

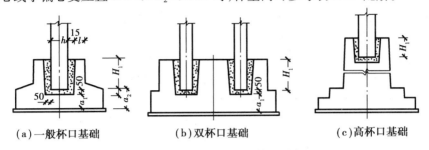

（a）一般杯口基础　　　　　（b）双杯口基础　　　　　（c）高杯口基础

图 1.41　杯形基础形式、构造示意

表 1.21　柱的插入深度 h_1/mm

矩形或工字形柱				单肢管柱	双肢柱
$h<500$	$500 \leq h<800$	$800 \leq h \leq 1\ 000$	$h>1\ 000$		
$h_1=(1\sim 1.2)h$	$h_1=h$	$h_1=0.9h \geq 800$	$h_1=0.8h \geq 1\ 000$	$h_1=1.5d \geq 500$	$h_1=(1/3\sim 2/3)h_a$ $=(1.5\sim 1.8)h_b$

注:1. h 为柱截面长边尺寸;d 为管柱的外直径;h_a 为双肢柱整个截面长边尺寸;h_b 为双肢柱整个截面短边尺寸。

2. 柱轴心受压或小偏心受压时,h_1 可以适当减小,偏心距 $e_0>2h$(或 $e_0>2d$)时,h_1 应适当加大。

表 1.22　基础的杯底厚度和杯壁厚度

柱截面长边尺寸 h/mm	杯底厚度 a_1/mm	杯壁厚度 t/mm
$h<500$	≥ 150	$150\sim 200$
$500 \leq h<800$	≥ 200	≥ 200
$800 \leq h<1\ 000$	≥ 200	≥ 300
$1\ 000 \leq h<1\ 500$	≥ 250	≥ 350
$1\ 500 \leq h<2\ 000$	≥ 300	≥ 400

注:1. 双肢柱的 a_1 值可适当加大。

2. 当有基础架时,基础梁下的杯壁厚度应满足其支承宽度的要求。

3. 柱子插入杯口部分的表面,应尽量凿毛。柱子与杯口之间的空隙应用细石混凝土(比基础混凝土强度等级高一级)密实充填,其强度达到基础设计强度等级的70%以上(或采取其他相应措施)时,方可进行上部吊装。

表 1.23　杯壁配筋表

柱截面长边尺寸 h/mm	$h<1\ 000$	$1\ 000 \leq h<1\ 500$	$1\ 500 \leq h \leq 2\ 000$
钢筋网直径/mm	$8\sim 10$	$10\sim 12$	$12\sim 16$

大型工业厂房柱双杯口和高杯口基础与一般杯口基础构造要求相同。

2)施工要点

除参照板式基础的施工要点外,还应注意以下各点:

①混凝土应按台阶分层浇灌,对高杯口基础的高台阶部分按整段分层浇灌。杯口模板可用木或钢定型模板,可做成整体的,也可做成两半形式,中间各加楔形板一块。

②浇捣杯口混凝土时,应注意杯口模板的位置。杯口模板仅上端固定,浇捣混凝土四侧应对称均匀进行,避免将杯口模板挤向一侧。

③杯形基础一般在杯底均留有 5 cm 厚的细石混凝土找平层。如用无底式杯口模板施工,应先将杯底混凝土振实,然后浇筑杯口四周的混凝土。基础浇捣完毕,混凝土初凝后终凝前用倒链将杯口模板取出,并将杯口内侧表面混凝土凿毛。

④高杯口基础施工时,最上一台阶较高,可采用后安装杯口模板的方法施工,即当混凝土浇捣接近杯口底时,再安装固定杯口模板,继续灌筑杯口四侧混凝土。

(4)筏形基础

筏形基础由钢筋混凝土底板、梁等整体组成,适用于有地下室或地基承载能力较低而上部结构传来的荷载很大时采用。筏形基础在外形和构造上像倒置的钢筋混凝土楼盖,分为梁板式和平板式两类(图 1.42)。前者用于荷载较大的情况;后者一般在荷载不大,柱网较均匀且间距较小的情况下采用。筏形基础的整体刚度较大,能有效地将各柱子的沉降调整得较为均匀。

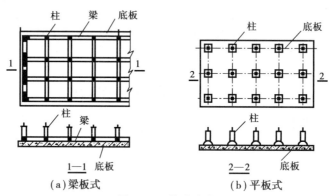

(a)梁板式　　　　(b)平板式

图 1.42　筏形基础

1)构造要求

基础一般为等厚,平面应大致对称,尽量减少基础所受的偏心力矩。

一般宜设 C15 混凝土垫层 100 mm 厚,每边伸出基础底板不小于 10 cm。

底板的厚度不宜小于 20 cm。梁截面按计算确定,高出底板的顶面,一般不小于 30 cm,梁宽不小于 25 cm。

钢筋宜用 HPB235 级、HRB335 级钢,混凝土标号不宜低于 C20。钢筋保护层厚度不宜小于 35 mm。

2)施工要点

如地下水位过高,应采用人工降低地下水位至基坑底不少于 50 cm,保证在无水情况下进行基坑开挖和施工。

筏形基础施工,可根据结构情况、施工条件以及进度要求等确定施工方案,一般有两种方法:一是先在垫层上绑扎底板、梁的钢筋和柱子锚固插筋,先灌筑底板混凝土,待达到 25% 强度后,再在底板上支梁模板,继续灌筑梁部分混凝土;二是采取底板和梁模板一次同时支好,混凝土一次同时灌筑完成,梁侧模采取钢支架支撑,并固定牢固。两种方法都应注意保证梁位置和柱插筋位置正确。混凝土应一次连续浇筑完成,不宜留施工缝,若必须留设,应按施工缝要求进行处理并有止水措施。

在基础底板上埋设好沉降观测点,定期进行观测,做好记录。

基础表面应覆盖和洒水养护,但要防止浸泡地基。

1.7.2 桩基础工程施工

(1)预制桩施工

1)预制桩的制作、起吊、运输和堆放

较短的桩多在预制厂生产,较长的桩一般在打桩现场附近或打桩现场就地预制。

现场预制桩多用叠浇法施工,重叠层数应根据地面允许荷载和施工条件确定,但不宜超过3层。桩与桩之间应做好隔离层,上层桩或邻桩的灌注,应在下层桩或邻桩混凝土达到设计强度的30%以后方可进行。预制场地应平整夯实,并防止浸水沉陷。

制桩时,钢筋骨架及桩身尺寸的偏差不得超过验收规范的规定,否则桩易打偏或打坏。如为多节桩,上节桩和下节桩应尽量在同一纵轴线上施工,使上下节钢筋和桩身减少偏差。

当桩的混凝土强度达到设计强度的100%后,方可起吊和运输。起吊时,吊点位置由计算确定。当吊点少于或等于3个时,其位置应按正、负弯矩相等的原则计算确定;当吊点多于3个时,其位置应按反力相等的原则计算。长20～30 m的桩,一般采用3个吊点。常见的几种吊点合理位置如图1.43所示。

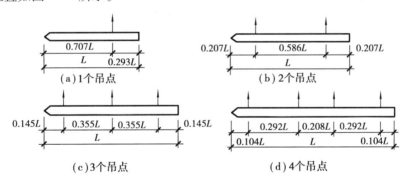

图1.43 吊点的合理位置

桩运至桩架下以后,利用桩架上的滑轮组进行提升就位(又称插桩)。即首先绑好吊索,将桩水平提升到一定高度(为桩长的一半加0.3～0.5 m),然后提升其中的一组滑轮使桩尖渐渐下降,从而桩身旋转至垂直于地面的位置,此时,桩尖离地面0.3～0.5 m,如图1.44所示。

运桩前应检查桩的质量,运桩后还应进行复查。在运距不大时,桩的运输方式可采用在桩下垫以滚筒,用卷扬机拖拉;当运距较大时,可采用轻便轨道小平台车运输等。

桩堆放时,地面必须平整、坚实,垫木的间距应根据吊点位置确定,各层垫木应位于同一垂直线上,堆放层数不宜超过4层,不同规格的桩应分别堆放。

2)打桩机械设备简介

打入桩是靠桩锤或其他撞击部分落到桩顶上所产生的冲击能而沉入土中。有时为了提高工作效率,当桩锤在下落时,同时加以蒸汽或压缩空气的压力,如图1.45所示。

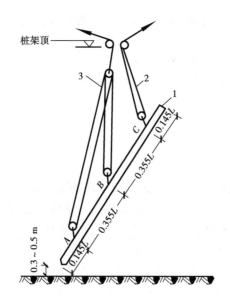

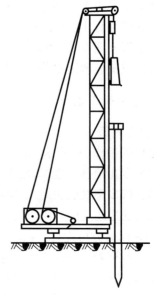

图 1.44　桩的提升示意图　　　　　　　图 1.45　打入桩
1—桩;2—右滑轮组;3—左滑轮组

　　打桩用的机械设备主要包括桩锤、桩架和动力装置 3 个部分。在选择打桩设备时,一是根据地基土壤的性质,桩的种类、尺寸和承载力,工期要求;二是根据桩锤的性能和所要求的动力装置综合进行考虑。

　　在施工中常用的桩锤有落锤、柴油锤、蒸汽锤和液压锤 4 种。

　　3)预制桩的打桩顺序

　　打桩顺序一般分为逐排打、自中央向边缘打和分段打 3 种,如图 1.46 所示。

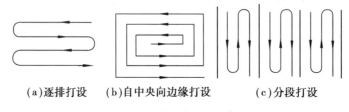

(a)逐排打设　　　(b)自中央向边缘打设　　　(c)分段打设

图 1.46　桩的打设"程序"

　　逐排打法,桩架系单向移动,桩的就位与起吊均很方便,打桩效率较高。但它容易导致土壤向一个方向挤压而不均匀,使其后面的桩打入深度逐渐减小,最终引起建筑物的不均匀沉降。必要时可采用间隔跳打的方式进行。在实际工程中采用较多的是自中央向边缘打设和分段打设两种方法。

　　(2)灌注桩施工

　　灌注桩按施工方法的不同可分为钻孔灌注桩、人工挖孔灌注桩、冲孔灌注桩、沉管灌注桩和外扩灌注桩多种方法。下面仅介绍常用的钻孔灌注桩和人工挖孔灌注桩的施工方法。

　　1)钻孔灌注桩

　　钻孔灌注桩是先用钻孔机械进行钻孔,然后在桩孔内放入钢筋笼再灌注混凝土。钻孔设备主要采用螺旋钻机和潜水钻机两种,如图 1.47 和图 1.48 所示。

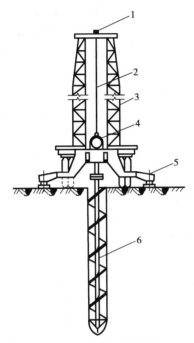

图 1.47　全叶螺旋钻机示意图

1—导向滑轮;2—钢丝绳;3—龙门导架;
4—动力箱;5—千斤顶支腿;6—螺旋钻杆

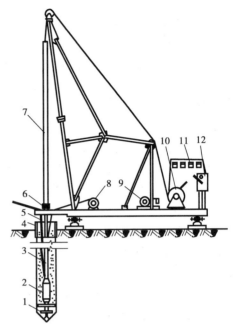

图 1.48　潜水钻机钻孔示意图

1—钻头;2—潜水钻机;3—电缆;4—护筒;5—水管;
6—滚轮(支点);7—钻杆;8—电缆盘;9—5 kN 卷扬机;
10—10 kN 卷扬机;11—电流电压表;12—启动开关

钻孔灌注桩工艺施工程序如图 1.49 所示。施工中应注意以下几个方面:

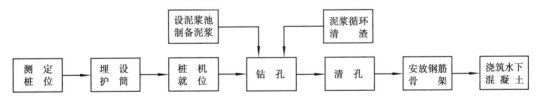

图 1.49　钻孔灌注桩工艺流程图

①桩机就位应平整,钻杆轴线与钻孔中心线应对准,钻杆应垂直。

②钻孔过程中应注入泥浆护壁,在杂土或松软土层中钻孔时,应在桩位处埋设护筒。护筒用 3~5 mm 钢板制作,内径比钻头直径大 100 mm,埋入黏土中深度不宜小于 1.0 m,砂土中不宜小于 1.5 m。

③钻孔达到要求深度后,必须清孔,可以采用射水法和换浆法清孔。

④清孔后应尽快吊放钢筋笼浇筑混凝土。控制混凝土坍落度,一般黏土中宜用 5~7 cm;砂类土中用 7~9 cm;黄土中用 6~9 cm。混凝土应分层浇筑捣实,每层高度一般为 0.5~0.6 m。

⑤在水下灌注混凝土常用导管法施工。

2)人工挖孔灌注桩

人工挖孔灌注桩是指利用人工开挖桩孔,在孔内放置钢筋混凝土的一种桩。

人工挖孔灌注桩单桩承载力高,受力性能好,成桩质量可靠;施工设备简单,施工操作方便,占地面积小,无振动、无噪声、无环境污染、无挤土效应,可多桩同时进行,施工速度快,节省设备费用,降低工程造价。但桩成孔工艺是人力挖孔,存在劳动强度较大、井下作业、劳动环境恶劣、易发生伤亡事故、安全性较差、单桩施工速度较慢、混凝土灌注量大等问题。施工中应特别重视流砂、有害气体等影响,要严格按操作规程施工,并制订可靠的安全措施。

人工挖孔桩的孔径(不含护壁)不得小于 0.8 m,且不宜大于 2.5 m;孔深不宜大于 30 m。当桩净距小于 2.5 m 时,应采用间隔开挖。相邻排桩跳挖的最小施工净距不得小于 4.5 m。

人工挖孔灌注桩适用于无地下水或地下水较少的黏土、粉质黏土,以及含少量的砂、砂卵石、碎石土层。人工挖孔灌注桩在地下水位较高,特别是有承压水的砂土、粉土层、滞水层、厚度较大的高压缩性淤泥层和流塑淤泥质土层以及其他不良土质中施工时,必须有可靠的技术措施和安全措施。

常用的护壁方法有混凝土护圈、沉井护圈和钢套管护圈 3 种。

①混凝土护圈挖孔桩。

混凝土护圈挖孔桩(图 1.50),也称为"倒挂金钟"的施工方法,即分段开挖、分段浇筑护圈混凝土,直至设计标高后,再将桩的钢筋骨架放入护圈井筒内,然后浇筑井筒桩基混凝土。

护圈的结构为斜阶梯形,每阶高约 1 m,钢筋为 10 ~ 12 mm,混凝土为 C15。模板常用拼装式的弧形钢模。

此外,也有采用喷锚砂浆护圈,即当井筒分段开挖后,随即在筒壁四周架立钢丝网,然后喷砂浆。这种施工方法,则无须模板。

②沉井护圈挖孔桩。

沉井护圈挖孔桩(图 1.51),是先在桩位上制作钢筋混凝土井筒,然后在筒内挖土,井筒靠自重或附加荷载克服筒壁与土之间的摩阻力而下沉,沉至设计标高后,再在筒内浇筑钢筋混凝土而形成桩基础。

③钢套管护圈挖孔桩。

钢套管护圈挖孔桩(图 1.52),是在桩位地面上先打入钢套管,直至设计标高,然后将套管内的土挖出,并浇筑混凝土,待桩基混凝土浇筑完毕,随即将套管拔出移至另一桩位使用。

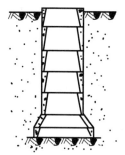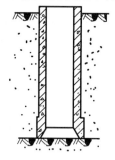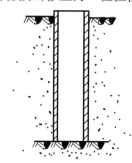

图 1.50　混凝土护圈挖孔桩　　　图 1.51　沉井护圈挖孔桩　　　图 1.52　钢套管护圈挖孔桩

钢套管由厚 12 ~ 16 mm 的钢板卷焊加工成型,其高度根据地质情况和设计要求而定。当地质构造有流砂层或承压含水层时,采用这种方法施工,可避免产生流砂和管涌现象,能确保施工安全。

按照住房和城乡建设部发布的《房屋建筑和市政基础设施工程危及生产安全施工工艺、

设备和材料淘汰目录(第一批)》,存在下列条件之一的区域不得使用基桩人工挖孔工艺:①地下水丰富、软弱土层、流沙等不良地质条件的区域;②孔内空气污染物超标准;③机械成孔设备可以到达的区域。

思考题

1. 土方是怎样分类的? 现场怎样鉴别土方的类别?
2. 土方量计算的基本方法有哪几种?
3. 试述挖填平衡法确定 H_0 的方法和步骤。
4. 土方调配应遵循哪些原则? 调配区应如何划分? 应怎样确定平均运距?
5. 试述土壁边坡的作用、留设边坡的原则、影响边坡的因素以及边坡的表示方法。
6. 土壁支撑有哪几种主要方法和形式? 其特点如何?
7. 井点降水的作用是什么? 井点降水有哪几种方法?
8. 土方填料的要求有哪些?
9. 怎样检查填土压实的质量? 如何提高推土机、铲运机和单斗挖土机的生产效率?
10. 如何组织土方工程综合机械化施工?
11. 土石方工程中常用哪几种爆破方法? 试比较其优缺点及适用范围。
12. 什么是刚性基础? 其施工要点是什么?
13. 吊桩时如何选择吊点? 如何才能保证桩位准确、桩垂直?
14. 打桩顺序有哪几种?
15. 灌注桩有几种施工方法? 其操作程序是怎样规定的?

习　题

1. 某建筑物基坑土方体积为 2 881.9 m^3,在附近有个容积为 1 776 m^3 的弃土坑,用基坑挖出的土将土坑夯实填满后,还剩下多少土需要运走?(K_s =1.26,K_s' =1.05)
2. 某基础平面尺寸长×宽为 40 m×30 m,基坑深度 4 m,四边放坡 m =0.5 m,四边留工作面各 0.5 m,试计算此基坑开挖土方量。
3. 某场地平整的方格网边长为 20 m,角点的地面标高如图 1.3 所示,地面排水坡度 i_x =3‰,i_y =2‰,试确定场地平整达到挖填平衡的设计标高 H_0 和考虑排水坡度后的设计标高 H_n'。
4. 如图 1.53 所示,某基坑底面尺寸为 25 m×50 m,深 4 m,基坑边坡为 1 : 0.5,地下水位在地面下 1.5 m 处,地下水为无压水。土质情况:天然地面以下为 1 m 厚的杂填土,其下为 8 m 厚的细砂含水层,细砂含水层以下为不透水层。拟采用一级轻型井点降低地下水位,环状布置,井点管埋置面不下沉(为自然地面)。现有 7 m 长井点管,1 m 长滤管,试:
   (1)验算井管的埋置深度能否满足要求。
   (2)判断该井点类型。

（3）计算群井涌水量 Q 时，含水层厚度应取为多少？为什么？

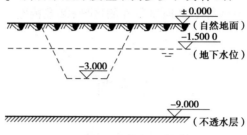

图 1.53　某基坑截面图

2 砌体工程

本章学习要求

本章重难点:砖砌体砌筑施工工艺、砌筑质量要求及保证措施;砌块砌体的质量检查及控制方法。

学习目标:了解砌体材料的性能;了解砌体的施工工艺和质量检查方法;了解砌体冬、雨期施工的注意事项;熟悉各类砌体的施工流程及施工工艺特点;熟悉各类砌块砌体的质量检查及控制方法。

2.1 砌体结构材料

砌体结构的材料主要包括块材、砂浆,必要时需要混凝土和钢筋。

2.1.1 块材

砌体结构块材包括天然的石材和人工制造的砖及砌块。目前常用的有烧结普通砖、烧结多孔砖、蒸压灰砂砖、蒸压粉煤灰砖、普通混凝土小型空心砌块、轻骨料混凝土小型空心砌块、毛石和料石等。

烧结普通砖和烧结多孔砖一般是以黏土、页岩、煤矸石为主要原料,经焙烧而成的承重普通砖和多孔砖,其中烧结多孔砖孔洞率均小于 30%。

蒸压灰砂砖、蒸压粉煤灰砖为非烧结硅酸盐砖,不得用于长期受热 200 ℃ 以上、受急冷急热和有酸性介质侵蚀的建筑部位。MU15 及 MU15 以上的蒸压灰砂砖可用于基础及其他建筑部位。蒸压粉煤灰砖用于基础或受冻融和干湿交替作用的建筑部位时,必须使用一等砖。

混凝土小型空心砌块以主规格 190 mm×190 mm×390 mm 的单排孔和多排孔普通混凝土砌块为主。

轻骨料混凝土小型空心砌块材料常为水泥煤渣混凝土、煤矸石混凝土、陶粒混凝土、火山灰混凝土和浮石混凝土等,承重多排孔轻骨料砌块应用的限制条件为空洞率不大于 35%。

石材根据其形状和加工程度分为毛石和料石(六面体)两大类,料石又分为细料石、半细料石、粗料石和毛料石。

常温下砌体砌筑前 1 ~ 2 d 应对砖浇水润湿,普通黏土砖、多孔砖的含水率宜控制在 10% ~ 15%;灰砂砖、粉煤灰砖含水率以 8% ~ 12% 为宜。干燥的砖在砌筑后会过多地吸收砂浆中的水分而影响砂浆中的水泥水化,降低其与砖的黏力。但浇水不宜过多,以免产生砌体走样或滑动。混凝土砌块的含水率宜控制在其自然含水率,其表面有浮水时不得施工。当气候干燥时,混凝土砌块及石料可适当喷水润湿。

53

2.1.2 砂浆

砌体结构常用的砂浆种类按配合比分有水泥砂浆、混合砂浆、石灰砂浆、石膏砂浆等。无塑性掺合料的纯水泥砂浆硬化快,一般多用于含水量较大的地下砌体中;混合砂浆强度较好,常用于地上砌体砌筑;石灰砂浆强度小但属气硬性,一般只用于地上砌体;石膏砂浆硬化快,一般用于不受潮湿的地上砌体中。

目前我国已广泛应用专用的砌筑砂浆和干拌砂浆。砌筑砂浆是由水泥、砂、水以及根据需要掺入的掺合料和外加剂等按一定比例,采用机械拌和制成;干拌砂浆是由水泥、钙质消石灰、砂、掺合料以及外加剂按一定比例混合制成的混合物。预拌砂浆在施工现场加水经机械拌和后即成为砌筑砂浆。

2.2 砖砌体工程

2.2.1 砌筑施工工艺

(1)砖砌体施工的准备

砖砌体施工的准备工作内容包括以下几个方面:

第一,砖的品种和强度等级必须符合设计要求,并力求规格一致。

第二,用于清水墙、柱表面的砖应严格挑选,保持边角整齐、色泽均匀。

第三,砌筑前,普通砖和空心砖应提前浇水湿润,含水率宜为 10% ~ 15%;灰砂砖、粉煤灰砖含水率宜为 5% ~ 8%。

第四,砌筑砂浆的品种、强度等级必须符合设计要求。

(2)砖砌体的组砌形式

实心砖墙(柱)宜采用一顺一丁、三顺一丁或梅花丁的砌筑形式。

1)一顺一丁砌法

一顺一丁砌法是一皮全部顺砖与一皮全部丁砖相互间隔砌筑。上、下皮间的竖缝都相互错开 1/4 砖长,如图 2.1 所示。

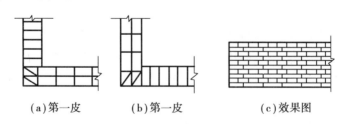

(a)第一皮   (b)第一皮   (c)效果图

图 2.1 一顺一丁砌法

一顺一丁砌筑法工效较高,但要求砖的规格一致,保证竖缝整齐错开。

2)三顺一丁砌法

三顺一丁砌法是连续砌筑三皮全部顺砖,再砌一皮全部丁砖间隔砌筑。上、下皮顺砖与丁砖之间竖缝错开 1/4 砖长,如图 2.2 所示。

这种砌法因顺砖较多,砌筑工效较高。

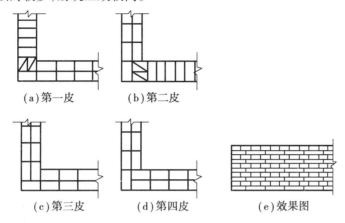

(a)第一皮   (b)第二皮

(c)第三皮   (d)第四皮   (e)效果图

图 2.2 三顺一丁砌法

3)梅花丁砌法

梅花丁又称沙包丁、十字式。梅花丁砌法是每皮砖中,丁砖与顺砖相隔,上皮丁砖坐中于下皮顺砖,上、下皮间竖缝相互错开 1/4 砖长,如图 2.3 所示。

这种砌法比较美观,灰缝整齐,但砌筑工效较低。

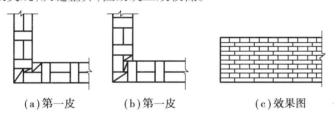

(a)第一皮   (b)第一皮   (c)效果图

图 2.3 梅花丁砌法

4)其他砌法

对 3/4 厚砖墙(即厚 180 mm),可采用两半一侧砌法,即两皮平顺砖与一皮侧顺砖组合而成。

对 1/2 厚(即厚 120 mm)的砖墙,采用全顺砌筑法,即全部用顺砖砌成,上、下皮间竖缝相互错开 1/2 砖长。

对圆弧形砌体,采用全丁砌法,即全部用丁砖砌成,上、下皮间竖缝错开 1/4 砖长。

(3)砖墙的施工工艺

砖墙砌筑前,必须对前道工序(如基础施工或楼板安装等)进行结构验收。验收合格后,方可开始砌筑砖墙。

1)抄平放线

砌墙之前,用砂浆将基础顶面找平,再根据测量标志弹出墙身轴线、边线及门窗洞口位置线。

2)摆砖样(撂底)

撂底是砌体工程中的一项重要工作,一般由有经验、级别较高的瓦工师傅进行操作。撂好底是提高施工效率,保证砌筑质量的必要条件。砌筑之前,要先进行试撂底,排出灰缝宽度,留出门窗洞口位置,安排好七分头及半砖的位置,同时务必使各匹砖的竖缝互相错开。在同一墙面上,各部位的组砌方法应统一,并要求上下一致。

3)立皮数杆

砌筑砖墙之前,要先立皮数杆。立皮数杆时,要用水准仪进行操平,使皮数杆上的楼地面标高线位于设计标高位置上。

4)墙体砌筑

砌筑墙体时,宜采用"三一"砌砖法,即"一铲灰,一块砖,一挤揉"的操作方法。竖缝宜采用挤浆或加浆的方法,使其砂浆饱满。砖墙的水平灰缝及垂直灰缝一般应为 10 mm 厚,不得大于 12 mm,也不得小于 8 mm。水平灰缝的砂浆饱满度应不低于 80%。

2.2.2　砌筑质量要求及保证措施

砌筑工程质量着重控制墙体位置、垂直度及灰缝质量,要求做到横平竖直、砂浆饱满、厚薄均匀、上下错缝、内外搭砌、接槎牢固。

砖砌体的位置及垂直度允许偏差应符合表 2.1 的规定。

表 2.1　砖砌体的位置及垂直度允许偏差

项目			允许偏差/mm
轴线位移			10
墙面垂直度	每层		5
	全高	≤10 m	10
		>10 m	20

(1)横平竖直,砂浆饱满

砌体的水平灰缝要求平直。为此要在皮数杆之间挂线以控制灰缝平直。240 mm 厚及以下的砖墙,单面挂线;370 mm 厚及以上的砖墙,双面挂线。竖向灰缝必须对齐,否则影响外观质量。

砌体灰缝的饱满度,对砌体的强度有很大的影响,要求达到 80% 以上。砂浆的和易性、保水性对砂浆的饱满度有很大的影响。和易性及保水性好,不仅便于操作,而且铺砌的灰缝厚度均匀,容易达到饱满度的要求。水泥砂浆的和易性、保水性较差,砌筑时不易铺开铺平。混合砂浆的和易性和保水性均较水泥砂浆好,砌筑时容易达到饱满度的要求。混合砂浆的抗压强度虽然低于水泥砂浆,但用它砌筑的砌体强度一般均高于用水泥砂浆砌筑的砌体的强度。在砖墙的砌筑时宜用混合砂浆。

砖的干湿程度对砌体的质量有很大的影响。干砖上墙,水泥砂浆中的水分很快被砖吸收,影响了砂浆与砖的黏结力及砂浆的强度。在砌筑前,必须对砖进行浇水湿润。

墙体的垂直度,直接影响墙体的稳定性,同时会增加墙体的弯曲应力。墙体的平整与否,不但影响外观质量,增加抹灰量,同时严重时会对墙体的结构产生一定的影响。施工时应经常用垂直度检查工具(如 2 m 的托线板)检查墙体的垂直度,用平整度检查工具(如 2 m 的直尺和楔形塞尺)检查墙体表面的平整度,发现问题及时纠正。砖砌体尺寸和位置的允许偏差应按《砌体工程现场检测技术标准》(GB/T 50315—2011)和相关的省市质量标准。

（2）上下错缝、内外搭砌

上下错缝是指砖砌体上下两皮砖的竖向灰缝应当错开，以避免上下通缝。在垂直荷载作用下，砌体会由于"通缝"丧失整体性而造成砌体倒塌。同时内外搭砌使同皮的里外砖块通过相邻上、下皮的砖块搭砌而组砌得牢固。

（3）接槎牢固

"接槎"是指转角及交接处墙体的连接。砖砌体的转角处和交接处应同时砌筑，严禁无可靠措施的内外墙分砌施工。在抗震设防烈度为8度及8度以上地区，对不能同时砌筑而又必须留置的临时间断处应砌成斜槎。普通砖砌体斜槎水平投影长度不应小于高度的2/3（图2.4），多孔砖砌体斜槎长高比不应小于1/2。斜槎高度不得超过一步脚手架的高度。

非抗震设防及抗震设防烈度为6度、7度地区的临时间断处，当不能留斜槎时，除转角处外，可留直槎，但直槎必须做成凸槎，且应加设拉结钢筋（图2.5），拉结钢筋应符合下列规定：

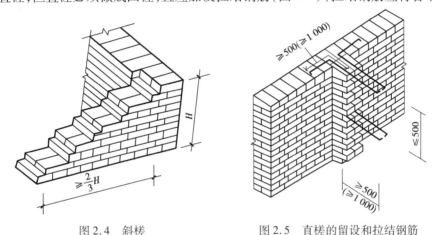

图2.4　斜槎　　　　　　　图2.5　直槎的留设和拉结钢筋

①每120 mm墙厚放置1φ6拉结钢筋（120 mm厚墙应放置2φ6拉结钢筋）。

②间距沿墙高不应超过500 mm，且竖向间距偏差不应超过100 mm。

③埋入长度从留槎处算起每边均不应小于500 mm，对抗震设防烈度6度、7度的地区，不应小于1 000 mm。

④末端应有90°弯钩。

⑤抽检数量：每检验批抽查不应少于5处。

⑥检验方法：观察和尺量检查。

⑦砌体留设的直槎，在后续施工时必须将接槎处的表面清理干净，浇水湿润，并填实砂浆，保持灰缝平直。

2.3　中小型砌块施工

砌块代替黏土砖作砌体材料是墙体改革的一个重要途径。近年来，各地因地制宜，就地取材，以天然材料或工业废料为原材料制作各种砌块用于工程建设中的墙体结构，改变了手工砌砖的传统的操作方式，减轻了劳动强度，提高了劳动生产率。

根据砌块大小，砌块可以分为大型砌块、中型砌块和小型砌块。大型砌块是指主规格的高度大于980 mm的砌块；中型砌块是指主规格的高度由380～980 mm的砌块；小型砌块是指主规格的高度大于115 mm而又小于380 mm的砌块。根据所用材料不同，砌块分为混凝土空心砌块、粉煤灰硅酸盐砌块、煤矸石硅酸盐空心砌块、加气泡沫混凝土砌块等。

2.3.1 混凝土小型空心砌块工程

混凝土小型空心砌块是一种新型的墙体材料，目前在我国房屋工程中已得到广泛应用（图2.6）。混凝土小型空心砌块的材料包括普通混凝土小型空心砌块、轻骨料混凝土小型空心砌块等。小型砌块使用时的生产龄期不应小于28 d。小型砌块墙体易产生收缩裂缝，充分的养护可使其收缩量在早期完成大部分，从而减少墙体的裂缝。

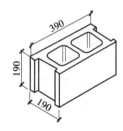

图2.6 混凝土小型
空心砌块

小型砌块施工前，应分别根据建筑（构筑）物的尺寸、砌块的规格和灰缝厚度确定砌块的皮数和排数。

混凝土小型砌块与砖不同，这类砌块的吸水率很小，如砌块的表面有浮水或在雨天都不得施工。在雨天或表面有浮水时，进行砌筑施工，其表面水会向砂浆渗出，造成砌体游动，甚至造成砌体坍塌。

使用单排孔小砌块砌筑时，应孔对孔、肋对肋错缝搭砌。单排孔小砌块的搭接长度应为块体长度的1/2；多排孔小砌块的搭接长度不宜小于砌块长度的1/3，且使用多排孔小砌块砌筑时，不应小于90 mm。如个别部位不能满足时，应在灰缝中设置拉结钢筋或铺设钢筋网片，但竖向通缝不得超过两皮砌块。

砌筑时，承重墙部位严禁使用断裂的砌块，小型砌块应底面朝上反砌于墙上。这是因为小型砌块成品底部的肋较厚，而上部的肋较薄，为便于砌筑时铺设砂浆，其底部应朝上反砌于墙上。

建筑底层室内地面以下或防潮层以下的砌体，应采用强度等级不低于C20（或Cb20）的混凝土灌实小砌块的孔洞。

小型砌块砌体的水平灰缝应平直，砂浆饱满度按净面积计算不应小于90%。竖向灰缝应采用加浆方法，严禁用水冲浆灌缝，竖向灰缝的饱满度不宜小于80%。竖缝不得出现瞎缝或透明缝。水平灰缝的厚度与垂直灰缝的高度应控制在8～12 mm。

这类砌体的转角或内外墙交接处应同时砌筑。如必须设置临时间断处，则应砌成斜槎，斜槎水平投影长度不应小于斜槎高度。

2.3.2 配筋砌体工程

配筋砌体用配置钢筋的砌体作为建筑物主要受力构件的结构，是网状配筋砌体柱、水平配筋砌体墙、砖砌体和钢筋混凝土面层或钢筋砂浆面层组合砌体柱（墙）、砖砌体和钢筋混凝土构造柱组合墙和配筋小砌块砌体剪力墙结构的统称。

（1）网状配筋砖砌体

网状配筋砖砌体有配筋砖柱、砖墙，即在烧结普通砖砌体的水平灰缝中配置钢筋网，如图2.7所示。网状配筋砖砌体构件的构造要求应符合下列规定：

①网状配筋砖砌体的体积配筋率，不应小于0.1%，并不应大于1%。

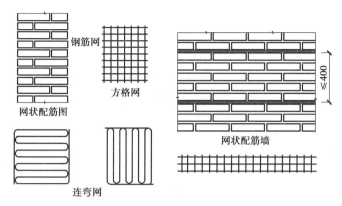

图 2.7　网状配筋砖砌体

②采用钢筋网时,钢筋的直径宜采用 3 ~ 4 mm;当采用连弯钢筋网时,钢筋的直径不应大于 8 mm。

③钢筋网中钢筋的间距不应大于 120 mm,不应小于 30 mm。

④钢筋网的间距,不应大于 5 皮砖,并不应大于 400 mm。

⑤网状配筋砖砌体所用的砂浆强度等级不应低于 M7.5;钢筋网应设置在砌体的水平灰缝中,灰缝厚度应保证钢筋上下至少各有 2 mm 厚的砂浆层。

网状配筋砖砌体施工时,钢筋网应按设计规定制作成型,砖砌体部分用常规方法砌筑。在配置钢筋网的水平灰缝中,应先铺一半厚的砂浆层,放入钢筋网后再铺一半厚砂浆层,使钢筋网居于砂浆层厚度中间。钢筋网四周应有砂浆保护层。

配置钢筋网的水平灰缝厚度:当用方格网时,水平灰缝厚度为 2 倍钢筋直径加 4 mm;当用连弯网时,水平灰缝厚度为钢筋直径加 4 mm。网状配筋砖砌体外表面宜用 1∶1 水泥砂浆勾缝或进行抹灰。

(2)组合配筋砖砌体

在砖砌体内配置纵向钢筋或设置部分钢筋混凝土或钢筋砂浆的共同工作都是组合砖砌体。它不但能显著提高砌体的抗弯能力和延性,而且也能提高其抗压能力,具有和钢筋混凝土相近的性能。组合配筋砖砌体一般分为外包式(砖和钢筋混凝土面层或钢筋砂浆面层组合砌体、柱、墙)和内嵌式(砖和钢筋混凝土构造柱组合砌体、墙)。

1)组合配筋砖砌体构造

组合配筋砖砌体构造有以下要求:

①面层混凝土强度等级宜采用 C15 或 C20。面层水泥砂浆强度等级不低于 M7.5。砌筑砂浆的强度等级不低于 M5,砖强度等级不低于 MU10。

②砂浆面层的厚度,可采用 30 ~ 45 mm。当面层厚度大于 45 mm 时,其面层宜采用混凝土。

③受力钢筋宜采用 HPB300 级钢筋,对混凝土面层,可采用 HRB400 级钢筋。受压钢筋一侧配筋率,对砂浆面层,不宜小于 0.1%;对混凝土面层,不宜小于 0.2%。受拉钢筋的配筋率,不应小于 0.1%。受力钢筋的直径不应小于 8 mm。钢筋的净间距,不应小于 30 mm。

④箍筋的直径,不宜小于 4 mm 及 1/5 受压钢筋直径,并不宜大于 6 mm。箍筋的间距,不应大于 20 倍受压钢筋的直径及 500 mm,并不应小于 120 mm。

⑤当组合砖砌体一侧的受力钢筋多于 4 根时,应设置附加箍筋或拉结钢筋。

2）组合配筋砖砌体施工

①受力钢筋的保护层厚度,不应小于表2.2的规定。受力钢筋距砌体表面的距离不应小于5 mm。

表2.2　受力钢筋的保护层厚度

组合砖砌体	保护层厚度/mm	
	室内正常环境	露天或室内潮湿环境
组合砖墙	15	25
组合砖柱	25	35

注:当面层为水泥砂浆时,对组合砖柱,保护层厚度可减少5 mm。

②受力钢筋的锚固。组合砌体的顶部及底部,以及牛腿部位,必须设置混凝土垫块,受力钢筋伸入垫块的长度,必须满足锚固的要求。

③先按常规砌筑砌体,在砌时,按规定的间距在砌体的水平灰缝内放置箍筋或拉结钢筋。箍筋或拉结钢筋应埋于砂浆层中,使其砂浆保护层厚度不小于2 mm,两端伸出砌体外的长度一致。

④面层施工前,应清除面层底部的杂物,并浇水湿润砌体表面(面层与砌体的接触面)。

（3）配筋砌块砌体

配筋砌块砌体包括配筋砌块剪力墙和配筋砌块柱。配筋砌块砌体所用砌块主要是混凝土小型空心砌块,强度等级不应低于MU10,砌筑砂浆强度等级不应低于M7.5,灌孔混凝土强度等级不应低于Cb20。

1）配筋砌块砌体构造

配筋砌块剪力墙的构造配筋要求如下:

①墙的转角、端部和孔洞两侧应配置竖向连续钢筋,直径不宜小于12 mm。

②洞口的底部和顶部应设置不小于2φ10的水平钢筋,伸入墙内的长度不宜小于35d(d为钢筋直径)和400 mm。

③楼(屋)盖的所有纵横墙处应设置现浇钢筋混凝土圈梁,圈梁宽度和高度宜等于墙厚和砌块高,主筋不应小于4φ10,混凝土强度等级不宜低于砌块强度等级的两倍,或灌孔混凝土的强度等级不低于C20。

④剪力墙其他部位的竖向和水平钢筋的间距不应大于墙长、墙高的一半,也不应大于1.2 m。局部灌孔的砌块砌体,竖向钢筋的间距不应大于600 mm。

⑤竖向、水平构造配筋率均不宜低于0.07%。

⑥配筋砌块柱截面边长不宜小于400 mm,柱高与柱截面短边之比不宜大于30。

配筋砌块柱的构造配筋要求如下:

①柱的纵向钢筋不宜小于4φ12,配筋率不宜小于0.2%。

②当纵向受力钢筋的配筋率大于0.25%,且柱承受的轴向力大于受压承载力设计值的25%时,应设箍筋;否则,可不设箍筋。

③箍筋直径不宜小于6 mm,间距不应大于16倍纵向钢筋直径、48倍箍筋直径及柱截面短边尺寸较小者。

④箍筋应设置在水平灰缝或灌孔混凝土中。

2）配筋砌块砌体施工

配筋砌块砌体施工前，应按设计要求，将所配置钢筋加工成型，堆置于配筋部位的近旁。砌块的砌筑应与钢筋设置互相配合。砌块的砌筑应采用专用的小砌块砌筑砂浆和专用的小砌块灌孔混凝土。

（4）构造柱和砖组合砌体

1）构造柱和砖组合砌体构造

构造柱和砖组合砌体仅有组合砖墙，如图2.8所示。

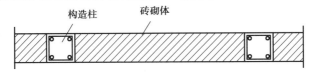

图2.8　构造柱和砖组合墙

构造柱和砖组合墙由钢筋混凝土构造柱、烧结普通砖墙以及拉结钢筋等组成。

钢筋混凝土构造柱的截面尺寸不宜小于240 mm×240 mm，其厚度不应小于墙厚，边柱、角柱的截面宽度宜适当加大。构造柱内竖向受力钢筋，中柱不宜少于4φ12；边柱、角柱不宜少于4φ14。构造柱的竖向受力钢筋的直径不宜大于16 mm。箍筋宜采用φ6，间距200 mm，楼层上下500 mm范围内宜采用φ6、间距100 mm。构造柱的竖向受力钢筋应在基础梁和楼层圈梁中锚固，并应符合受拉钢筋的锚固要求。构造柱的混凝土强度等级不宜低于C20。

烧结普通砖墙，所用砖的强度等级不应低于MU10，砌筑砂浆的强度等级不应低于M5。砖墙与构造柱的连接处应砌成马牙槎，每一个马牙槎的高度不宜超过300 mm，并应沿墙高每隔500 mm设置2φ6拉结钢筋，拉结钢筋每边伸入墙内不宜小于1 000 mm（图2.9）。

构造柱和砖组合墙的房屋，应在纵横墙交接处、墙端部和较大洞口的洞边设置构造柱，其间距不宜大于4 m。各层洞口宜设置在对应位置，并宜上下对齐。

构造柱和砖组合墙的房屋，应在基础顶面、有组合墙的楼层处设置现浇钢筋混凝土圈梁。圈梁的截面高度不宜小于240 mm。

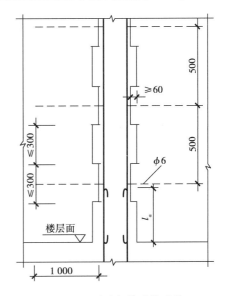

图2.9　砖墙与构造柱连接

2）构造柱和砖组合砌体施工

构造柱和砖组合墙的施工程序应为先砌墙后浇混凝土构造柱。构造柱施工程序为绑扎钢筋→砌砖墙→支模板→浇混凝土→养护、拆模。

构造柱的模板可用木模板或组合钢模板。在每层砖墙及其马牙砌好后，应立即支设模板，模板必须与所在墙的两侧严密贴紧，支撑牢靠，防止模板缝漏浆。

构造柱底部（圈梁面上）应留出两皮砖高的孔洞，以便清除模板内的杂物，清除后封闭。

构造柱浇灌混凝土前，必须将马牙部位和模板浇水湿润，将模板内的落地灰、砖渣等杂物清理干净,并在结合面处注入适量与构造柱混凝土相同的去石水泥砂浆。

构造柱的混凝土坍落度宜为 50 ~ 70 mm,石子粒径不宜大于 20 mm。混凝土随拌随用,拌和好的混凝土应在 1.5 h 内浇灌完。

构造柱的混凝土浇灌可以分段进行,每段高度不宜大于 2.0 m。在施工条件较好并能确保混凝土浇灌密实时,可每层一次浇灌。

捣实构造柱混凝土时,宜用插入式混凝土振动器,应分层振捣,振动棒随振随拔,每次振捣层的厚度不应超过振捣棒长度的 1.25 倍。振捣棒应避免直接碰触砖墙,严禁通过砖墙传振。钢筋的混凝土保护层厚度宜为 20 ~ 30 mm。

构造柱与砖墙连接的马牙内的混凝土必须密实饱满。

构造柱从基础到顶层必须垂直,对准轴线。在逐层安装模板前,必须根据构造柱轴线随时校正竖向钢筋的位置和垂直度。

(5)配筋砌体质量

1)配筋砌体质量规定

配筋砌体质量分为合格和不合格两个等级。配筋砌体质量合格应符合以下规定:

①主控项目应全部符合规定。

②一般项目应有 80% 及以上的抽检处符合规定,或偏差值在允许偏差范围以内。

2)配筋砌体主控项目

①钢筋的品种、规格和数量应符合设计要求。

检验方法:检查钢筋的合格证书、钢筋性能试验报告、隐蔽工程记录。

②构造柱、芯柱、组合砌体构件、配筋砌体剪力墙构件的混凝土或砂浆的强度等级应符合设计要求。

抽检数量:各类构件每一检验批砌体至少应做一组试块。

检验方法:检查混凝土或砂浆试块试验报告。

③构造柱与墙体的连接处应砌成马牙槎,马牙槎应先退后进,预留拉结钢筋应位置正确,施工中不得任意弯折。

抽检数量:每检验批抽 20% 构造柱,且不少于 3 处。

检验方法:观察检查。

合格标准:钢筋竖向移位不应超过 100 mm,每一马牙槎沿高度方向尺寸不应超过 300 mm。钢筋竖向位移和马牙槎尺寸偏差每一构造柱不应超过两处。

④构造柱位置及垂直度的允许偏差应符合表 2.3 的规定。

表 2.3 构造柱尺寸偏差

项次	项目			允许偏差/mm	检验方法
1	柱中心线位置			10	用经纬仪和尺检查或用其他测量仪器检查
2	柱层间错位			8	
3	柱垂直度	每层		10	用 2 m 托线板检查
		全高	≤10 m	15	用经纬仪、吊线和尺检查,或用其他测量仪器检查
			>10 m	20	

抽验数量:每检验批抽 10%,且不应小于 5 处。

⑤对配筋混凝土小型空心砌块砌体,芯柱混凝土应在装配式楼盖处贯通,不得削弱芯柱截面尺寸。

抽检数量:每检验批抽 10%,且不应少于 5 处。

检验方法:观察检查。

3)配筋砌体一般项目

①设置在砌体水平灰缝内的钢筋,应居中置于灰缝中。水平灰缝厚度应大于钢筋直径 4 mm 以上。砌体外露面砂浆保护层的厚度不应小于 15 mm。

抽检数量:每检验批抽检 3 个构件,每个构件检查 3 处。

检验方法:观察检查,辅以钢尺检测。

②设置在潮湿环境或有化学侵蚀性介质的环境中的砌体灰缝内的钢筋应采取防腐措施。

抽检数量:每检验批抽检 10% 的钢筋。

检验方法:观察检查。

合格标准:防腐涂料无漏刷(喷浸),无起皮脱落现象。

③网状配筋砌体中,钢筋网及放置间距应符合设计要求。

抽检数量:每检验批抽 10%,不应少于 5 处。

检验方法:钢筋规格检查钢筋网成品,钢筋网放置间距局部剔缝观察,或用探针刺入灰缝内检查,或用钢筋位置测定仪测定。

合格标准:钢筋网沿砌体高度位置超过设计规定一皮砖厚不得多于 1 处。

④组合砖砌体构件,竖向受力钢筋保护层应符合设计要求,距砖砌体表面距离不应小于 5 mm;拉筋两端应设弯钩,拉结筋及箍筋的位置应正确。

抽检数量:每检验批抽检 10%,不应少于 5 处。

检验方法:支模前观察与尺量检查。

合格标准:钢筋保护层符合设计要求;拉结筋位置及弯钩设置 80% 及以上符合要求,箍筋间距超过规定者,每件不得多于两处,且每处不得超过一皮砖。

⑤配筋砌块砌体剪力墙中,采用搭接接头的受力钢筋搭接长度不应小于 $35d$,且不应小于 300 mm。

抽检数量:每检验批每类构件抽 20%(墙、柱、连梁),且不应少于 3 件。

检验方法:尺量检查。

2.3.3 填充墙砌体工程

钢筋混凝土结构和钢结构房屋中的围护墙和隔墙,在主体结构施工后,常采用轻质材料填充砌筑,称为填充墙砌体。填充墙砌体采用的轻质块材通常有蒸压加气混凝土砌块、粉煤灰砌块、轻骨料混凝土小型空心砌块和烧结空心砖等。填充墙的主要砌筑机具有瓦刀、斗车、砖笼、料斗、灰斗、灰桶、大铲、灰板、摊灰尺、溜子、抿子、刨锛、钢凿、手锤;备料工具有砖夹、筛子、锹(铲)等。

填充墙砌体砌筑技术要求如下:

1)墙体放线

砌体施工前,应将基础面或楼层结构面按标高找平,依据砌筑图放出第一皮砌块的轴线、砌体边线和洞口线。

2）砌块排列

按砌块排列图在墙体线范围内分块定尺、画线。

3）制配砂浆

按设计要求的砂浆品种、强度制配砂浆，配合比应由实验室确定，采用质量比，计量精度水泥为±2%，砂、灰膏控制在±5%以内，应采用机械搅拌，搅拌时间不少于1.5 min。

4）铺砂浆

将搅拌好的砂浆，通过吊斗、灰车运至砌筑地点。用大铲、灰勺进行分块铺灰，铺灰长度不得超过1 500 mm。

5）砌块就位与校正

砌块砌筑前一天应浇水湿润，冲去浮尘，清除砌块表面的杂物后方可吊、运。砌筑就位应先远后近、先下后上、先外后内。每层开始时，应从转角处或定位砌块处开始，应吊砌一皮、校正一皮，皮皮拉线控制砌体标高和墙面平整度。

砌块安装时，起吊砌块应避免偏心，使砌块底面能水平下落。就位时由人手扶控制，对准位置，缓慢地下落，用小撬棒微撬，托线板挂直，直到稳定、平整为止。

6）砌筑镶砖

用专用切割工具切割镶砖，使用无横裂砖，顶砖镶砌。

7）竖缝灌砂浆

每砌一皮砌块，即用砂浆灌填垂直缝，并随后进行勒缝（原浆勾缝），深度一般为3～5 mm。

2.4　砌体冬期与雨期施工

2.4.1　砌体的冬期施工

当室外日平均气温连续5 d稳定低于5 ℃时，砌体工程应采取冬期施工措施，并应在气温突然下降时及时采取防冻措施。

冬期施工所用的材料应符合以下规定：

①砖和石材在砌筑前，应清除冰霜，遭水浸冻后的砖或砌块不得使用。

②石灰膏、黏土膏和电石膏等应防止受冻，如遭冻结，应经融化后使用。

③拌制砂浆所用的砂，不得含有冰块和直径大于10 mm的冰结块。

冬期施工不得使用石灰砂浆，砂浆宜采用普通硅酸盐水泥拌制，拌和砂浆宜采用两步投料法，并可对水和砂进行加温，但水的温度不得超过80 ℃，砂的温度不得超过40 ℃，砂浆使用温度应符合表2.4的规定。

普通砖、多孔砖和空心砖在正温度条件下砌筑需适当浇水润湿，但在负温度条件下砌筑时可不浇水，而采用增大砂浆稠度的方法。

冬期施工砌体基础时应注意基土的冻胀性。当基土无冻胀性时，地基冻结时可以进行基础砌筑，但当基土有冻胀性时，则不应进行施工。在施工期间和回填土前，应防止地基遭受冻结。

表2.4 冬期施工砂浆使用温度

冬期施工方法		砂浆使用温度
掺外加剂法		≥5 ℃
氯盐砂浆法		
暖棚法		
冻结法	室外空气温度	
	−10 ~ 0 ℃	≥10 ℃
	−25 ~ −11 ℃	≥15 ℃
	<−25 ℃	≥20 ℃

砌体工程的冬期施工可以采用掺盐砂浆法。但对配筋砌体、有特殊装饰要求的砌体、处于潮湿环境的砌体、有绝缘要求的砌体以及经常处于地下水位变化范围内又无防水措施的砌体不得采用掺盐砂浆法,可采用掺外加剂法、暖棚法、冻结法等冬期施工方法。当采用掺盐砂浆法施工时,砂浆的强度宜比常温下设计强度提高一级。

冬期施工中,每日砌筑后应及时在砌体表面覆盖保温材料。

2.4.2 砌体的雨期施工

砖淋雨后吸水过多,表面会形成水膜,同时,砂子含水率大,会使砂浆稠度值增大,易产生离析。砌筑时会出现砂浆坠落,砌块滑移,水平灰缝和竖向灰缝砂浆流淌,压缩变形增大,引起门、窗、转角不直和墙面不平等情况,严重时会引起墙身倒塌。雨期施工要做好防水措施。

砌块应集中堆放在地势高的地点,并覆盖芦席、油布等,以减少雨水的进入。砂子也应堆放在地势高处,周围易于排水,拌制砂浆的稠度值要小些,以适应多雨天气的砌筑。运输砂浆时要加盖防雨材料,砂浆要随拌随用,避免大量堆积。砌筑时适当减小水平灰缝的厚度,控制在8 mm左右,铺砂浆不宜过长,宜采用"三一"砌筑法。每天砌筑高度不应超过1.2 m。收工时在墙面上盖一层干砖,并用草席覆盖,防止大雨把刚砌好的砌体中的砂浆冲掉。对脚手架、道路等采取防止下沉和防滑措施,确保安全施工。

蒸压灰砂砖、蒸压粉煤灰砖及混凝土小型空心砌块砌体,雨天不宜施工。

思考题

1. 常用砌筑材料有哪些基本要求?
2. 简述砖墙砌筑的施工工艺。
3. 砖砌体的砌筑质量要求有哪些?
4. 砌体的临时间断处应如何处理?
5. 砌体的冬期施工要注意哪些问题?

3 混凝土结构工程

本章学习要求

本章重难点:模板及模板支撑的构造、要求;钢筋性能及加工工艺;钢筋配料、代换的计算方法;混凝土的配料、搅拌、运输、浇筑、振捣、养护方法及施工缝的留设;预应力混凝土工程的特点和工作原理。

学习目标:掌握模板与模板支撑的种类构造、要求及安拆要求;掌握钢筋的种类、性能及加工工艺,以及钢筋配料、代换的计算方法;掌握混凝土配料、制备、搅拌、运输、浇筑养护各环节施工要点,以及质量检验;了解混凝土冬期、高温和雨期施工工艺要求和常用措施;掌握预应力先张法和后张法施工工艺。

混凝土结构工程是指按设计要求将钢筋和混凝土两种材料用模板浇制而成的各种形状和大小的构件或结构。普通混凝土是由胶结料(水泥)、骨料(砂、石)、水和外加剂按一定比例拌和而成的混合物,经硬化后形成的一种人造石。普通混凝土属脆性材料,抗压强度高而抗拉强度低(约为抗压能力的 1/10),受拉时容易产生断裂现象。为此,可在结构件的受拉区配置适当的钢筋,充分利用钢筋的抗拉能力,使结构件既能受压,也能受拉,以满足建筑功能和结构要求。

钢筋和混凝土是两种不同性质的材料,它们之所以能共同工作,是由于混凝土硬化后紧紧握裹钢筋(产生握裹力),钢筋受混凝土保护而不致锈蚀,钢筋与混凝土的线膨胀系数相近(钢筋为 1.2×10^{-6},混凝土为 $1.0 \times 10^{-6} \sim 1.4 \times 10^{-6}$),不会因温度变化引起胀缩不均而破坏两者之间的黏结。混凝土结构工程具有耐久性、耐火性、整体性,可塑性好、节约钢材,可就地取材等优点,在工程建设中应用极为广泛。但混凝土结构工程存在自重大、抗裂性差、现场浇筑受季节性气候条件的限制、补强修复较困难等缺点。随着科学技术的发展,新技术、新工艺、新材料的不断出现,上述一些缺点正逐步得到改善,如预应力混凝土工艺、钢筋混凝土混合结构的发展和应用,提高了混凝土构件的刚度、抗裂性和耐久性,减小了构件的截面和自重。

3.1 模板工程

混凝土结构依靠模板系统成型。直接与混凝土接触的是模板面板,一般将模板面板、主次龙骨(肋、背楞、钢楞、托梁)、连接撑拉锁固件、支撑结构等统称为模板;可将模板与其支架、立柱等支撑系统的施工称为模板工程。

3.1.1 模板的基本要求与分类

3.1.1.1 模板工程的基本要求

现浇混凝土结构施工用的模板工程要承受混凝土结构施工过程中的水平荷载(混凝土的

侧压力)和竖向荷载(模板自重、结构材料的质量和施工荷载等)。为了保证钢筋混凝土结构施工的质量和施工的安全,对模板工程有以下要求:

①模板及支架应根据施工过程中各种控制工况进行设计;模板和支架应具有足够的承载力、刚度并应保证其整体稳固性。

②模板及支架应保证工程结构和构件各部分形状、尺寸和位置准确。

③模板及支架宜构造简单,装拆方便,并便于钢筋的绑扎、安装、混凝土浇筑及养护等要求。

④模板接缝应严密,不得漏浆。

⑤滑模、爬模、飞模等工具式模板工程及高大模板支架工程的专项施工方案,应进行技术论证。

3.1.1.2 模板的分类

①按其所用的材料:模板分为木模板、钢模板和其他材料模板(胶合板模板、塑料模板、玻璃钢模板、压型钢模、钢木(竹)组合模板、装饰混凝土模板、预应力混凝土薄板等)。

②按施工方法:模板分为拆移式模板和活动式模板。拆移式模板由预制配件组成,现场组装,拆模后稍加清理和修理再周转使用,常用的木模板和组合钢模板以及大型的工具式定型模板如大模板、台模、隧道模等皆属拆移式模板;活动式模板是指按结构的形状制成工具式模板,组装后随工程的进展而进行垂直或水平移动,直至工程结束才拆除,如滑升模板、提升模板、移动式模板等。

3.1.2 模板的构造与安拆

3.1.2.1 组合钢模板

组合钢模板是一种定型模板,是施工中应用最多的一种模板形式。它由具有一定模数的钢模板和配件两大部分组成,配件包括连接件和支撑件,这种模板可以拼出多种尺寸和几何形状,可用于建筑物的梁、板、柱、墙、基础等构件施工的需要,也可拼成大模板、滑模、台模等使用。这种模板具有轻便灵活、拆装方便、通用性强、周转率高等优点。

(1)钢模板

钢模板包括平面模板、阳角模板、阴角模板和连接角模。平面模板由面板和肋条组成,如图3.1所示,采用 Q235 钢板制成。面板厚 2.3 mm 或 2.5 mm,边框及肋采用 55 mm×2.8 mm 的扁钢,边框开有连接孔。平面模板可用于基础、柱、梁、板和墙等各种结构的平面部位。转角模板的长度与平面模板的相同(图 3.2)。其中,阴角模板用在墙体和各种构件的内角(凹角)的转角部位;阳角模板用在柱、梁及墙体等的外角(凸角)转角部位;连接角模也用在梁、柱和墙体等的外角(凸角)转角部位。

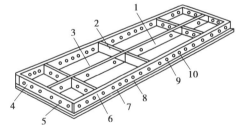

图 3.1 平面模板结构示意图
1—中纵肋;2—中横肋;3—面板;
4—横肋;5—插销孔;6—纵肋;7—凸棱;
8—凸鼓;9—U 形长孔;10—钉子孔

另外,还有角楞模板、圆楞模板、梁腋模板等与平面模板配套使用的专用模板。钢模板由厚度 2.5 mm,2.75 mm,3.0 mm 的薄钢板压轧成型。

钢模板采用模数制设计,模板宽度以 100 m 为基础,按 50 mm 进级(宽度超过 600 mm 后,以 150 mm 进级);长度以 450 mm 为基础,按 150 mm 进级(长度超过 900 mm 后,以 300 mm 进级),可以适应横竖拼装,拼装成以 50 mm 进级的任何尺寸的模板,如拼装时出现不足模数的空隙时,用镶嵌木条补缺,用钉子或螺栓将木条与板块边框上的孔洞连接。

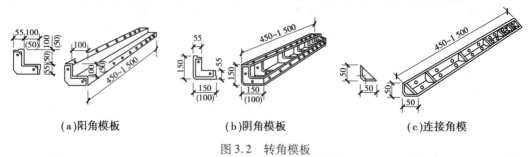

(a)阳角模板　　　　　　(b)阴角模板　　　　　　(c)连接角模

图 3.2　转角模板

(2)连接件

组合钢模板的连接件主要有 U 形卡、L 形插销、钩头螺栓、对拉螺栓、紧固螺栓和扣件等,如图 3.3 所示。相邻模板的拼接均采用 U 形卡。U 形卡安装距离一般不大于 300 mm;L 形插销插入钢模板端部横肋的插销孔内,以增强两相邻模板接头处的刚度和保证接头处板面平整;钩头螺栓用于钢模板与内外钢楞的连接与紧固;对拉螺栓用于连接墙壁两侧模板;紧固螺栓用于紧固内外钢楞;扣件用于钢模板与钢楞或钢楞之间的紧固,并与其他配件一起将钢模板拼装成整体。扣件应与相应的钢楞配套使用,按钢楞形状的不同分为 3 形扣件(图 3.4)和蝶形扣件(图 3.5)。

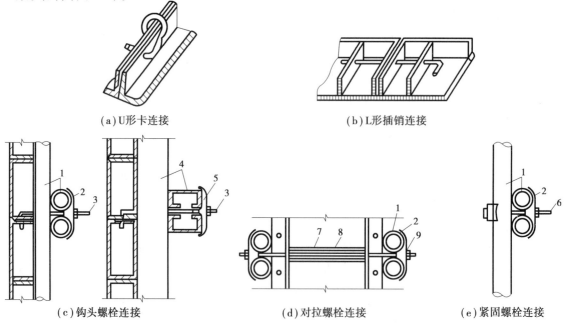

(a)U形卡连接　　　　　　　　　　　　(b)L形插销连接

(c)钩头螺栓连接　　　　(d)对拉螺栓连接　　　　(e)紧固螺栓连接

图 3.3　钢模板连接件

1—圆钢管钢楞;2—"3"形扣件;3—钩头螺栓;4—内卷边槽钢钢楞;
5—蝶形扣件;6—紧固螺栓;7—对拉螺栓;8—塑料套管;9—螺母

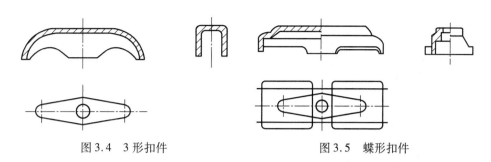

图 3.4　3 形扣件　　　　　　图 3.5　蝶形扣件

3.1.2.2　木模板

木模板的特点是加工方便,能适应各种变化形状模板的需要,但其周转率低,耗材多。为节约木材,减少现场工作,木模板一般预先加工成拼板,然后在现场进行拼装。拼板由板条拼钉而成,板条厚度一般为 25~30 mm,其宽度不宜超过 700 mm(工具式模板不超过 150 mm),拼条间距一般为 400~500 mm,视混凝土的侧压力和板条厚度而定。

(1)基础模板

模板安装前,应在侧模板内侧画出中线,在基坑底弹出基础中线,把各台阶侧模板拼成方框。安装时,先把下台阶模板放在基坑底,两者中线互相对准,并用水平尺校正其标高,在模板周围钉上木桩,在木桩与侧板之间用斜撑和平撑进行支撑,然后把钢筋网放入模板,再把上台阶模板放在下台阶模板上,两者中线互相对准,并用斜撑和平撑钉牢,如图 3.6 所示。

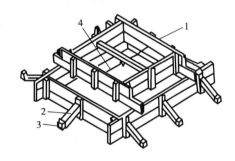

图 3.6　阶梯形基础模板
1—拼板;2—斜撑;3—木桩;4—铁丝

(2)柱模板

柱模板由内、外拼板拼成,如图 3.7 所示。内拼板夹在两片相对的外拼板之内。为利用短料,可利用短横板(门子板)代替外拼板钉在内拼板上。为承受混凝土的侧应力,拼板外沿设柱箍,其间距与混凝土侧压力、拼板厚度有关,为 500~700 mm。柱模底部有钉在底部混凝土上的木框,用以固定柱模的位置。柱模顶部有与梁模连接的缺口,背部有清理孔,沿高度每 2 m 设浇筑孔,以便浇筑混凝土。对于独立柱模,其四周应加支撑,以免浇筑混凝土时产生倾斜。

(3)梁、楼板模板

梁模板由底模和侧模组成。底模承受垂直荷载,一般较厚。底模下有支柱(顶撑)或桁架承托。为减少梁的变形,支柱的压缩变形或弹性挠变不超过结构跨度的 1/1 000。支柱底部应支承在坚实的地面或楼面上,以防下沉。为便于调整高度,宜用伸缩式顶撑或在支柱底部垫以木楔。多层建筑施工中,安装上层楼的楼板时,其下层楼板应达到足够的强度,或设有足够的支柱。

梁跨度等于及大于 4 m 时,底模应起拱,起拱高度一般为梁跨度的 1/1 000~3/1 000。

梁侧模板承受混凝土侧压力,为防止侧向变形,底部用夹紧条夹住,顶部可由支撑楼板模板的木格栅顶住,或用斜撑支牢,如图 3.8 所示。

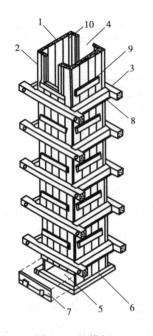

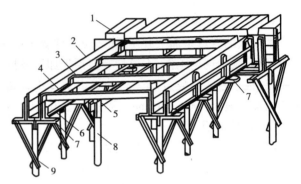

图 3.7 柱模板

1—内拼板;2—外拼板;3—柱箍;

4—梁缺口;5—清理孔;6—木框;7—盖板;

8—拉紧螺栓;9—拼条;10—三角木条

图 3.8 有梁楼板一般支撑法

1—楼板模板;2—梁侧模板;3—木格栅;

4—横挡;5—牵杠;6—夹条;7—短撑木;

8—牵杠撑;9—支柱(琵琶撑)板

楼板模板多用定型模板,它支承在木格栅上,木格栅支承在梁侧模板外的横挡上。

3.1.2.3 胶合板模板

混凝土模板用胶合板有木胶合板和竹胶合板两种。胶合板用作混凝土模板时其单张板块大,不易变形,表面覆膜后增加了耐磨性和重复使用次数,胶合板有木胶合板和竹胶合板,厚度有 12 mm,15 mm,18 mm,20 mm 等。为了提高胶合板的使用寿命和表面平整度,很多胶合板产品都在表面涂覆热压了一层酚醛树脂或其他耐磨防水材料。我国木材资源贫乏,而竹材资源丰富,故制作了竹胶合板。竹胶合板强度、刚度、硬度和耐冲击性能都比木材好,价格比木胶合板低。竹胶合板在水泥浆中浸泡、受潮后不变形,模板拼缝严密,加工方便,可锯刨、打钉,适应性强,应用越来越广泛。

采用胶合板作现浇混凝土墙体和楼板的模板,是目前常用的一种模板技术,与采用组合式模板相比,可以减少混凝土外露表面的接缝,满足清水混凝土的要求。

(1)墙体模板

常规的支模方法是:胶合板面板外侧的立挡用 50 mm×100 mm 方木,横挡(又称牵杠)可用 ϕ48×3.5 脚手钢管或方木(一般为边长 100 mm 方木),两侧胶合板模板用穿墙螺栓拉结。

钢筋绑扎完毕后,进行墙模板安装时,根据边线先立一侧模板,临时用支撑撑住,用线锤校正模板的垂直,然后固定牵杠,再用斜撑固定。大块侧模组拼时,上下竖向拼缝要互相错开,先立两端,后立中间部分,再按同样方法安装另一侧模板及斜撑等。

为了保证墙体的厚度正确,在两侧模板之间可用小方木撑头(小方木长度等于墙厚),小方木要随着浇筑混凝土逐个取出。为了防止浇筑混凝土时墙身鼓胀,可用直径 12~16 mm 螺栓拉结两侧模板,间距不大于 1 m。螺栓要纵横排列,并可增加穿墙螺栓套管,以便在混凝土凝结后取出。如墙体不高,厚度不大,在两侧模板上口钉上搭头木即可。

(2)楼板模板

板顶标高线依 1 m 线引测到柱筋上,在施工过程中随时对板底、板顶标高进行复测、校正。排板根据开间的尺寸,确定顶板的排板尺寸,以保证顶板模板最大限度地使用整板。

根据立杆支撑位置图放线,保证以后每层立杆都在同一条垂直线上,应确保上下支撑在同一竖向位置。立杆排好后,进行主次龙骨的铺设,按排板图进行配板,为以后铺板方便,可适当编号,尽量使模板周转到下一层相同位置。模板安装完毕后先进行自检,再报监理预检,合格后方可进行下道工序。

严格控制顶板模板的平整度,两块板的高低差不大于 1 mm。主、次木楞平直,过刨使其薄厚尺寸一致,用可调 U 形托调整高度。梁、板、柱接头处,阴阳角、模板拼接处要严密,模板边要用电刨刨齐整,拼缝不超过 1 mm,并且在板缝底下必须加木楞支顶。

按规范要求起拱。先按照墙体及柱子上弹好的标高控制线和模板标高全部支好模板,然后将跨中的可调支托丝扣向上调动,调到要求的起拱高度,起拱应由班组长、放线员、专业工长严格控制,在保证起拱高度的同时要保证梁的高度和板的厚度。模板过刨后必须用厂家提供的专用漆封边,以减少模板吸水。

3.1.2.4　大模板

大模板是一种大尺寸的工具式模板,主要用于剪力墙或框架剪力墙结构中的剪力墙的施工,也可用于筒体结构中竖向结构的施工。一般是一块墙面用一块大模板。因为其质量大,所以配以相应的起重吊装机械,通过合理的施工组织,以工业化生产方式在施工现场浇筑钢筋混凝土墙体。装拆皆需起重机械吊装,提高了机械化程度,减少了用工量,缩短了工期。

大模板工程施工的特点是:以建筑物的开间、进深、层高为标准化的基础,以大模板为主要手段,以现浇混凝土墙体为主导工序,有节奏地进行均衡施工。采用这种施工方法,施工工艺简单,工程进度快,劳动强度低,装修湿作业少,结构整体性和抗震性好,工业化、机械化施工程度高,具有较好的技术经济效果。为此,要求建筑和结构设计能做到标准化,以使模板能做到周转通用。

目前我国采用大模板施工的结构体系有:①内外墙皆用大模板现场浇筑,而楼板、隔墙、楼梯等为预制吊装;②横墙、内纵墙用大模板现场浇筑,而外墙板、隔墙板、楼板为预制吊装;③横墙、内纵墙用大模板现场浇筑,外墙、隔墙用砖砌筑,楼板为预制吊装。

大模板主要由板面系统、支撑系统、操作平台和附件组成,分为桁架式大模板、组合式大模板、拆装式大模板、筒形模板以及外墙大模板。

(1)组合式大模板

组合式大模板是目前最常用的一种模板形式。它通过固定于大模板板面的角模,能把纵横墙的模板组装在一起,房间的纵横墙体混凝土可以同时浇筑,房屋整体性好。它还具有稳定,拆装方便,墙体阴角方正,施工质量好等特点,并可以利用模数条模板加以调整,以适应不同开间、进深的需要。

组合式大模板由板面系统、支撑系统、操作平台及附件组成,如图 3.9 所示。

1)板面系统

板面系统由面板、竖肋、横肋以及龙骨组成。

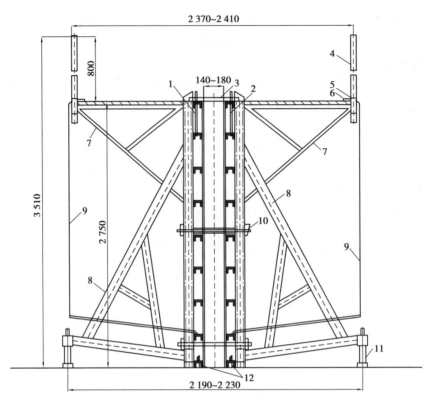

图3.9 组合式大模板构造

1—反向模板;2—正向模板;3—上口卡板;4—活动护身栏;5—爬梯横担;6—螺栓连接;
7—操作平台斜撑;8—支撑架;9—爬梯;10—穿墙螺栓;11—地脚螺栓;12—地脚

面板通常采用4～6 mm的钢板,面板骨架由竖肋和横肋组成,直接承受由面板传来的浇筑混凝土的侧压力。竖肋,一般采用60 mm×6 mm扁钢,间距400～500 mm。横肋,一般采用8号槽钢,间距为300～350 mm。保证了板面的双向受力。竖龙骨采用12号槽钢成对放置,间距一般为1 000～1 400 mm。

横肋与板面之间用断续焊缝焊接在一起,其焊点间距不得大于20 cm。竖肋与横肋满焊,形成一个结构整体。竖肋兼作支撑架的上弦。为加强整体性,横、纵墙大模板的两端均焊接边框(横墙边框采用扁钢,纵墙边框采用角钢)以使得整个板面系统形成一个封闭结构,并通过连接件将横墙模板与纵墙模板有机地结合在一起。

2)支撑系统

支撑系统由支撑架和地脚螺栓组成,其功能是保持大模板在承受风荷载和水平力时的竖向稳定性,同时用以调节板面的垂直度。

支撑架一般用槽钢和角钢焊接制成(图3.10)。每块大模板设置两个以上支撑架。支撑架通过上、下两个螺栓与大模板竖向龙骨相连接。

地脚螺栓设置在支撑架下部横杆槽钢端部,用来调

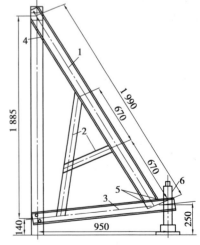

图3.10 支撑架

1—槽钢;2—角钢;3—下部横杆槽钢;
4—上加强板;5—下加强板;6—地脚螺栓

整模板的垂直度和保证模板的竖向稳定。地脚螺栓的可调高度和支撑架下部横杆的长度直接影响模板自稳角的大小。

3)操作平台

操作平台是施工人员操作的场所和运行的通道,操作平台系统由操作平台、护身栏、钢爬梯等部分组成。操作平台设置于模板上部,用三角架插入竖肋的套管内,三角架上满铺脚手板。三角架外端焊有 ϕ37.5 mm 的钢管,用以插放护身栏的立杆。钢爬梯供操作人员上下平台之用,附设于大模板上,用 ϕ20 mm 钢筋焊接而成,随大模板一道起吊。

4)附件

①穿墙螺栓与塑料套管。

模板连接用穿墙螺栓与塑料套管。穿墙螺栓是承受混凝土侧压力、加强板面结构刚度、控制模板间距的重要配件,它把墙体两侧大模板连接为一体。为了防止墙体混凝土与穿墙螺栓黏结,在穿墙螺栓外部套一根硬质塑料管,其长度与墙厚相同,两端顶住墙模板,内径比穿墙螺栓直径大 3~4 mm,这样在拆除时可保证穿墙螺栓顺利脱出。穿墙螺栓用 45 号钢加工而成,一端为梯形螺纹,长约 120 mm,以适应不同墙体厚度的施工;另一端在螺栓杆制作销孔,支模时用板销打入销孔内,以防止模板外胀。板销厚 6 mm,做成斜头,方便拆卸,如图3.11 所示。

②上口卡子。

在模板顶端与穿墙螺栓上下对直位置处利用槽钢或钢板焊制好卡子支座,并在支模完成后将上口卡子卡入支座内。上口卡子直径为 ϕ30 mm,其上根据不同的墙厚设置多个凹槽,以便与卡子支座相连接,达到控制墙厚的目的,如图 3.12 所示。

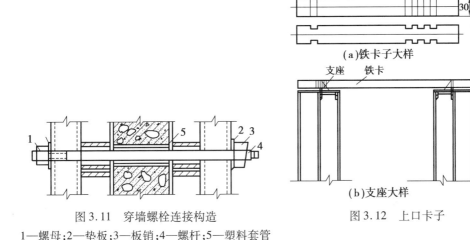

（a）铁卡子大样

（b）支座大样

图 3.11 穿墙螺栓连接构造 　　图 3.12 上口卡子

1—螺母;2—垫板;3—板销;4—螺杆;5—塑料套管

（2）拆装式大模板

拆装式大模板(图3.13)与组合式大模板的最大区别在于其板面与骨架以及骨架中各钢杆件之间的连接全部采用螺栓组装而非焊接连接,便于拆改,可减少焊接引起变形的问题。

①板面:板面采用钢板或胶合板,通过 M6 螺栓将板面与横肋连接固定,其间距为 350 mm。为了保证板面平整,板面材料在高度方向拼接时,应拼接在横肋上;在长度方向拼接时,应在接缝处后面铺设一道木龙骨。

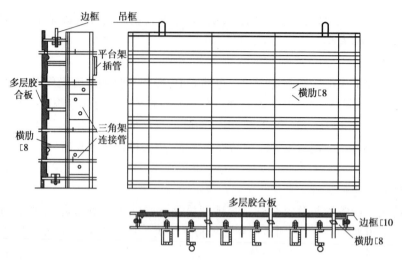

图 3.13 拆装式大模板

②骨架:横肋以及周边边框全部用 M16 螺栓连接成骨架,连接螺孔直径为 18 mm。如采用木质面板,则在木质面板四周加槽钢边框,槽钢型号应比中部槽钢大一个板面厚度,能够有效地防止木质板面四周损伤。例如,当面板采用 20 mm 厚胶合板时,普通横肋为 8 号槽钢,则边框应采用 10 号槽钢;当面板采用钢板时,其边框槽钢与中部槽钢尺寸相同。各边框之间焊以 8 mm 厚钢板,钻 ϕ18 mm 螺孔,用以互相连接。

③竖向龙骨:采用两根 10 号槽钢成对放置,用螺栓与横肋相连接。

④吊环:直径为 20 mm,通过螺栓与板面上边框槽钢连接,吊环材质一般为 Q235A,不允许使用冷加工处理。骨架与支撑架及操作平台的连接方法与组合式模板相同。

(3)筒形模板

最初采用的筒形模板是将一个房间的三面现浇墙体模板,通过挂轴悬挂在同一钢架上,墙角用小角模封闭而构成的一个筒形单元体。

筒形模板的稳定性好,因纵横墙体混凝土同时浇筑,故结构整体性好,施工简单,减少了模板的吊装次数,操作安全,劳动条件好。

其缺点是模板每次都要落地,且模板自重大,需要大吨位起重设备,加工精度要求高,灵活性差,安装时必须按房间弹出的十字中线就位,施工起来比较麻烦,导致其通用性差,目前已经很少采用。

3.1.2.5 滑升模板

液压滑动模板(简称"滑模")是现浇钢筋混凝土结构施工的一项新工艺,其机械化施工程度高。

液压滑升模板的特点:整个模板系统、操作平台系统和提升系统三大部分一次组装好,运用小型液压千斤顶滑升。滑升过程中,不需再支模、拆模、搭设脚手架等工作。混凝土保持连续浇灌,施工速度快,无施工缝确保了结构的整体性。可以节约模板、脚手架,减轻了劳动强度,节约劳动力,降低施工成本,并有利于安全施工等。但需要一整套专用提升设备,一次性投资较高。操作要求严格,出现质量事故处理比较麻烦。

滑模工程适用于高度较大的等截面或截面变化不大的现浇钢筋混凝土整体结构工程,如烟囱、水塔、油罐、储仓、柱群及高层建筑的墙、板结构施工等。

(1)滑升模板系统设备

滑升模板主要由模板系统、操作平台系统和液压提升设备系统三大部分组成,如图3.14所示。

1)模板系统

模板系统主要包括模板、围圈、提升架等。

①模板(又称围板)。

模板的作用是确保混凝土按照设计要求的结构形状尺寸准确成型,并能承受新浇筑混凝土的侧压力、冲击力和在滑升时混凝土对模板产生的摩阻力。

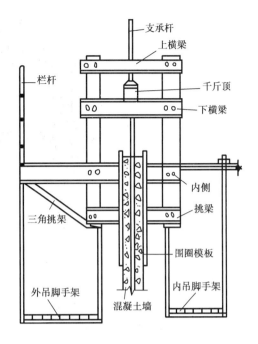

图3.14 滑升模板组成图

模板按其所在部位和作用,可分为内模板、外模板、墙头模板、角模、变截面处的衬模板等。模板高度一般为1.2 m,宽10～50 cm,下口保持6～10 mm的锥度,且外模板宜比内模板高150～200 mm。钢模板可用厚2～3 mm的钢板冷压成型或用厚2～3 mm的钢板与∟30—∟50角钢制成。

②围圈(又称围檩)。

围圈的作用是用来固定模板位置,承受由模板传来的水平力和垂直力,还可以承受操作平台和挑平台架传递的荷载。

围圈在模板外侧横向布置,一般上、下各布置一道,分别支承在提升架的支柱上。一般情况下,当模板高度在1.2 m时,上、下围圈的间距以500～700 mm为宜,围圈距模板上下口不宜大于250 mm。

围圈可以用角钢、槽钢或工字钢制成。围圈的连接件要采用同等刚度的型钢,围圈与连接件用螺栓连接。围圈放置在提升架立柱的围圈托架上。

③提升架。

提升架的作用是固定围圈的位置,防止模板侧向变形;承受作用于模板上的竖向荷载;将模板和平台连成一体,并将其全部荷载传递给千斤顶。提升架在模板系统中是关键部件。

提升架由主柱、横梁和围圈支托组成。为了适应墙(柱)截面尺寸变化,提升架一般制作成拼装式。主柱使用12—16号槽钢,可做成单肢式、格构式或桁架式;横梁一般用12号槽钢制作成单梁式("口"型)和双横梁("开"型)两种。在荷载作用下,主柱的最大侧向变形不得大于2 mm。相邻提升架间距一般为1.5～2.5 m。

④套管。

套管主要是能使支承杆回收重复使用。套管的内径比支承杆的直径大2～5 mm,套管上端与提升架横梁相连接,下端与模板下口齐平。

2)操作平台系统

操作平台系统主要包括主操作平台、外挑操作平台、吊脚手架等,必要时还可以设置上辅助平台,如图3.15所示。

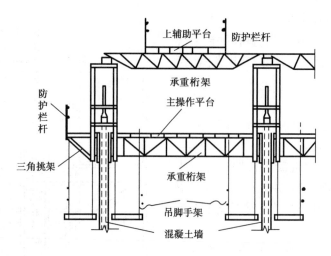

图 3.15　操作平台系统图

①主操作平台。

主操作平台既是施工人员进行绑扎钢筋、浇筑混凝土、提升模板的操作场地,也是材料、工具、设备等堆放地,主要承受动荷载,且变化幅度较大,要求安装平稳坚固。

②外挑操作平台。

外挑操作平台一般由三角挑架、楞木和铺板组成。外挑宽度为 0.8 ~ 1.0 m。外侧需设防护栏杆并固定在三角挑架上,三角挑架支承在提升架立柱上,也可挂在围圈上。

③吊脚手架(又称吊架)。

吊脚手架供检查墙(柱)混凝土质量并进行修饰、调整、拆模和引设中心轴线、高程及支设梁底模板等作业用。吊架外侧应设防护栏杆和安全网。

3)提升系统

液压提升系统是承担全部滑升模板装置、设备和施工荷载、向上滑升的动力机具。由支承杆、千斤顶、液压控制设备和输油管路组成。

①千斤顶。

液压滑升模板施工使用专用穿心式千斤顶,按其卡头型可分为钢珠式 GYD-35 型、楔块式 QYD-35 型和调平式 TYD-35 型。

②支承杆。

支承杆是千斤顶向上爬升的导轨,又是滑升模板装置的承重支柱,承受着滑升施工中的全部荷载。当采用楔块式千斤顶时,可以用螺纹钢筋做支承杆。支承杆接长时,相邻的接头要错开,使在同一标高上的接头数量不超过支承杆总根数的 25%。支承杆接头有丝扣式、插杆式和焊接式 3 种形式,其中,丝扣式接头使用方便可靠、效果较好。

支承杆应有防止失稳的措施。工具式支承杆的拔出,可以采用人工、倒链、双作用液压千斤顶、倒置液压千斤顶、杠杆式拔杆器等不同方法拔出。

③液压控制装置。

液压控制装置又称为液压控制台,是提升系统的心脏,主要由低压表、细滤油器、电磁换向阀、减压阀、溢流阀、油箱、回油阀、分油器、针形阀、齿轮泵、高压表、粗滤油网、电动机、油管、接头、阀门、油液等组成,可以分为手动、电动和自动操作方式。

滑升模板使用的油液,按 GB 11118.1—2011 规定,一般在夏季酷热天气使用 46 号液压油,常温用 32 号液压油,冬季低温时可用 22 号液压油。

(2)滑升模板装置设计

滑升模板装置,既是混凝土成型的装置,又是进行施工作业的主要场地。要根据建筑物的几何形状及尺寸,进行周密设计,才能确保滑升模板装置具有足够的整体刚度和稳定性,又能便于施工操作,提高经济效益。

对各种材料的垂直运输和水平运输,必须满足滑升模板施工速度的要求,垂直交通要满足交接班时最大人流量的需求,否则,将不能保证施工顺利进行,影响滑升模板施工质量。

模板与周围设计应考虑具有通用性、互换性,力求安装和拆除方便,并且能满足对变截面墙体、梁、柱、门窗洞、沟槽、牛腿、变形缝及分区段滑升施工缝等特殊功能的要求。模板与周围必须具有足够的刚度和强度,保证在浇筑混凝土和滑升模板过程中不发生变形。

确定支承杆和千斤顶的需用量,取决于其允许承载力。当千斤顶的承载力大于支承杆的承载力时,应按支承杆的承载力确定支承杆的需用量,并配置相应数量的千斤顶;反之,则按千斤顶的承载力确定千斤顶的需用量,并配置适当数量的支承杆。

(3)滑升模板施工工艺

滑升模板施工与其他施工方法不同之处在于连续作业,不能停顿。各种材料、机具、设备、劳动力、水、电等的配合都必须满足连续施工的要求。

1)滑升模板系统的组装

①组装前的准备工作。

首先清理现场,打扫干净基础顶面,理顺基础上的插筋;弹出建筑物和结构截面中心线、内外轮廓线、门窗和提升架位置线,设立垂直控制点;进行试组装,并按先后顺序堆放好;安装垂直运输机械;进行液压设备的试车、试压检查。

②组装顺序。

绑扎首段竖向和水平钢筋,安装孔洞模板,预埋管线和铁件;安装搭设临时组装平台;安装提升架、围圈;安装模板;安装操作平台;安装内外吊脚手架;平台铺板;安装电气设备;安装提升设备并检查千斤顶管路情况等;最后安装支承杆。滑升模板组装完毕后,要按表 3.1 进行检查纠偏。

表 3.1　滑模装置组装的允许偏差

内容		允许偏差/mm
模板结构轴线与相应结构轴线的位置		3
围圈位置偏差	水平方向	±3
	垂直方向	±3
提升架的垂直偏差	平面内	±3
	平面外	±2
安放千斤顶的提升架横梁相对标高偏差		±5
模板尺寸的偏差	上口	−1 ~ 0
	下口	0 ~ 2

续表

内容		允许偏差/mm
千斤顶安装位置的偏差	提升架平面内	±5
	提升架平面外	±5
圆模直径、方模边长的偏差		−2 ~ 3
相邻两块模板平面平整偏差		2
组装模板内表面平整度偏差		3

2)钢筋、混凝土制作及模板滑升

①钢筋加工及绑扎。

钢筋应按图纸设计要求及足够的搭接长度下料;第一段钢筋绑扎及预埋件的埋设应在模板组装前进行,以后的钢筋绑扎及预埋件的埋设应与混凝土浇筑速度保持一致;对大直径钢筋接长宜用气压焊接;钢筋及预埋件就位应准确。

②混凝土浇筑。

水泥品种选择应根据施工场地气温而定;混凝土配制应满足设计强度及滑模施工的要求,其坍落度应根据振捣方式而定;严格控制混凝土掺加剂及混凝土的出模时间。一般初凝时间控制在 2 ~ 4 h;终凝时间控制在 4 ~ 6 h;出模强度控制在 0.2 ~ 0.4 N/mm² 为宜。混凝土宜采用分层、均匀交圈的浇筑。初升前的首次混凝土浇筑高度一般为 600 ~ 700 mm,分 2 ~ 3 层浇筑,以后随浇随升,每个浇筑层厚度为 200 mm 左右。混凝土浇筑时,应防止模板移位变形、漏浆及振捣不密实等。混凝土出模后应及时养护。

③模板的滑升。

模板滑升分为初升、正常滑升和末升 3 个阶段。

a. 初升阶段。

第一次初浇混凝土的高度为 500 ~ 700 mm,约经 6 h(按施工气温而定)即可进行试滑。试滑结果证明可以滑升时,进入模板的初升阶段,将模板顶升 200 ~ 400 mm 后,对滑升模板系统进行全面检查、调整。检查的主要内容有模板上升是否一致;接缝有无变形、漏浆;模板倾斜度是否符合要求;提升架是否倾斜变形;围圈受力是否均匀、刚度能否满足要求;操作平台是否水平;支承杆有无弯曲、拔起现象;千斤顶、油管接头有无漏油现象等。经检查调整后,才能转入正常滑升阶段。

b. 正常滑升阶段。

正常滑升是滑升模板施工的主要阶段。在模板滑升过程中,钢筋绑扎、管线敷设、预埋件安置、门窗洞口模板安装、支承杆连接、加固处理等工序,应与混凝土浇筑速度协调一致。

正常滑升阶段,其分层滑升高度与混凝土分层浇筑高度相一致,一般为 200 ~ 400 mm,每层混凝土振捣密实后方可提升模板,每次提升间隔时间一般不宜超过 0.5 h。

模板的滑升速度:

当支承杆无失稳时,按混凝土的出模强度控制滑升速度:

$$v = \frac{H-h-a}{T} \tag{3.1}$$

式中　v——模板滑升速度,m/h;

　　　H——模板高度,m;

　　　h——每个浇筑层厚度,m;

　　　a——混凝土浇筑满后,其表面到模板上口的距离,取 0.05 ~ 0.1 m;

　　　T——混凝土从浇灌到位至达到出模强度所需的时间,h,由试验确定。

当支承杆受压时,应按支承杆的稳定条件控制模板的速度,对于 $\phi25$ 圆钢支承杆,应按下式计算:

$$v = \frac{10.5}{T \cdot \sqrt{K \cdot P}} + \frac{0.6}{T} \tag{3.2}$$

式中　v——模板滑升速度,m/h;

　　　P——单根支承杆承受的垂直荷载,kN;

　　　T——在作业班的平均气温条件下,混凝土强度达到 0.7 ~ 1.0 N/mm^2 所需要的时间, h,由试验确定;

　　　K——安全系数,一般取为 2.0。

在滑升模板施工中,如果以工程结构整体稳定来控制模板的滑升速度,则应根据工程结构具体的滑升模板施工方案来确定整体稳定的滑升速度。

c.末升阶段。

当模板滑升到距建筑物顶部约 1 m 时,应放慢滑升速度。在距建筑物顶部 200 mm 前,应边浇筑混凝土边做好抄平、找正工作,以保证最后一层混凝土均匀交圈,确保顶部墙体的标高和位置准确,直至模板全部脱离。

3)滑升模板施工的质量与安全控制

确保施工质量与施工安全是滑升模板施工工艺实施中的重要问题。制订施工质量与施工安全的保障措施,是实施滑升模板施工工艺成败的关键。

①滑升模板施工的质量控制。

a.操作平台的水平控制。

在滑升模板的过程中,应自始至终保持操作平台的水平状态。操作平台保持水平状态是确保建筑物中心线不偏移的重要因素。在施工过程中应经常检查建筑物中心线、垂直度及扭转偏差,校正操作平台的水平度。

b.垂直偏差的控制。

在模板滑升过程中,应经常检查测定建筑物阴、阳转角的垂直度,若垂直偏差超过了规定范围,则应立即校正模板加以纠正。垂直偏差常用线锤观测、经纬仪观测和激光铅直仪观测。

c.支承杆弯曲失稳控制。

在滑升模板施工中,支承杆加工或安装不直、承受荷载过大、千斤顶安装不正等都会使支承杆产生弯曲失稳。若发现支承杆弯曲失稳,应立即采取措施加以补救,以免产生重大的质量与安全事故。

除此以外,在滑模施工中,还应严格地执行有关混凝土工程质量标准及操作规程,确保施工质量。

②滑升模板施工的安全控制。

滑升模板施工是一项连续的高空作业工作。除遵循一般土建施工安全操作规程的要求

外,针对滑模施工的特殊性,还必须制订有效的安全控制措施。概括起来,主要有以下几个方面:

第一,操作平台堆放材料、设备及操作人员数量应严格按施工组织设计配置或布置,绝不允许随意变动或超载。

第二,应加强平台与地面人员之间的通信联系,配置专用通信设备和专用信号。

第三,操作平台、外挑平台、内外吊脚手架、辅助平台四周,均应设置防护栏杆和挂安全网。

第四,应配备专业安全员对平台的水平度、支承杆、提升架立柱及各类支撑进行质量与安全检查。

第五,模板拆除应均衡对称进行,应及时清理运走,不得乱扔,防止高空坠落伤人等。

3.1.3 模板安装及拆除

(1)模板安装质量要求

模板、支架杆件和连接件材料的技术指标应符合国家现行有关标准的规定。进场应进行检查并应符合下列规定:①模板表面应平整;胶合板模板的胶合层不应脱胶翘角;支架杆件应平直,应无严重变形和锈蚀;连接件应无严重变形和锈蚀,并不应有裂纹;②模板的规格和尺寸,支架杆件的直径、壁厚,连接件的质量,应符合设计要求;③施工现场组装的模板,其组成部分的外观和尺寸,应符合设计要求;④有必要时,应对模板、支架杆件和连接件的力学性能进行抽样检查;⑤应在进场时和周转使用前全数检查。

模板安装时,为了便于模板的周转和拆卸,梁的侧模板应盖在底模的外面,次梁的模板不应伸到主梁模板的开口里面,梁的模板不应伸到柱模板的开口里面;模板安装好后应卡紧撑牢,各种连接件、支撑件、加固配件必须安装牢固,无松动现象(模板工程稳固性);模板拼缝要严密;不得发生不允许的下沉与变形;模板内的杂物应清理干净;模板位置、尺寸应保证准确;现浇结构模板安装的偏差应符合表3.2的要求;固定在模板上的预埋件和预留洞均不得遗漏;安装必须牢固、位置准确,其允许偏差应符合表3.3的要求。

表 3.2 现浇结构模板安装的允许偏差

项目		允许偏差/mm	检验方法
轴线位置		5	尺量
底模上表面标高		±5	水准仪或拉线,尺量
模板内部尺寸	基础	±10	尺量
	柱、墙、梁	±5	尺量
柱墙垂直度	层高≤6 m	8	经纬仪或吊线,尺量
	层高>6 m	10	经纬仪或吊线,尺量
相邻模板表面高差		2	尺量
表面平整度		5	2 m靠尺和塞尺量测

表 3.3　预埋件和预留孔洞的安装允许偏差

项目		允许偏差/mm
预埋钢板中心线位置		3
预埋管、预留孔中心线位置		3
插筋	中心线位置	5
	外露长度	+10,0
预埋螺栓	中心线位置	2
	外露长度	+10,0
预留洞	中心线位置	10
	尺寸	+10,0

注:检查中心线位置时,沿纵、横两个方向量测,并取其中偏差的较大值。

(2)支架搭设要求

1)扣件式钢管架

采用扣件式钢管作模板支架时:①模板支架搭设所采用的钢管、扣件规格,应符合设计要求;立杆纵距、立杆横距、支架步距以及构造要求,应符合专项施工方案的要求;②立杆纵距、立杆横距不应大于 1.5 m,支架步距不应大于 2.0 m,立杆纵向和横向宜设置扫地杆,纵向扫地杆距立杆底部不宜大于 200 mm,横向扫地杆宜设置在纵向扫地杆的下方,立杆底部宜设置底座或垫板;③立杆接长除顶层步距可采用塔楼外,其余各层步距接头应采用对接扣件连接,两个相邻立杆的接头不应设置在同一步距内;④立杆步距的上下两端应设置双向水平杆,水平杆与立杆的交接点应采用扣件连接。双向水平杆与立杆的连接扣件之间的距离不应大于 150 mm;⑤支架周边应连续设置竖向剪刀撑,支架长度或宽度大于 6 m 时,应设置中部纵向或横向的竖向剪刀撑,剪刀撑的间距和单幅剪刀撑的宽度均不宜大于 8 m,剪刀撑与水平面夹角宜为 45°~60°,支架高度大于 3 倍步距时,支架顶部宜设置一道水平剪刀撑,剪刀撑应延伸至周边;⑥立杆、水平杆、剪刀撑的搭接长度,不应小于 0.8 m,且不应少于两个扣件连接,扣件盖板边缘至杆端不应小于 100 mm;⑦扣件螺栓的拧紧力矩不应小于 40 N·m,且不应大于 65 N·m;⑧支架立杆搭设的垂直偏差不宜大于 1/200。

采用扣件式钢管作高大模板架支撑时,支架搭设还应要求:①宜在支架立杆顶端插入可调托座,可调托座螺杆外径不应小于 36 mm,螺杆插入钢管的长度不应小于 150 mm,螺杆伸出钢管的长度不应大于 300 mm,可调托座伸出顶层水平杆的悬臂长度不应大于 300 mm;②立杆纵距、横距不应大于 1.2 m,支架步距不应大于 1.8 m;③立杆顶层步距内采用搭接时,搭接长度不应小于 1 m,且不应少于 3 个扣件连接;④立杆纵向和横向应设置扫地杆,纵向扫地杆距立杆底部不宜大于 200 mm;⑤宜设置中部纵向或横向的竖向剪刀撑,剪刀撑的间距不宜大于 5 m,沿支架高度方向搭设的水平剪刀撑的间距不宜大于 6 m;⑥立杆的搭设垂直偏差不宜大于 1/200 且不宜大于 100 mm;⑦应根据周边结构的情况,采取有效的连接措施加强支架整体稳固性。

2）碗扣式、盘扣式或盘销式钢管架

采用碗扣式、盘扣式或盘销式钢管架作模板支架时：①碗扣式、盘扣式或盘销式的水平杆与立柱的扣接应牢靠，不应滑脱；②立杆上的上、下层水平杆间距不应大于 1.8 m；③插入立杆顶端可调托座伸出顶层水平杆的悬臂长度不应大于 650 mm，螺杆插入钢管的长度不应小于 150 mm，其直径应满足与钢管内径间隙不大于 6 mm 的要求，架体最顶层的水平杆步距应比标准步距缩小一个节点步距；④立柱间应设置专用斜杆或扣件钢管斜杆加强模板支架。

（3）模板的拆除

模板拆除取决于混凝土的强度、各种模板的用途、结构的性质、混凝土硬化时的温度及养护条件等。及时拆模可以提高模板的周转率；拆模过早会因混凝土的强度不足，在自重或外力作用下而产生变形甚至裂缝，造成质量事故。合理地拆除模板对提高施工的技术经济效果至关重要。

对现浇混凝土结构工程施工时模板和支架拆除应符合下列规定：第一，侧模，在混凝土强度能保护其表面及棱角不因拆除模板而受损坏后，方可拆除；第二，底模及支架应在混凝土强度达到设计要求后再拆除；当设计无具体要求时，同条件养护的混凝土立方体试件抗压强度应符合表 3.4 的规定，方可拆除。

表 3.4　现浇结构拆模时所需混凝土强度

结构类型		结构跨度/m	达到设计混凝土强度等级值的百分率/%
板		≤2	≥50
		>2，≤8	≥75
		>8	≥100
梁、拱、壳		≤8	≥75
		>8	≥100
悬臂构件			≥100

模板拆除时，可采取先支的后拆、后支的先拆，先拆非承重模板、后拆承重模板的顺序，并应从上而下进行拆除。重要、复杂模板的拆除，事前应制订拆除方案。

拆模时，操作人员应站在安全处，以免发生安全事故，待该片（段）模板全部拆除后，方准将模板、配件、支架等运出堆放。模板运至堆放场地应排放整齐，并派专人负责清理维修，以增加模板使用寿命，提高经济效益。

已拆除模板及其支架后的结构，只有当混凝土强度符合设计混凝土强度等级的要求时，才允许承受全部荷载；当施工荷载产生的效应比使用荷载的效应更为不利时，对结构必须经过核算，能保证其安全可靠性或经加设临时支撑加固处理后，才允许继续施工。拆除后的模板应进行清理、涂刷隔离剂，分类堆放，以便使用。

3.2   钢筋工程

3.2.1   钢筋的种类及验收

(1)钢筋的种类

钢筋混凝土结构所用的钢筋主要有热轧钢筋、冷加工钢筋、热处理钢筋、钢丝和钢绞线。

1)热轧钢筋

热轧钢筋是建筑工程中用量最大的钢材之一,主要用于钢筋混凝土结构,包括普通热轧钢筋和细晶粒热轧钢筋。普通热轧钢筋分为热轧光圆钢筋和热轧带肋钢筋两种,按照现行国家标准规定,热轧光圆钢筋仅有 HPB300 一种牌号;普通热轧带肋钢筋俗称螺纹钢,分为 HRB400,HRB500,HRB600,HRB400E,HRB500E 五种牌号;细晶粒热轧带肋钢筋指通过控冷控轧的方法,使钢筋组织晶粒细化,可提高强度,降低脆性。后缀有 E 的表示抗震钢筋。热轧钢筋的品种规格及应用见表 3.5。

表 3.5   热轧钢筋的品种规格及应用表

类别	牌号	屈服强度/MPa	公称直径/mm	应用范围
热轧光圆钢筋	HPB300	300	6~22	用于一般钢筋混凝土的受力筋、分布筋、箍筋,构造柱、圈梁及次要构件的构造钢筋等
普通热轧带肋钢筋	HRB400	400	6~50	HRB400 用于常规的钢筋混凝土结构,HRB500 多应用于受荷载较大且由承载力控制截面配筋的纵向受力钢筋,HRB600 主要用于抗震性能荷载要求较高的钢筋混凝土结构
	HRB500	500		
	HRB600	600		
	HRB400E	400		
	HRB500E	500		
细晶粒热轧带肋钢筋	HRBF400	400	6~50	结构构件中的受力钢筋的变形性能直接影响结构在地震力作用下的延性,对考虑地震作用的主要结构构件的纵向受力钢筋可采用细晶粒热轧钢筋
	HRBF500	500		
	HRBF400E	400		
	HRBF500E	500		

2)冷加工钢筋

在常温下,对钢筋进行冷拉或冷拔,可提高钢筋的屈服点,从而提高钢筋的强度,达到节省钢材的目的。钢筋经过冷加工后,在工程上可节省钢材。

钢筋冷拔就是把 HPB300 级光面钢筋在常温下强力拉拔,使其通过特制的钨合金拔丝模孔,使钢筋变细,产生较大塑性变形,提高强度。钢筋冷拔工艺比较复杂,钢筋冷拔并非一次拔成,而要反复多次,只有在加工厂才对钢筋进行冷拔。

3）热处理钢筋

热处理钢筋是指用热轧中碳低合金钢钢筋经淬火、回火调质处理工艺处理而成的钢筋。热处理钢筋强度高,用材省,锚固性好,预应力稳定,主要用作预应力钢筋混凝土轨枕,也可以用于预应力钢筋混凝土板、吊车梁等构件。

(2)钢筋的验收

钢筋进场后,应经检查验收合格后才能使用,未经检查验收或检查验收不合格的钢筋严禁在工程中使用。

1）钢筋进场检查验收

①应检查钢筋的质量证明文件。钢筋出厂时,应在每捆(盘)上都挂有两个标牌(注明生产厂、生产日期、钢号、炉罐号、钢筋级别、直径等标记),并附有质量证明文件。

②应按国家现行有关标准的规定抽取试件作屈服强度、抗拉强度、伸长率、弯曲性能和质量偏差检验,检验结果应符合相关标准的规定。

a.力学性能试验:从每批钢筋中任选两根钢筋,每根钢筋取两个试样分别进行拉伸试验(包括屈服点、抗拉强度和伸长率)和冷弯试验。如有一项试验结果不符合要求,则从同一批中另取双倍数量的试样重做各项试验。如仍有一个试样不合格,则该批钢筋为不合格品。

b.单位长度质量:钢筋可按实际质量或理论质量交货。当钢筋按实际质量交货时,应随机从不同钢筋上截取,数量不少于5根(每支试样的长度不小于500 mm)。钢筋称重实际质量与理论质量的允许偏差应符合表3.6的规定。

表3.6　钢筋实际质量与理论质量的允许偏差

公称直径/mm	实际质量与公称质量的偏差/%
6～12	±7
14～20	±5
22～50	±4

钢筋实际质量与公称质量的偏差(％)可计算为:

$$质量偏差 = \frac{试样实际质量 - 试样总长度 \times 公称质量}{试样总长度 \times 公称质量} \times 100\%$$

③经产品认证符合要求的钢筋,其检验批量可扩大一倍。在同一工程中,同一厂家、同一牌号、同一规格的钢筋连续3次进场检查均一次检验合格,其后的检验批量可扩大一倍。

④钢筋的外观质量检查

钢筋应不得有裂纹、结疤和折叠等有害的表面缺陷;钢筋锈皮、表面不平整或氧化铁皮等只要经钢丝刷刷过的试样的质量、尺寸、横截面积和拉伸性能不低于有关标准的要求,则认为这些缺陷是无害,否则认为这些缺陷是有害的。

⑤当无法准确判断钢筋品种、牌号时,应增加化学成分、晶粒度等检验项目。

2）有抗震设防要求结构的纵向受力钢筋

有抗震设防要求的结构,其纵向受力钢筋的性能应满足设计要求;当设计无具体要求时,对按一、二、三级抗震等级设计的框架和斜撑构件(含梯段)中的纵向受力钢筋应采用HRB400E,HRB500E、HRBF400E 或 HRBF500E 钢筋,其强度和最大力总延伸率的实测值应符合下列规定：

①钢筋的抗拉强度实测值与屈服强度实测值的比值不应小于1.25。

②钢筋的屈服强度实测值与屈服强度标准值的比值不应大于1.30。

③钢筋的最大力总延伸率不应小于9%。

钢筋在运输、存放过程中，不得损坏包装和标志，并应按牌号、规格、炉批分别堆放，检查验收合格的钢筋应作标志。检查验收不合格的钢筋应及时运离施工现场，杜绝未经验收或验收不合格的钢筋在工程中使用。施工过程中应采取防止钢筋混淆、锈蚀或损伤的措施。

施工中发现钢筋脆断、焊接性能不良或力学性能显著不正常等现象时，应停止使用该批钢筋，并对该批钢筋进行化学成分检验或其他专项检验。

钢筋出厂应附有出厂合格证明书或技术性能及试验报告证书。

钢筋运至现场在使用前，需要经过加工处理。钢筋的加工处理主要工序有冷拉、冷拔、除锈、调直、下料、剪切、绑扎及焊（连）接等多道工序加工。

3.2.2 钢筋加工

钢筋加工包括调直、除锈、下料剪切、接长、弯曲成型等。

(1)钢筋的调直

钢筋调直（除了规定的弯曲外，其直线段不允许有弯曲现象），一是为了保证钢筋在构件中的正常受力；二是有利于钢筋准确下料和钢筋成型的形状。

钢筋调直宜采用机械方法，也可采用冷拉法。当采用冷拉法调直钢筋时，HPB300级钢筋的冷拉率不宜大于4%。HRB400,HRB500,HRBF335,HRBF400,HRBF500及RRB400带肋钢筋的冷拉率不宜大于1%。

钢筋调直后，应检查力学性能和单位长度质量偏差。采用无延伸功能机械设备调直的钢筋，可不进行本项检查。

(2)钢筋的除锈

①钢筋的表面应洁净。油渍、漆污和用锤敲击时能剥落的浮皮、铁锈等应在使用前清除干净。在焊接前，焊点处的水锈应清除干净。钢筋除锈可采用机械除锈和手工除锈两种方法：

a.机械除锈可采用钢筋除锈机或钢筋冷拉、调直过程除锈。

b.手工除锈可采用钢丝刷、砂盘、喷砂等除锈或酸洗除锈。

②对有起层锈片的钢筋，应先用小锤敲击，使锈片剥落干净，再用砂盘或除锈机除锈；对于因麻坑、斑点以及锈皮去层而使钢筋截面损伤的钢筋，使用前应鉴定是否降级使用或另作其他处置。

(3)钢筋的下料切断

钢筋下料切断是保证钢筋成型的形状、几何尺寸准确的关键性环节。钢筋在下料切断前应进行钢筋的下料长度计算。钢筋的下料切断应按钢筋配料单的计算长度进行切断。

钢筋剪切可采用钢筋切断机（剪切直径40 mm内的钢筋）、手动液压切断机（剪切直径16 mm内的钢筋）等。直径大于40 mm的钢筋需用氧气乙炔火焰或电弧割切。

(4)钢筋的弯曲成型

钢筋弯曲成型是保证钢筋成型的形状、几何尺寸准确的决定性环节。钢筋弯曲成型必须符合相关技术规范和设计要求,确保钢筋成型质量。

1)钢筋弯折的弯弧内直径应符合的规定

①光圆钢筋,不应小于钢筋直径的2.5倍。

②400 MPa级带肋钢筋,不应小于钢筋直径的4倍。

③500 MPa级带肋钢筋,当直径为28 mm以下时不应小于钢筋直径的6倍;当直径为28 mm及以上时不应小于钢筋直径的7倍。

④位于框架结构顶层端节点处的梁上部纵向钢筋和柱外侧纵向钢筋,在节点角部弯折处,当钢筋直径为28 mm以下时不宜小于钢筋直径的12倍;当钢筋直径为28 mm及以上时,不宜小于钢筋直径的16倍。

⑤箍筋弯折处尚不应小于纵向受力钢筋直径;箍筋弯折处纵向受力钢筋为搭接钢筋或并筋时,应按钢筋实际排布情况确定箍筋弯弧内直径。

2)纵向受力钢筋末端弯折后的平直段

纵向受力钢筋末端弯折后的平直段应符合设计要求和现行国家标准《混凝土结构设计规范》(GB 50010—2010)的有关规定。光圆钢筋末端做180°弯钩时,钢筋弯折的弯弧内直径不应小于钢筋直径的2.5倍,弯钩的弯折后平直长度不应小于钢筋直径的3倍,如图3.16(a)所示。

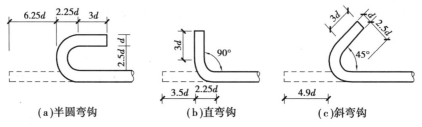

图3.16　钢筋弯钩计算简图

3)箍筋、拉筋的末端应按设计要求做弯钩

除焊接封闭环式箍筋外,箍筋的末端应做弯钩。弯钩形式应符合设计要求,当设计无具体要求时,应符合下列规定:

①对一般结构构件,箍筋弯钩的弯折角度不应小于90°,弯折后平直部分长度不应小于箍筋直径的5倍;对有抗震设防要求或设计有专门要求的结构构件,箍筋弯钩的弯折角度不应小于135°,弯折后平直部分长度不应小于箍筋直径的10倍和75 mm的较大值,如图3.17所示。

②圆形箍筋的搭接长度不应小于钢筋的锚固长度,且两末端均应做不小于135°弯钩,弯折后平直部分长度对一般结构构件不应小于箍筋直径的5倍,对有抗震设防要求的结构构件不应小于箍筋直径的10倍和75 mm的较大值,如图3.18所示。

③拉筋用作梁、柱复合箍筋单支箍筋或梁腰筋间拉结筋时,两端弯钩的弯折角度均不应小于135°,弯折后平直部分长度对一般结构构件不应小于箍筋直径的5倍;对有抗震设防要求或设计有专门要求的结构构件不应小于箍筋直径的10倍和75 mm的较大值。

拉筋用作剪力墙、楼板等构件中的拉结筋时,两端弯钩可采用一端90°另一端135°。弯折后平直部分长度不应小于箍筋直径的5倍,如图3.19所示。

4)弯曲成型工艺

钢筋弯曲成型宜采用弯曲机进行。钢筋弯曲应按弯曲设备的特点进行画线。

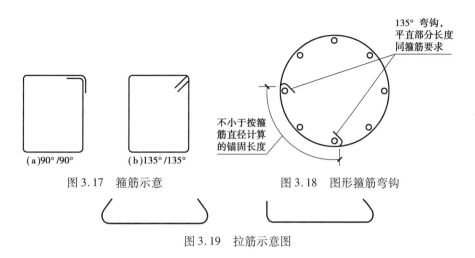

图 3.17　箍筋示意　　　　　图 3.18　图形箍筋弯钩

图 3.19　拉筋示意图

3.2.3　钢筋的连接

钢筋接头宜设置在受力较小处;有抗震设防要求的结构中,梁端、柱端箍筋加密区范围内不宜设置钢筋接头,且不应进行钢筋搭接。同一纵向受力钢筋不宜设置两个或两个以上接头。接头末端至钢筋弯起点的距离,不应小于钢筋直径的 10 倍。钢筋连接方法有绑扎连接、焊接连接和机械连接。

(1)绑扎连接

钢筋绑扎连接工艺简单、工效高,不需要连接设备。但当钢筋较粗时,相应地需增加接头钢筋长度,浪费钢材,且绑扎接头的刚度不如焊接接头。当纵向受力钢筋采用绑扎搭接接头时,接头的设置应符合下列规定:

①同一构件内的接头宜分批错开;各接头的横向净间距 s 不应小于钢筋直径,且不应小于 25 mm。

②接头连接区段的长度为 1.3 倍搭接长度,凡接头中点位于该连接区段长度内的接头均应属于同一连接区段;搭接长度可取相互连接两根钢筋中较小直径计算。

③同一连接区段内,纵向受拉钢筋接头面积百分率为该区段内有接头的纵向受拉钢筋截面面积与全部纵向受力钢筋截面面积的比值(图 3.20);纵向受拉钢筋的接头面积百分率应符合下列规定:

a. 梁类、板类及墙类构件,不宜超过 25%;基础筏板,不宜超过 50%。

b. 柱类构件,不宜超过 50%。

c. 当工程中确有必要增大接头面积百分率时,对梁类构件,不应大于 50%;对其他构件,可根据实际情况适当放宽。

(2)焊接连接

采用焊接代替绑扎,可节约钢材,改善结构受力性能,提高工效,降低成本。但钢筋的焊接应符合《钢筋焊接及验收规程》(JGJ 18—2012)的各项规定。钢筋常用焊接方法有闪光对焊、电弧焊、电渣压力焊、电阻点焊等。

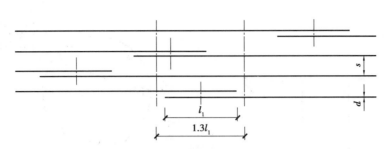

图 3.20　钢筋绑扎搭接接头连接区段及接头面积百分率

注:图中所示搭接接头同一连接区段内的搭接钢筋为两根,当各钢筋直径相同时,接头面积百分率为50%。

1)闪光对焊

闪光对焊广泛用于钢筋接长及预应力钢筋与螺丝端杆的焊接。钢筋闪光对焊的原理是利用对焊机使两段钢筋接触,通过低电压的强电流,待钢筋被加热到一定温度变软后,进行轴向加压顶锻,形成对焊接头,如图3.21所示。

①闪光对焊工艺。

闪光对焊工艺根据钢筋品种和直径不同,可有不同的工艺。钢筋直径较小,可采用连续闪光焊。钢筋直径较大,且端面比较平整,宜采用预热闪光焊。钢筋直径较大,且端面不够平整,宜采用闪光—预热—闪光焊。

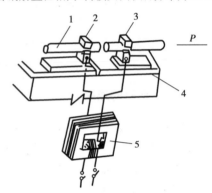

图 3.21　钢筋闪光对焊原理图
1—钢筋;2—固定电极;3—可动电极;
4—机座;5—焊接变压器

a.连续闪光焊。

连续闪光焊的工艺过程包括连续闪光和顶锻过程[图3.22(a)]。施焊时,先闭合一次电路,使两根钢筋端面轻微接触,此时端面的间隙中即喷射出火花般熔化的金属微粒——闪光,接着慢慢移动钢筋使两端面仍保持轻微接触,形成连续闪光。当闪光到预定的长度,使钢筋端头加热到将近熔点时,就以一定的压力迅速进行顶锻。先带电顶锻,再无电顶锻到一定长度,焊接接头即告完成。

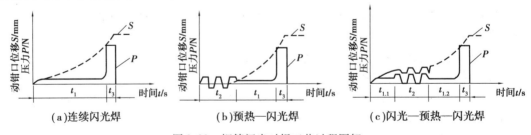

（a）连续闪光焊　　　　　（b）预热—闪光焊　　　　　（c）闪光—预热—闪光焊

图 3.22　钢筋闪光对焊工艺过程图解

b.预热—闪光焊。

预热—闪光焊是在连续闪光焊前增加一次预热过程,以扩大焊接热影响区。其工艺过程包括预热、闪光和顶锻过程[图3.22(b)]。施焊时先闭合电源,然后使两根钢筋端面交替地接触和分开,这时钢筋端面的间隙中即发出断续的闪光而形成预热过程。当钢筋达到预热温度后进入闪光阶段,随后顶锻而成。

c.闪光—预热—闪光焊。

闪光—预热—闪光焊是在预热闪光焊前加一次闪光过程,目的是使不平整的钢筋端面烧化平整,使预热均匀。其工艺过程包括一次闪光、预热、二次闪光及顶锻过程[图3.22(c)]。施焊时首先连续闪光,使钢筋端部闪平,然后同预热闪光焊。

②闪光对焊的工艺参数。

闪光对焊的工艺参数包括调伸长度、闪光留量、顶锻留量(图3.23)、闪光速度、顶锻速度、顶锻压力、变压器级数等。这些工艺参数的取定,取决于钢筋的品种和直径的大小。

③对焊接头质量。

闪光对焊接头的质量检验,应分批进行外观检查和力学性能试验。

外观检查结果应符合下列要求:接头处不得有横向裂纹;与电极接触处的钢筋表面不得有明显烧伤;接头处的弯折角不得大于3°;接头处的轴线偏移,不得大于钢筋直径的0.1倍,且不大于2 mm。

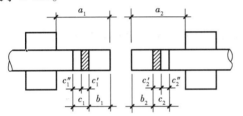

图3.23 调伸长度、闪光留量及顶锻留量
a_1,a_2——左、右钢筋调伸长度;b_1,
b_2——闪光留量;c_1,c_2——顶锻留量;
c_1',c_2'——有电顶锻留量;
c_1'',c_2''——无电顶锻留量

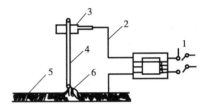

图3.24 电弧焊示意图
1—变压器;2—导线;3—焊钳;
4—焊条;5—焊件;6—电弧

力学性能试验应符合规范相关要求。根据相关规定,在非固定的专业预制厂(场)或钢筋加工厂(场)内,对直径大于或等于22 mm的钢筋进行连接作业时,不得使用钢筋闪光对焊工艺,可用套筒冷挤压连接、滚压直螺纹套筒连接等机械连接工艺替代。

2)电弧焊

电弧焊是利用弧焊机使焊条与焊件之间产生高温电弧,熔化焊条和金属,金属冷却后形成焊缝,如图3.24所示。电弧焊广泛用于钢筋接头、钢筋骨架焊接、装配式结构接头焊接、钢筋与钢板的焊接及各种钢结构的焊接。

弧焊机有交流和直流两种,工地常采用交流弧焊机。焊接用焊条和焊丝,其型号应根据设计确定。若设计无规定时,可按表3.7选用。

表3.7 钢筋电弧焊焊接材料匹配推荐表

钢筋牌号	搭接焊 帮条焊	坡口焊 熔槽帮条焊 预埋件穿孔塞焊	窄间隙焊	钢筋与钢板搭接焊 预埋件T形角焊
HPB300	GB/T 5117:E43XX GB/T 8110:ER49、50-X	GB/T 5117:E43XX GB/T 8110: ER49、50-X	GB/T 5117:E43XXX GB/T 8110: ER49、50-X	GB/T 5117:E43XX GB/T 8110: ER49、50-X

续表

钢筋牌号	搭接焊 帮条焊	坡口焊 熔槽帮条焊 预埋件穿孔塞焊	窄间隙焊	钢筋与钢板搭接焊 预埋件 T 形角焊
HRB400 HRBF400	GB/T 5117：E50XX GB/T 5118：E50XX-X GB/T 8110：ER50-X	GB/T 5118：E55XX-X GB/T 8110：ER50、55-X	GB/T 5118：E5515、16-X GB/T 8110：ER50、55-X	GB/T 5117：E50XX GB/T 5118：E50XX-X GB/T 8110：ER50-X
HRB500 HRBF500	GB/T 5118：E55、60XX-X GB/T 8110：ER55-X	GB/T 5118： E60XX-X	GB/T 5118： E6015、16-X	GB/T 5118： E55、60XX-X GB/T 8110：ER55-X

钢筋电弧焊常用接头形式有搭接焊、帮条焊、坡口焊等。

①搭接焊。

搭接焊适用于 HPB300,HRB400,HRBF400,HRB500,HRBF500 钢筋的焊接。其接头形式如图 3.25 所示,可分为双面焊缝和单面焊缝两种。

图 3.25 搭接焊

②帮条焊。

帮条焊适用于 HPB300,HRB400,HRBF400,HRB500,HRBF500 钢筋的焊接。其接头形式如图 3.26 所示,分为单面焊接和双面焊接两种。

③坡口焊。

坡口焊耗钢材少、热影响区小,适用于现场焊接装配式结构中直径 18 ~ 40 mm 的 HPB300,HRB400,HRBF400,HRB500,HRBF500 钢筋。坡口焊接头如图 3.27 所示,分为平焊和立焊两种形式。

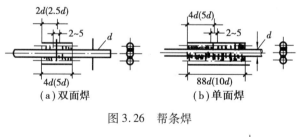

图 3.26 帮条焊

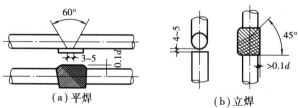

图 3.27 坡口焊

电弧焊接头外观检查结果应符合下列要求:焊缝表面应平整,不得有凹陷或焊瘤;焊接接头区域不得有肉眼可见的裂纹;坡口焊、熔槽帮条焊和窄间隙焊接头的焊缝余高应为 2~4 mm;咬边深度、气孔、夹渣等缺陷允许值及接头尺寸的允许偏差不超过规范规定,抗拉强度不低于该级别钢筋的规定抗拉强度值,且 3 个试件至少有两个呈塑性破坏。

3)电阻点焊

点焊用于交叉钢筋的焊接,如图 3.28 所示。焊接时,将钢筋的交叉点置于点焊机的两电极间,通电将钢筋交叉点加热到一定温度后,加压使焊点焊合。钢筋网或骨架用点焊代替绑扎能更高地锚固,可提高构件的抗裂性。

常用的点焊机有单点点焊机和多点点焊机。单点点焊机适用于焊接较粗的钢筋,多点点焊机适用于焊接钢筋网。

电阻点焊用于焊接钢筋网片或骨架,适用于直径为 6~16 mm 的 HPB300,HRB400,HRBF400 钢筋及直径为 5~12 mm 的 CRB550 钢筋。为了保证点焊的质量,应正确选择点焊参数。点焊主要参数有电流强度、通电时间、电极压力等。电阻点焊应根据钢筋牌号、直径及焊机性能等具体情况,选择合适的变压器级数、焊接通电时间和电极压力。

4)电渣压力焊

电渣压力焊是利用电流通过渣池产生的电阻热将钢筋端部熔化,然后施加压力使钢筋焊合的焊接方法,主要用于现浇结构中直径为 12~32 mm 的 HPB300,HRB400,HRBF400,HRB500,HRBF500 钢筋的竖向或斜向(倾斜度在 4:1 范围内)钢筋的连接。这种焊接方法操作简单、工作条件好、工作效率高、施工成本低,比电弧焊节电 80% 以上,比绑扎连接和帮条焊、搭接焊节约钢筋 30%,提高工效 6~10 倍。

电渣压力焊所用电源,宜采用 BX2-1000 型焊接变压器。焊接时,用电极钳 3、4 将上下钢筋夹紧,并在焊盒内装满焊药,如图 3.29 所示。

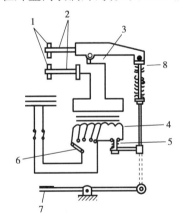

图 3.28　点焊机工作示意图
1—电极;2—电极臂;3—变压器的次级线圈;
4—变压器的初级线圈;5—断路器;
6—变压器调节级数开关;
7—踏板;8—压紧机构

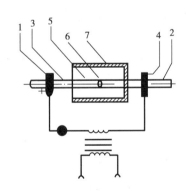

图 3.29　钢筋电渣焊示意图
1,2—钢筋;3—活动电钳;4—固定电钳;
5—焊剂盒;6—导电剂;7—焊剂

①电渣压力焊的工艺。
电渣压力焊的工艺过程包括引弧、电弧、电渣和顶压过程。

a. 引弧过程:宜采用铁丝圈引弧法,也可采用直接引弧法。

铁丝圈引弧法是将铁丝圈放在上、下钢筋端头之间,高约 10 mm,电流通过铁丝圈与上、下钢筋端面的接触点形成短路引弧。

直接引弧法是在通电后迅速将上钢筋提起,使两端头之间的距离为 2 ~ 4 mm 引弧。当钢筋端头夹杂不导电物质或过于平滑造成引弧困难时,可以多次把上钢筋移下与下钢筋短接后再提起,达到引弧目的。

b. 电弧过程:靠电弧的高温作用,将钢筋端头的凸出部分不断烧化,同时将接口周围的焊剂充分熔化,形成一定深度的渣池。

c. 电渣过程:渣池形成一定深度后,将上钢筋缓缓插入渣池中,此时电弧熄灭,进入电渣过程。电流直接通过渣池,产生大量的电阻热,使渣池温度升到近 2 000 ℃,将钢筋端头迅速而均匀熔化。

d. 顶压过程:当钢筋端头达到全截面熔化时,迅速将上钢筋向下顶压,将熔化的金属、熔渣及氧化物等杂质全部挤出结合面,同时切断电源,焊接即告结束。

②质量检验。

电渣压力焊接头外观检查应符合以下规定:四周焊包凸出钢筋表面的高度,当钢筋直径为 25 mm 及以下时,不得小于 4 mm;当钢筋直径为 28 mm 及以上时,不得小于 6 mm;钢筋与电极接触处,应无烧伤缺陷;接头处的弯折角度不得大于 3°;接头处的轴线偏移不得大于钢筋直径的 0.1 倍,且不得大于 2 mm。力学性能检验应符合规范相关要求。

根据相关规定,电渣压力焊对焊接直径大于 22 mm 的钢筋将被限制使用。

(3)机械连接

钢筋机械连接是指通过钢筋与连接件的机械咬合作用或钢筋端面的承压作用,将一根钢筋中的力传递至另一根钢筋的连接方法。

钢筋机械连接的优点很多,包括设备简单、操作技术易于掌控、施工速度快;接头性能可靠,节约钢筋,适用于钢筋在任何位置与方向(竖向、横向、环向及斜向等)的连接;施工不受气候条件影响,尤其在易燃、易爆、高空等施工条件下作业安全可靠。虽然机械连接的成本较高,但其综合经济效益与技术效果显著,目前已在现浇大跨结构、高层建筑、桥梁、水工结构等工程中广泛用于粗钢筋的连接。钢筋机械连接接头的类型主要有套筒挤压连接和螺纹套筒连接。

1)套筒挤压连接

钢筋套筒挤压连接的基本原理是将两根待连接的钢筋插入钢套筒内,采用专用液压压接钳侧向或轴向挤压套筒,使套筒产生塑性变形,套筒的内壁变形后嵌入钢筋螺纹中,从而产生抗剪能力来传递钢筋连接处的轴向力。挤压连接有径向挤压和轴向挤压两种,如图 3.30 所示。

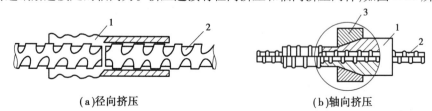

(a)径向挤压 　　　　　　　　　　　(b)轴向挤压

图 3.30　套筒挤压连接

1—钢套筒;2—肋纹钢筋;3—压膜

它适用于连接ϕ20~40 mm 的 HRB400 级钢筋。当所用套筒的外径相同时,连接钢筋的直径相差不宜大于两个级差,钢筋间操作净距宜大于 50 mm。

钢筋接头处宜采用砂轮切割机断料;钢筋端部的扭曲、弯折、斜面等应予以校正或切除;钢筋连接部位的飞边或纵肋过高时,应采用砂轮机修磨,以保证钢筋能自由穿入套筒内。

①径向挤压连接:挤压接头的压接一般分两次进行,第一次先压接半个接头,然后在钢筋连接的作业部位再压接另半个接头。第一次压接时,靠套筒空腔的部位宜少压一扣,空腔部位应采用塑料护套保护;第二次压接前拆除塑料护套,再插入钢筋进行挤压连接。挤压连接的基本参数见表3.8。

表 3.8　挤压连接的基本参数(采用 1/J650 和 1/J800 型挤压机)

钢筋直径/mm	钢套筒外径×长度	挤压力/kN	每端压接道数
25	43 mm×175 mm	500	3
28	49 mm×196 mm	600	4
32	54 mm×224 mm	650	5
36	60 mm×252 mm	750	6

②轴向挤压连接:先用半挤压机进行钢筋半接头挤压,再在钢筋连接的作业部位用挤压机进行钢筋连接挤压。

2)螺纹套筒连接

钢筋螺纹套筒连接包括锥螺纹套筒连接和直螺纹套筒连接,它利用螺纹能承受轴向力与水平力、密封自锁性较好的原理,靠规定的机械力把钢筋连接在一起。

①锥螺纹套筒连接。

锥螺纹套筒连接的工艺是先用钢筋套丝机把钢筋的连接端加工成锥螺纹,然后通过锥螺纹套筒,用扭力扳手把两根钢筋与套筒拧紧,如图 3.31 所示。这种钢筋接头可用于连接ϕ10~40 mm 的 HRB400 级钢筋,也可用于异直径钢筋的连接。

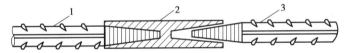

图 3.31　钢筋锥螺纹套筒连接
1—已连接钢筋;2—锥螺纹套筒;3—待连接钢筋

锥螺纹套筒连接钢筋可用钢筋切断机或砂轮锯下料,但不准用气割下料,端头不得挠曲或有马蹄形。钢筋端部采用套丝机套住,套丝时采用冷却液进行冷却润滑。加工好的丝扣完整数要达到标准要求,见表3.9。锥螺纹的牙型应与牙型规吻合,小端直径必须在卡规的允许误差范围内。锥螺纹经检查合格后,一端拧上塑料护帽,另一端旋入连接套筒,用扭力扳手拧紧,并扣上塑料封盖。运输过程中应防止塑料护帽破坏,使丝扣损坏。

表 3.9　钢筋锥螺纹丝扣完整数

钢筋直径/mm	16~18	20~22	25~28	32	36	40
丝扣完整数	5	7	8	10	11	12

钢筋连接时,分别拧下塑料护帽和塑料封盖,将带有连接套筒的钢筋拧到待连接的钢筋上,并用扭力扳手规定的力矩值(表3.10)把接头拧紧。连接完毕的接头要求锥螺纹外露不得超过1个完整丝扣,接头经检验合格后随即用涂料刷在套管上作标记。

表3.10　锥螺纹接头安装时拧紧扭矩值

钢筋直径/mm	≤16	18~20	22~25	28~32	36~40	50
拧紧力矩/(N·m)	100	180	240	300	360	460

②直螺纹套筒连接。

直螺纹套筒连接包括钢筋镦粗直螺纹套筒连接、钢筋滚压直螺纹套筒连接和钢筋剥肋滚压直螺纹连接。钢筋镦粗直螺纹套筒连接是把钢筋端头镦粗后制作的直螺纹和连接件螺纹咬合形成的接头再切削成型,镦头质量较难控制。钢筋滚压直螺纹连接是把带肋钢筋放进滚压机通过滚丝轮滚压成型,螺纹精度稍差,存在虚假螺纹现象。钢筋剥肋滚压直螺纹连接是先将钢筋接头纵、横肋剥切处理,使钢筋滚丝前的柱体直径达到同一尺寸,然后滚压成型。它集剥肋、滚压于一体,成型螺纹精度高,是目前直螺纹套筒连接的主流技术。直螺纹钢筋接头规定的最小拧紧扭矩值见表3.11。

表3.11　直螺纹接头安装时最小拧紧扭矩值

钢筋直径/mm	≤16	18~20	22~25	28~32	36~40	50
拧紧力矩/(N·m)	100	200	260	320	360	460

3.2.4　钢筋的配料与代换

钢筋配料是现场钢筋的深化设计,即根据结构配筋图先绘出各种形状和规格的单根钢筋简图并加以编号,然后分别计算钢筋下料长度和根数,填写配料单。

钢筋下料长度的计算是配料计算中的关键,是钢筋弯曲成型、安装位置准确的保证,同时是钢筋工程计量的主要依据。由于结构受力上的要求,大多数成型钢筋在中间需要弯曲和两端弯成弯钩。

钢筋弯曲时的特点:一是在弯曲处内壁缩短、外壁伸长,而中心线长度不变;二是在弯曲处形成圆弧。而钢筋的度量方法一般是沿直线(弯曲处为折线)量外皮尺寸,如图3.32所示。在配料中不能直接根据图纸中的尺寸下料。

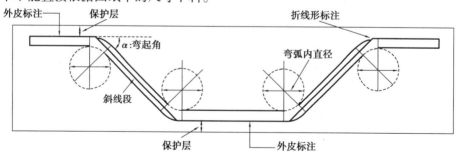

图3.32　钢筋弯曲成型与图示度量的关系

在实际工程计算中,影响下料长度计算的因素很多,如不同部位混凝土保护层厚度有变化;钢筋弯折的角度不同;图纸上钢筋尺寸标注方法的多样化;弯折钢筋的品种、级别、规格、形状、弯心半径的大小以及端部弯钩的形状等。

$$钢筋斜线段标注尺寸 = \frac{构件高度 - 2 \times 保护层}{\sin \alpha}$$

(1)保护层厚度

混凝土保护层是指混凝土结构构件中最外层钢筋的外缘至混凝土构件表面的距离,简称保护层。受力钢筋的保护层厚度不应小于钢筋的公称直径 d,设计使用年限为 50 年的混凝土结构,最外层钢筋的保护层厚度应符合表 3.12 的规定。

表 3.12　混凝土保护层最小厚度/mm

环境类别	板、墙、壳	梁、柱、杆
一	15	20
二 a	20	25
二 b	25	35
三 a	30	40
三 b	40	50

注:1. 混凝土强度等级不大于 C25 时,表中保护层厚度数值应增加 5 mm。

　　2. 钢筋混凝土基础应设置混凝土垫层,其纵向受力钢筋的混凝土保护层厚度应从垫层顶面算起,且不小于 40 mm。

(2)钢筋弯曲量度差和末端弯钩(折)增加值

1)钢筋中间部位弯曲量度差

钢筋弯曲后,其中心线长度并没有变化,而图纸上标注的大多是钢筋的折线外皮尺寸,而外皮尺寸明显大于钢筋的中心线长度,如果按照外包尺寸下料、弯折,就会造成钢筋的浪费,并且给施工带来不便(尺寸偏大致使保护层厚度不够,甚至不能放进模板)。应该根据弯曲后钢筋成品的中心线总长度下料才是正确的加工方法。钢筋在中间部位弯曲外皮标注尺寸和中心线长度之间存在一个差值,这一差值称为"量度差"。

①纵向钢筋弯曲量度差。

量度差的大小与钢筋尺寸标注方法、钢筋直径、弯曲角度、弯心直径等因素有关,如图 3.33 所示。

$$量度差 = 折线标注尺寸 - 中心线长度$$

外包标注与中心线标注时($a < 90°$),钢筋中间部位弯折时,弯曲角度一般为 30°,45°,60°。

A. 当 $D = 2.5d$(光圆钢筋)。

a. $\alpha = 30°$ 时,量度差:

$$(2.5d + 2d)\tan(30°/2) - (d/2)/\sin 30° + (d/2)/\tan 30° - (2.5d + d)\pi \times 30°/360°$$
$$= 1.206d - 1d + 0.866d - 0.916d = 0.16d$$

b. $\alpha = 45°$ 时,量度差:

$$(2.5d + 2d)\tan(45°/2) - (d/2)/\sin 45° + (d/2)/\tan 45° - (2.5d + d)\pi \times 45°/360°$$
$$= 1.864d - 0.707d + 0.5d - 1.374d = 0.28d$$

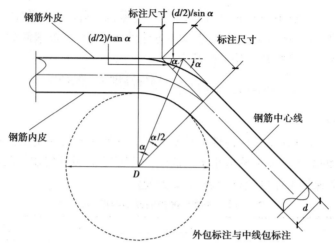

图 3.33　钢筋弯曲量度差

c. $\alpha=60°$时,量度差:

$$(2.5d+2d)\tan(60°/2)-(d/2)/\sin 60°+(d/2)/\tan 60°-(2.5d+d)\pi\times60°/360°$$
$$=2.598d-0.577d+0.289d-1.833d=0.48d$$

B. 当 $D=4d$(带肋钢筋 335 级、400 级)。

a. $\alpha=30°$时,量度差:

$$(4d+2d)\tan(30°/2)-(d/2)/\sin 30°+(d/2)/\tan 30°-(4d+d)\pi\times30°/360°$$
$$=1.608d-1d+0.866d-1.309d=0.17d$$

b. $\alpha=45°$时,量度差:

$$(4d+2d)\tan(45°/2)-(d/2)/\sin 45°+(d/2)/\tan 45°-(4d+d)\pi\times45°/360°$$
$$=2.485d-0.707d+0.5d-1.963d=0.32d$$

c. $\alpha=60°$时,量度差:

$$(4d+2d)\tan(60°/2)-(d/2)/\sin 60°+(d/2)/\tan 60°-(4d+d)\pi\times60°/360°$$
$$=3.464d-0.577d+0.289d-2.618d=0.56d$$

C. 当 $D=6d$(带肋钢筋 500 级)。

a. $\alpha=30°$时,量度差:

$$(6d+2d)\tan(30°/2)-(d/2)/\sin 30°+(d/2)/\tan 30°-(6d+d)\pi\times30°/360°$$
$$=2.144d-1d+0.866d-1.833d=0.18d$$

b. $\alpha=45°$时,量度差:

$$(6d+2d)\tan(45°/2)-(d/2)/\sin 45°+(d/2)/\tan 45°-(6d+d)\pi\times45°/360°$$
$$=3.314d-0.707d+0.5d-2.749d=0.36d$$

c. $\alpha=60°$时,量度差:

$$(6d+2d)\tan(60°/2)-(d/2)/\sin 60°+(d/2)/\tan 60°-(6d+d)\pi\times60°/360°$$
$$=4.619d-0.577d+0.289d-3.665d=0.67d$$

常用的纵向受力钢筋为带肋钢筋 400 级。在实际工作中,为了方便计算,钢筋弯曲量度差可按表 3.13 的取值进行计算。

表 3.13 钢筋弯曲量度差取值

钢筋弯曲角度/(″)	30	45	60
钢筋弯曲量度差	0.2d	0.35d	0.6d

注:d 为钢筋直径。

②箍筋弯曲量度差。

钢筋混凝土结构中,柱、梁等构件的箍筋形式及弯曲量度差如图 3.34 所示。

箍筋采用光圆钢筋时弯折的弯弧内直径(同时应大于纵向受力钢筋直径)为 2.5d 时,箍筋中间部位弯曲 90°量度差 $= 2(D/2+d) - (D+d)\pi \times 90°/360° = 1.75d$。

纵向受力钢筋直径大于 2.5d 时,弯折的弯弧内直径 D 按不小于纵向钢筋直径确定;箍筋采用带肋钢筋时,弯折的弯弧内直径 D 应不小于 4d。

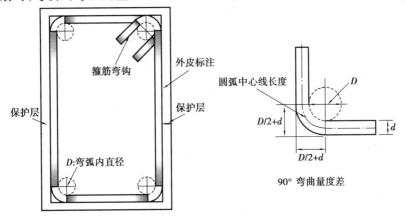

图 3.34 箍筋形式及弯曲量度差示意图

2)钢筋末端弯钩(折)增加值

$$末端弯钩(折)增加值 = 中心线长度 - 标注尺寸 + 平直段长度 \quad (3.3)$$

纵向受力的光圆钢筋末端做 180°弯钩;箍筋、拉结筋末端按要求做 135°弯钩或 90°弯钩;纵向受力带肋钢筋末端做 90°,135°的弯折锚固。

①光圆钢筋 180°弯钩长度增加值,如图 3.35 所示。

光圆钢筋弯心直径为 2.5d,平直部分取 3d 时,则

180°弯钩长度增加值 $= 3d + (D+d) \times \pi \times 180°/360° - (D/2+d) = 6.25d$

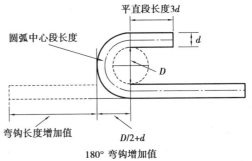

图 3.35 180°弯钩长度增加值

②钢筋末端 135°(90°)弯钩(折)长度增加值(图 3.36)。

A. 箍筋(拉结筋)末端 135°(90°)弯钩长度增加值。

采用光圆钢筋弯折的弯弧内直径(同时应大于纵向受力钢筋直径)为 2.5d,平直部分取 5d 时(有抗震要求时,取 10d 和 75 mm 的较大值),则

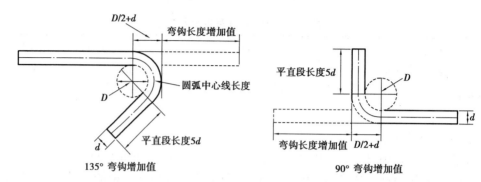

图 3.36　135°、90°末端长度增加值

a.135°弯钩长度增加值＝中心线长－标注尺寸＋平直段长度＝$(D+d)×π×135°／360°$－$(D/2+d)+5d$（$10d$ 或 75 mm 的较大值）＝$6.9d$（$11.9d$ 或 $1.9d+75$ mm 的较大值）

b.90°弯钩长度增加值＝$(D+d)×π×90°/360°$－$(D/2+d)+5d$（$10d$ 或 75 mm 的较大值）＝$5.5d$（$10.5d$ 或 $0.5d+75$ mm 的较大值）

纵向受力钢筋直径大于 $2.5d$ 时,弯折的弯弧内直径 D 按不小于纵向钢筋直径确定;箍筋、拉结筋采用带肋钢筋时,弯折的弯弧内直径 D 应不小于 $4d$。

B.纵向钢筋末端 135°（90°）弯折锚固长度增加值。

纵向钢筋末端做 90°的弯折锚固时,平直段为 $12d$;作 135°的弯折锚固时,平直段为 $5d$。带肋钢筋弯折的弯弧内直径 D 取 $4d$,则

a.135°弯折锚固长度增加值＝$5d+(D+d)×π×135°/360°$－$(D/2+d)＝7.9d$

b.90°弯折锚固长度增加值＝$12d+(D+d)×π×90°/360°$－$(D/2+d)＝12.9d$

(3)钢筋下料长度计算

钢筋下料长度 ＝ $\sum$ 简图标注尺寸 － $\sum$ 弯曲量度差 ＋ $\sum$ 末端弯钩(折) 增加值

$$(3.4)$$

1)纵向钢筋下料长度

直钢筋下料长度 ＝ 构件长度 － 保护层厚度 ＋ 弯钩增加长度

或

直钢筋下料长度 ＝ 简图标注尺寸 ＋ 弯钩增加长度

弯起钢筋下料长度 ＝ 直段长度 ＋ 斜段长度 － 弯曲量度差 ＋ 弯钩增加值

2)箍筋下料长度计算

箍筋下料长度 ＝ $2 × [(H－2×保护层)+(B－2×保护层)]$ － 弯曲量度差 ＋ 弯钩增加值

箍筋采用光圆钢筋时,弯弧内直径为 $2.5d$,单个 90°弯曲量度差为 $1.75d$,单个 135°末端弯钩增加值为 $6.9d$（有抗震要求时为 $11.9d$ 或 $1.9d+75$ mm 的较大值）,则

单根箍筋的下料长度 ＝ 构件周长 － 8 × 保护层 － $3 × 1.75d$ ＋ $2 × 6.9d$
＝ 构件周长 － 8 × 保护层 ＋ $2 × 8.55d$

有抗震要求时:

单根箍筋的下料长度 ＝ 构件周长 － 8 × 保护层 － $3 × 1.75d$ ＋ $2 × \max\{11.9d,(1.9d+75\text{ mm})\}$
＝ 构件周长 － 8 × 保护层 ＋ $\max\{18.55d,(-1.45d+2×75\text{ mm})\}$

(4)钢筋工程的计量

钢筋工程的工程量以理论质量计算。按不同品种、不同规格以设计长度乘以相应的单位

长度理论质量。

单根钢筋理论质量 = 单根钢筋设计长度(下料长度) × 相应规格的单位长度质量

$$钢筋单位理论质量 = 0.006\ 17 \times d^2 \tag{3.5}$$

钢筋的计算截面面积及理论质量见表 3.14。

表 3.14 钢筋的计算截面面积及理论质量

公称直径 /mm	不同根数钢筋的计算截面面积/mm²									单根钢筋理论质量 /(kg·m⁻¹)
	1	2	3	4	5	6	7	8	9	
6	28.3	57	85	113	142	170	198	226	255	0.222
6.5	33.2	66	100	133	166	199	232	265	299	0.260
8	50.3	101	151	201	252	302	352	402	453	0.395
10	78.5	157	236	314	393	471	550	628	707	0.617
12	113.1	226	339	452	565	678	791	904	1 017	0.888
14	153.9	308	461	615	769	923	1 077	1 231	1 385	1.21
16	201.1	402	603	804	1 005	1 206	1 407	1 608	1 809	1.58
18	254.5	509	763	1 017	1 272	1 527	1 781	2 036	2 290	2.00
20	314.2	628	942	1 256	1 570	1 884	2 199	2 513	2 827	2.47
22	380.1	760	1 140	1 520	1 900	2 281	2 661	3 041	3 421	2.98
25	490.9	982	1 473	1 964	2 454	2 945	3 436	3 927	4 418	3.85
28	615.8	1 232	1 847	2 463	3 079	3 695	4 310	4 926	5 542	4.83
32	804.2	1 609	2 413	3 217	4 021	4 826	5 630	6 434	7 238	6.31
36	1 017.9	2 036	3 054	4 072	5 089	6 107	7 125	8 143	9 161	7.99
40	1 256.6	2 513	3 770	5 027	6 283	7 540	8 796	10 053	11 310	9.87
50	1 964	3 928	5 892	7 856	9 820	11 784	13 748	15 712	17 676	15.42

(5)钢筋代换

在施工过程中,钢筋的品种、级别或规格必须按设计要求采用,但往往会出现钢筋供应不及时,其品种、级别或规格不能满足设计要求的情况,此时为确保施工质量和进度,常需对钢筋进行变更代换。

1)等强度代换

当结构构件受强度控制时,钢筋可按强度相等的原则代换。计算方法如下:

$$n_2 \geqslant n_1 d_1^2 f_{y1} / d_2^2 f_{y2} \tag{3.6}$$

式中 d_1, n_1, f_{y1}——原设计钢筋的直径、根数和设计强度;

d_2, n_2, f_{y2}——拟代换钢筋的直径、根数和设计强度。

2)等面积代换

当构件按最小配筋率配筋时,钢筋可按面积相等的原则代换,即

$$A_{s1} = A_{s2} \tag{3.7}$$

式中 A_{s1}——原设计钢筋的计算面积;

A_{s2}——拟代换钢筋的计算面积。

钢筋代换时,应征得设计单位同意,并应符合下列规定:

①对重要受力构件,如吊车梁、薄腹梁、桁架下弦等,不宜用Ⅰ级光面钢筋代换变形钢筋,以免裂缝开展过大。

②钢筋代换后,应满足混凝土结构设计规范中所规定的钢筋间距、锚固长度、最小钢筋直径、根数等要求。

③当构件受裂缝宽度或挠度控制时,钢筋代换后应进行刚度、裂缝验算。

④梁的纵向受力钢筋与弯起钢筋应分别代换,以保证正截面与斜截面强度。偏心受压构件(如框架柱、有吊车的厂房柱、桁架上弦等)或偏心受拉构件作钢筋代换时,不取整个截面配筋量计算,应按受力面(受拉或受压)分别代换。

⑤有抗震要求的梁、柱和框架,不宜以强度等级较高的钢筋代换原设计中的钢筋。如必须代换时,其代换的钢筋检验所得的实际强度,尚应符合抗震钢筋的要求。

⑥预制构件的吊环,必须采用未经冷拉的Ⅰ级热轧钢筋制作,严禁以其他钢筋代换。

3.2.5 钢筋的安装绑扎

加工完毕的钢筋即可运到施工现场按设计要求的品种、规格、数量、位置、连接方式进行安装、连接和绑扎。钢筋的绑扎一般采用20～22号铁丝或镀锌铁丝进行。

钢筋的安装绑扎应该与模板安装相配合,柱筋的安装一般在柱模板安装前进行。梁的施工顺序正好相反,一般是先安装好梁模,再安装梁筋,当梁高较大时,可先留下一面侧模不安装,待钢筋绑扎完毕,再支余下一面侧模,以方便施工。楼板模板安装好后,即可安装板筋。

(1)钢筋安装绑扎

1)构件交接处的钢筋位置

构件交接处的钢筋位置应符合设计要求。当设计无要求时,应保证主要受力构件和构件中主要受力方向的钢筋位置。框架节点处梁纵向受力钢筋宜放在柱纵向钢筋内侧。当主次梁标高相同时,次梁下部钢筋应放在主梁下部钢筋之上。剪力墙中水平分布钢筋宜放在外侧,并宜在墙端弯折锚固。

2)钢筋的定位

钢筋安装应采用定位件(间隔件)固定钢筋的位置,并宜采用专用定位件。定位件应具有足够的承载力、刚度、稳定性和耐久性。定位件的数量、间距和固定方式应能保证钢筋的位置偏差符合国家现行有关标准的规定。混凝土框架梁、柱保护层内,不宜采用金属定位件。

钢筋定位件主要有专用定位件、水泥砂浆或混凝土制成的垫块、金属马凳、梯子筋等。

3)复合箍筋的安装

复合箍筋是指由多个封闭箍筋或封闭箍筋、单肢箍组成的多肢箍。

采用复合箍筋时,箍筋外围应封闭。梁类构件复合箍筋内部宜选用封闭箍筋,单数肢也可采用拉筋;柱类构件复合箍筋内部可部分采用拉筋。当拉筋设置在复合箍筋内部不对称的一边时,沿纵向受力钢筋方向的相邻复合箍筋应交错布置。

4）钢筋绑扎的要求

钢筋绑扎应符合下列规定：

①钢筋的绑扎搭接接头应在接头中心和两端用铁丝扎牢。

②墙、柱、梁钢筋骨架中各竖向面钢筋网交叉点应全数绑扎；板上部钢筋网的交叉点应全数绑扎，底部钢筋网除边缘部分外可间隔交错扎牢。

③梁、柱的箍筋弯钩及焊接封闭箍筋的焊点应沿纵向受力钢筋方向错开设置。

④构造柱纵向钢筋宜与承重结构同步绑扎。

⑤梁及柱中箍筋、墙中水平分布钢筋、板中钢筋距构件边缘的起始距离宜为50 mm。

（2）钢筋安装质量检查

钢筋安装绑扎完成后，应检查钢筋连接施工质量和检查钢筋的品种、级别、规格、数量和位置。

1）钢筋连接施工的质量检查

钢筋连接施工的质量检查应符合下列规定：

①钢筋焊接和机械连接施工前均应进行工艺试验。机械连接应检查有效的型式检验报告。

②钢筋焊接接头和机械连接接头应全数检查外观质量，搭接连接接头应抽查搭接长度。

③螺纹接头应抽检拧紧扭矩值。

④施工中应检查钢筋接头百分率。

⑤焊接接头、机械连接接头应按有关规定抽取试件做力学性能检验。

2）钢筋安装绑扎质量检查

钢筋安装绑扎完成后，应根据设计要求检查钢筋品种、级别、规格、数量（间距）、位置等，并应符合表3.15的规定。

表3.15　钢筋安装允许偏差和检查方法

项目		允许偏差/mm	检查方法
绑扎钢筋网	长、宽	±10	尺量
	网眼尺寸	±20	尺量连续三挡，取最大偏差值
绑扎钢筋骨架	长	±10	尺量
	宽、高	±5	尺量
纵向受力钢筋	锚固长度	−20	尺量
	间距	±10	尺量两端、中间各一点，取最大偏差值
	排距	±5	
纵向受力钢筋、箍筋的混凝土护层厚度	基础	±10	尺量
	柱、梁	±5	尺量
	板、墙、壳	±3	尺量
绑扎箍筋、横向钢筋间距		±20	尺量连续三挡，取最大偏差值
钢筋弯起点位置		20	尺量

续表

项目		允许偏差/mm	检查方法
预埋件	中心线位置	5	用钢尺检查
	水平高差	+3,0	塞尺量测

注:1. 检查中心线位置时,沿纵、横两个方向量测,并取其中偏差的较大值。

2. 表中梁类、板类构件上部纵向受力钢筋保护层厚度的合格率应达到90%以上,且不得有超过表中数值1.5倍的尺寸偏差。

(3)钢筋工程验收

钢筋工程属隐蔽工程,浇筑混凝土前应组织对钢筋和预埋件进行验收,并做好隐蔽工程记录,相关各方签字确认,以备查证。钢筋隐蔽工程的验收的主要内容如下:

①纵向受力钢筋级别、直径、根数、间距、位置和预埋件的规格、位置、数量是否与设计图相符,要特别注意悬挑结构上部钢筋位置是否正确,浇注混凝土时各种板的负筋是否被踩下。

②钢筋的连接方式、接头位置、接头数量、接头百分率、搭接长度是否符合规定。

③箍筋、横向钢筋的牌号、规格、数量、间距,箍筋弯钩的弯折角度及平直段长度是否符合要求。

④混凝土保护层是否符合要求。

3.3 混凝土工程

混凝土工程包括配料、搅拌、运输、浇筑、振捣和养护等工序。各施工工序对混凝土工程质量都有很大的影响。各种施工工序必须符合《混凝土结构工程施工质量验收规范》(GB 50204—2015)中的各项规定。

3.3.1 混凝土的制备与搅拌

3.3.1.1 混凝土的制备

混凝土的制备,应保证结构设计对混凝土强度等级的要求;应保证施工时对混凝土和易性的要求,并应符合合理使用材料,节约水泥的原则;对有抗冻、抗渗等要求的混凝土,应符合有关的专门规定。

①当设计强度等级小于 C60 时,配制强度应按下式计算:

$$f_{cu,0} \geq f_{cu,k} + 1.645\sigma \qquad (3.8)$$

式中 $f_{cu,0}$——混凝土的配制强度,MPa;

$f_{cu,k}$——设计的混凝土立方体抗压强度标准值,MPa;

σ——施工单位的混凝土强度标准差,MPa。

混凝土强度标准差 σ 的确定:

a. 当具有近期(前 1 个月或 3 个月)的同一品种混凝土的强度资料时,其混凝土强度标准差应按下列公式计算:

$$\sigma = \sqrt{\dfrac{\sum\limits_{i=1}^{n} f_{cu,i}^2 - n m_{f_{cu}}^2}{n-1}} \qquad (3.9)$$

式中 $f_{cu,i}$——第 i 组试件强度值,MPa;

$m_{f_{cu}}$——n 组试件强度的平均值,MPa;

n——试件总组数,n 值不应小于 30。

计算混凝土强度标准差时:对强度等级不高于 C30 的混凝土,计算得到的大于等于 3.0 MPa 时,应按计算结果取值,计算得到的小于 3.0 MPa 时,应取 3.0 MPa;对强度等级高于 C30 且低于 C60 的混凝土,计算得到的大于等于 4.0 MPa 时,应按计算结果取值,计算得到的小于 4.0 MPa 时,应取 4.0 MPa。

b. 当没有近期的同品种混凝土强度资料时,其混凝土强度标准差 σ 可按表 3.16 取用。

表 3.16　混凝土强度标准差 σ 值

混凝土强度等级	<C20	C25 ~ C45	C50 ~ C55
$\sigma/(N \cdot mm^{-2})$	4	5	6

②当设计强度等级大于或等于 C60 时,配制强度应按下式计算:

$$f_{cu,0} \geqslant 1.15 f_{cu,k} \qquad (3.10)$$

3.3.1.2　混凝土的搅拌

混凝土的搅拌就是水泥、粗细骨料、水、外加剂等原材料混合在一起进行均匀拌和的过程。搅拌后的混凝土要求匀质,且达到设计要求的混凝土制备和易性和强度。混凝土搅拌机应符合现行国家标准《混凝土搅拌机》(GB/T 9142—2000)的有关规定。

(1)搅拌机

目前,普遍使用的搅拌机根据其搅拌机理可分为自落式搅拌机(图 3.37)和强制式搅拌机(图 3.38)两大类。混凝土宜采用强制式搅拌机搅拌,并应搅拌均匀。混凝土搅拌机应符

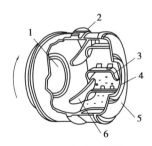

图 3.37　自落式搅拌机

1—进料口;2—大齿轮;3—弧形叶片;

4—卸料口;5—搅拌鼓筒;

6—斜向叶片

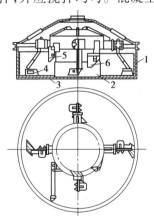

图 3.38　强制式搅拌机

1—外衬板;2—内衬板;3—底衬板;

4—叶片;5—外刮板;6—内刮板

103

合现行国家标准《混凝土搅拌机》(GB/T 9142—2000)的有关规定。

(2)搅拌制度

搅拌制度将直接影响混凝土搅拌质量和搅拌机的效率。所谓搅拌制度是指进料容量、投料顺序和搅拌时间。

1)进料容量

进料容量是指搅拌前各种材料的体积累积起来的容量,又称为干料容量。进料容量约为出料容量的 1.4~1.8 倍(通常取 1.5 倍)。

2)投料顺序

投料顺序是指向搅拌机内装入原材料的顺序。常用一次投料法和二次投料法等。一次投料法是将砂、石、水泥和水一起同时加入搅拌筒中进行搅拌;二次投料法是先向搅拌机内投入水、砂和水泥,待其搅拌约 1 min 后再投入石子继续搅拌到规定时间。目前,采用的装料顺序有一次投料法、二次投料法等。

3)搅拌时间

搅拌时间是指原材料投入搅拌筒开始搅拌起,到卸料开始所经历的时间。一般来说,随着搅拌时间的延长,混凝土的匀质性有所增加,相应地混凝土的强度也有所提高。但时间过长,将导致混凝土出现离析现象。我国相关规范规定不同情况下搅拌混凝土的最短时间见表3.17。

表 3.17　混凝土搅拌的最短时间

混凝土坍落度 /mm	搅拌机类型	搅拌机出料量/L		
		<250	250~500	>500
≤40	强制式	60	90	120
>40 且<100	强制式	60	60	90
≥100	强制式	60		

注:1.混凝土搅拌的最短时间是指全部材料装入搅拌筒中起到开始卸料止的时间。

2.当掺有外加剂与矿物掺合料时,搅拌时间应适当延长。

3.采用自落式搅拌机时,搅拌时间宜延长 30 s。

4.当采用其他形式的搅拌机设备时,搅拌的最短时间可按设备说明书的规定或经试验确定。

(3)混凝土搅拌的质量控制

在拌制工序中,拌制的混凝土拌合物的均匀性应按要求进行检查。要检查混凝土均匀性时,应在搅拌机卸料过程中,从卸料流出的 1/4~3/4 部位采取试样。检测结果应符合下列规定:

①混凝土中砂浆密度,两次测值的相对误差不应大于 0.8%。

②单位体积混凝土中粗骨料含量,两次测值的相对误差不应大于 5%。

③混凝土搅拌的最短时间应符合相应规定。

④混凝土拌合物稠度,应在搅拌地点和浇筑地点分别取样检测,每工作班不少于抽检两次。

⑤根据需要,如果应检查混凝土拌合物其他质量指标时,检测结果应符合国家现行标准《混凝土质量控制标准》(GB 50164—2011)的要求。

3.3.2 混凝土的运输

(1)混凝土运输要求

混凝土自搅拌机中卸料后,应及时运至浇筑地点,为保证混凝土的质量,对混凝土运输的基本要求如下:

第一,混凝土运输过程中要能保持良好的均匀性,不离析、不漏浆。

第二,保证混凝土具有设计配合比所规定的坍落度。

第三,使混凝土在初凝前浇入模板并捣实完毕。

第四,保证混凝土浇筑能连续进行。

(2)混凝土运输工具

混凝土运输分为地面运输、垂直运输和楼面运输3种。

地面运输工具有双轮手推车、机动翻斗车、混凝土搅拌运输车和自卸汽车。当混凝土需要量较大,运距较远或使用商品混凝土时,多采用自卸汽车和混凝土搅拌运输车。混凝土搅拌运输车是将锥形倾翻出料式搅拌机装在载重汽车的底盘上,可以在运送混凝土的途中继续缓慢地搅拌,以防止在运距较远的情况下混凝土产生分层离析现象;在运输距离很长时,可将配合好的混凝土干料装入筒内,在运输途中加水搅拌,这样能减少长途运输而引起的混凝土坍落度损失。

混凝土垂直运输,多采用塔式起重机加料斗、升降设备或混凝土泵等。

(3)运输时间

混凝土应以最少的运转次数和最短的时间,从搅拌地点运至浇筑地点,并在初凝前浇筑完毕。混凝土从运输到输送入模的延续时间不宜超过表3.18的规定。

表 3.18　运输到输送入模的延续时间/min

条件	气温	
	≤25 ℃	>25 ℃
不掺外加剂	90	60
掺外加剂	150	120

3.3.3 混凝土的浇筑与振捣

3.3.3.1 混凝土的浇筑

混凝土浇筑前,应对模板、支架、钢筋和预埋件进行检查,符合设计要求后方能浇筑混凝土,浇筑时应保证混凝土的均匀性、密实性及结构的整体性。重点部位混凝土的浇筑应填写施工记录。

(1)浇筑要求

1)防止离析,保证混凝土的均匀性

浇筑中,当混凝土自由倾落高度较大时,易产生离析现象。若混凝土自由下落高度超过2 m,要沿溜槽或串筒下落。为保证柱墙浇筑过程中不产生离析,规范对柱、墙模板内混凝土倾落高度限值作了规定:当柱、墙模板内粗骨料粒径>25 mm 时,混凝土倾落高度要求≤3 m;

粗骨料粒径≤25 mm 时,混凝土倾落高度要求≤6 m。

2)分层浇筑,分层捣实

混凝土进行分层浇筑时,分层厚度应按规范规定。

3)正确留置施工缝

施工缝是新浇筑混凝土与已凝固或已硬化混凝土的结合面,它是结构的薄弱环节。为保证结构的整体性,混凝土一般应连续浇筑,如因技术或组织上的原因不能连续浇筑,且停歇时间有可能超过混凝土的初凝时间时,则应预先确定在适当的位置留置施工缝。施工缝宜留在剪力较小处且便于施工的部位。柱留水平施工缝,梁、板留竖向施工缝。受力复杂的结构构件或有防水抗渗要求的结构构件,施工缝留设位置应经设计单位认可。

①水平施工缝的留设位置应符合下列规定(图3.39):

柱、墙水平施工缝可留设在基础、楼层结构顶面,柱施工缝与结构上表面的距离宜为 0 ~ 100 mm,墙施工缝与结构上表面的距离宜为 0 ~ 300 mm。柱、墙水平施工缝也可留设在楼层结构底面,施工缝与结构下表面的距离宜为 0 ~ 50 mm。当板下有梁托时,可留设在梁托下 0 ~ 20 mm。

②竖向施工缝留设位置应符合下列规定(图3.40):

a. 有主次梁的楼板施工缝应留设在次梁跨度中间的 1/3 范围内。

b. 单向板施工缝应留设在与跨度方向平行的任何位置。

c. 楼梯梯段施工缝宜设置在梯段板跨度端部的 1/3 范围内。

d. 墙的垂直施工缝宜设置在门洞口过梁跨中 1/3 范围内,也可留设在纵横交接处。

e. 特殊结构部位留设竖向施工缝应征得设计单位同意。

③施工缝处理。

在施工缝处继续浇筑前,为解决新旧混凝土的结合问题,应对已硬化的施工缝表面进行处理。施工缝处的混凝土应细致捣实,使新旧混凝土紧密结合。

a. 结合面应采用粗糙面;结合面应清除浮浆、疏松石子、软弱混凝土层,并应清理干净。

b. 结合面处应采用洒水方法进行充分湿润,并不得有积水。

c. 施工缝处已浇筑混凝土的强度不应小于 1.2 MPa。

d. 柱、墙水平施工缝水泥砂浆接浆层厚度不应大于 30 mm,接浆层水泥砂浆应与混凝土同成分。

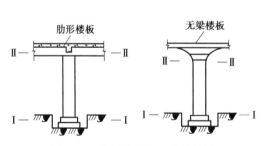

图 3.39　浇筑柱的施工缝位置图
注:Ⅰ—Ⅰ、Ⅱ—Ⅱ表示施工缝位置

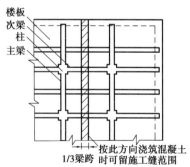

图 3.40　浇筑有主次梁
楼板施工缝位置图

（2）混凝土的浇筑方法

1）多层、高层钢筋混凝土框架结构的浇筑

浇筑这种结构时，首先要在竖向上划分施工层，平面尺寸较大时要在横向上划分施工段。施工层一般按结构层划分（即一个结构层为一个施工层），也可每层竖向结构和横向结构分别浇筑（即每个结构层分两个施工层）。而每一施工层如何划分施工段，则要考虑工序数量、技术要求、结构特点等，尽可能组织分层、分段流水施工。

施工层与施工段确定后，就要求出每班（或每小时）应完成的工程量，据此选择施工机具和设备，并计算其数量。

浇筑柱子时，一个施工段内的每排柱子应由外向内对称地逐根浇筑，不要从一端向另一端推进，以防柱子模板逐渐受推倾斜，造成误差积累导致难以纠正。断面在 400 mm×400 mm 以内，或有交叉箍筋的柱子，应在柱子模板侧面开孔以斜溜槽分段浇筑，每段高度不超过 2 m；断面在 400 mm×400 mm 以上，无交叉箍筋的柱子，如柱高不超过 4.0 m，可从柱顶浇筑，如用轻骨料混凝土从柱顶浇筑，则柱高不得超过 3.5 m。柱子开始浇筑时，底部应先浇筑一层厚 50～100 mm，与此浇筑混凝土内砂浆成分相同的水泥砂浆或水泥浆。浇筑完毕，如柱顶处有较厚的砂浆层，则应加以处理。当梁柱连续浇筑时，在柱子浇筑完毕后，应间隔 1～1.5 h，待混凝土拌和物初步沉实，再浇筑上面的梁板结构。

梁和板一般同时浇筑，从一端开始向前推进。只有当梁高度大于或等于 1 m 时才允许将梁单独浇筑，此时的施工缝宜留在楼板板面下 20～30 mm 处。梁底与梁侧面注意振实，振动器不要直接触及钢筋和预埋件。楼板混凝土的虚铺厚度应略大于板厚，用表面振动器、内部振动器振实，用铁插尺检查混凝土厚度，振捣完后用长的木抹子抹平。

2）大体积混凝土浇筑

大体积混凝土是指最小断面尺寸大于 1 m 以上，施工时必须采取相应的技术措施妥善处理水化热引起的混凝土内外温度差值，合理解决温度应力并控制裂缝开展的混凝土结构。

大体积混凝土结构的施工特点：一是整体性要求较高，往往不允许留设施工缝，一般都要求连续浇筑；二是结构的体量较大，浇筑后的混凝土产生的水化热量大，并聚集在内部不易散发，从而形成内外较大的温差，引起较大的温差应力。大体积混凝土施工时，为保证结构的整体性，应合理确定混凝土浇筑方案；为保证施工质量应采取有效的技术措施降低混凝土内外温差。

①浇筑方案的选择。

为了保证混凝土浇筑工作能连续进行，避免留设施工缝，应在下一层混凝土初凝之前，将上一层混凝土浇捣完毕。在组织施工时，首先应按下式计算每小时需要浇筑混凝土的数量，也称浇筑强度，即

$$V = \frac{BLH}{t_1 - t_2} \tag{3.11}$$

式中　V——每小时混凝土浇筑量，m^3/h；

　　　B,L,H——浇筑层的宽度、长度、厚度，m；

　　　t_1——混凝土初凝时间，h；

　　　t_2——混凝土运输时间，h。

根据混凝土的浇筑量，计算所需要的搅拌机、运输工具和振动器的数量，并据此拟定浇筑

方案和进行劳动组织。大体积混凝土浇筑方案需根据结构大小、混凝土供应等实际情况决定,一般有全面分层、分段分层和斜面分层3种方案,如图3.41所示。

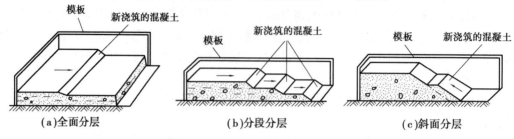

(a)全面分层　　　　　　(b)分段分层　　　　　　(c)斜面分层

图3.41　大体积基础混凝土浇筑方案

a.全面分层[图3.41(a)]。就是在整个结构内全面分层浇筑混凝土,要求每一层的混凝土浇筑必须在下层混凝土初凝前完成。此浇筑方案适用于平面尺寸不太大的结构,施工时宜从短边开始,顺着长边方向推进,有时也可从中间开始向两端进行或从两端向中间推进。

b.分段分层[图3.41(b)]。如采用全面分层浇筑方案,混凝土的浇筑强度太高,施工难以满足时,则可采用分段分层浇筑方案。它是将结构从平面上分成几个施工段,厚度上分成几个施工层,混凝土从底层开始浇筑,进行一定距离后就回头浇筑第二层混凝土,如此依次浇筑以上各层。施工时要求在第一层第一段末端混凝土初凝前,开始第二段的施工,以保证混凝土接触面结合良好。该方案适用于厚度不大而面积或长度较大的结构。

c.斜面分层[图3.41(c)]。当结构的长度超过厚度的3倍时,宜采用斜面分层浇筑方案。要求斜面坡度不大于1/3。施工时,混凝土的振捣需从浇筑层下端开始,逐渐上移,以保证混凝土的施工质量。

②混凝土温度裂缝的产生原因。

混凝土在凝结硬化过程中,水泥进行水化反应会产生大量的水化热。强度增长初期,水化热产生越来越多,蓄积在大体积混凝土内部,热量不易散失,致使混凝土内部温度显著升高,而表面散热较快,这样在混凝土内外之间形成温差,混凝土内部产生压应力,而混凝土产生拉应力,当温差超过一定程度后,就易拉裂外表混凝土,即在混凝土表面形成裂缝。在混凝土内逐渐散热冷却产生收缩时,受到基岩或混凝土垫层的约束,接触处将产生很大的拉应力。一旦拉应力超过混凝土的极限抗拉强度,便在与约束接触处产生裂缝,甚至形成贯穿裂缝。这将严重破坏结构的整体性,对混凝土结构的承载能力和安全极为不利,在工程施工中必须避免。

③防止温度裂缝的措施。

温度应力是产生温度裂缝的根本原因,一般将温差控制在20~25℃时,不会产生温度裂缝。大体积混凝土施工可采用以下措施来控制内外温差:

a.宜选用水化热较低的水泥,如矿渣水泥、火山灰质水泥或粉煤灰水泥。

b.在保证混凝土强度的条件下,尽量减少水泥用量和每立方米混凝土的用水量。

c.粗骨料宜选用粒径较大的卵石,应尽量降低砂石的含泥量,以减少混凝土的收缩量。

d.尽量降低混凝土的入模温度,规范要求混凝土的浇筑温度不宜超过28℃,在气温较高时,可在砂、石堆场、运输设备上搭设简易遮阳装置,采用低温水或冰水拌制混凝土。

e.必要时可在混凝土内部埋设冷却水管,利用循环水来降低混凝土温度。

f.扩大浇筑面和散热面,减少浇筑层厚度和延长混凝土的浇筑时间,以便在浇筑过程中尽量多地释放出水化热,可在混凝土中掺加缓凝剂。

g.为了减少水泥用量提高混凝土的和易性,可在混凝土中掺入适量的矿物掺料,如粉煤灰等,也可采用减水剂。

h.加强混凝土保温、保湿养护措施,严格控制大体积混凝土的内外温差(设计无要求时,温差不宜超过25 ℃),可采用草包、炉渣、砂、锯末等保温材料,以减少表层混凝土热量的散失,降低内外温差。

i.从混凝土表层到内部设置若干个温度观测点,加强观测,一旦出现温差过大的情况,便于及时处理。

3)水下混凝土的浇筑

在钻孔灌注桩、地下连续墙等基础工程以及水利工程施工中常会需要直接在水下浇筑混凝土,地下连续墙是在泥浆中浇筑混凝土。水下或泥浆中浇筑混凝土一般采用导管法。其特点是利用导管输送混凝土并使其与环境水或泥浆隔离,依靠管中混凝土自重,挤压导管下部管口周围的混凝土在已浇筑的混凝土内部流动、扩散,边浇筑边提升导管,直至混凝土浇筑完毕。采用导管法,可以杜绝混凝土与水或泥浆的接触,保证混凝土中骨料和水泥浆不产生分离,从而保证了水下浇筑混凝土的质量。

导管法浇筑水下混凝土的主要设备有金属导管、承料漏斗和提升机具等,如图3.42所示。

导管一般由钢管制成,管径为200 ~ 300 mm,每节管长1.5 ~ 2.5 m。各节管之间用法兰盘加止水胶皮垫圈通过螺栓密封连接,拼接时注意保持管轴垂直,否则会增大导管阻力。

承料漏斗一般用法兰盘固定在导管顶部,起着盛混凝土和调节管中混凝土量的作用。承料漏斗的容积应足够大,以保证导管内混凝土具有必需的高度。

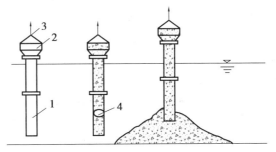

图3.42 导管法水下浇筑混凝土

1—导管;2—承料漏斗;3—提升机具;4—球塞

在施工过程中,承料料斗和导管悬挂在提升机具上。常用的提升机有卷扬机、起重机、电动葫芦等。一般是通过提升机器来操纵导管下降或提升,其提升速度可任意调节。

球塞可用软木、橡胶、泡沫塑料等制成,其直径比导管内径小15 ~ 20 mm。

在施工时,先将导管沉入水中距水底约100 mm处,用铁丝或麻绳将一球塞悬吊在导管内水位以上0.2 m处(球塞顶上铺2 ~ 3层稍大于导管内径的水泥袋纸,上面再撒一些干水泥,以防混凝土中的骨料嵌入球塞与导管的缝隙卡住球塞),然后向导管内浇筑混凝土。

待导管和装料漏斗装满混凝土后,即可剪断吊绳,进行混凝土的浇筑。水深10 m以内时,可立即剪断;水深大于10 m时,可将球塞降到导管中部或接近管底时再剪断吊绳。混凝土靠自重推动球塞下落,冲出管底后向四周扩散,形成一个混凝土堆,须保证将导管底部埋于混凝土中。混凝土不断地从承料漏斗加入导管,管外混凝土面不断上升,导管也相应地进行提升,每次提升高度控制在150 ~ 200 mm,且保证导管下端始终埋入混凝土内,其最小埋置深度见表 3.19,最大埋置深度不宜超过 5 m,以保证混凝土的浇筑顺利进行。

表 3.19　导管的最小埋入深度

混凝土水下浇筑深度/m	导管埋入混凝土的最小深度/m
≤10	0.8
10～15	1.1
15～20	1.3
>20	1.5

混凝土的浇筑工作应连续进行,不得中断。若出现导管堵塞现象,应及时采取措施疏通,若不能解决问题,需更换导管,采用备用导管进行浇筑,以保证混凝土浇筑连续进行。

与水接触的表面一层混凝土结构松软,浇筑完毕后应及时清除,一般待混凝土强度达到 $2\sim2.5\ N/mm^2$ 后进行。软弱层厚度在清水中至少取 0.2 m,在泥浆中至少取 0.4 m,其标高控制应超出设计标高这个数据。

3.3.3.2　混凝土的振捣

混凝土拌合物浇筑后,需经密实成型才能赋予混凝土制品或结构一定的外形和内部结构。强度、抗冻性、抗渗性、耐久性等均与混凝土密实成型的好坏有关。混凝土密实成型分为机械振捣密实成型、离心法成型和自流浇筑成型等。

(1)机械振捣密实成型

机械振捣密实的原理是依据产生振动的机械将一定的频率、振幅和激励力的振动能量以某种方式传递给混凝土拌合物时,受振混凝土的所有颗粒都做强迫振动而破坏混凝土拌合物的凝聚结构,使水泥浆的黏结力和骨料间的摩擦力显著减小,增加混凝土的流动性,水泥浆均匀地分布填充骨料的空隙,气泡逸出,孔隙减少,游离水分挤压上升,使混凝土充满模板,密实成型。振动停止后,混凝土重新恢复其凝聚结构而逐渐凝结硬化。

振动机械按其工作方式分为内部振动器、外部振动器、表面振动器和振动台,如图 3.43 所示。

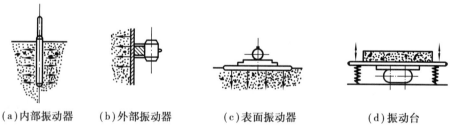

| (a)内部振动器 | (b)外部振动器 | (c)表面振动器 | (d)振动台 |

图 3.43　振动机械示意图

①内部振动器又称插入式振动器,其工作部分是一棒状空心圆柱体,内部装有偏心振子,在电动机带动下高速转动而产生高频微幅的振动。内部振动器多用于振实梁、柱、墙、厚板和大体积混凝土等厚大结构。

插入式振动器的振捣方法有垂直振捣和斜向振捣两种。插入式振动器垂直振捣的操作要点是"直上和直下,快插与慢拔",振动器插点要均匀排列,可采用"行列式"或"交错式"的次序移动,防止漏振;每次移动两个插点的间距不宜大于振动器作用半径的 1.5 倍(振动器的作用半径一般为 300～400 mm);振动棒与模板的距离,不应大于其作用半径的 0.5 倍,并应避免碰撞钢筋、模板、芯管、吊环、预埋件等。混凝土振捣时间要掌握好,振动时间过短,不能使混凝土充分捣实;振动时间过长,则可能产生分层离析。以混凝土不下沉、气泡不上升、表面泛浆为准。

②外部振动器又称附着式振动器,是直接安装在模板外侧的横挡或竖挡上,利用偏心块旋转时所产生的振动力通过模板传递给混凝土,使之振实。附着式振动器体积小、结构简单、操作方便,可以改制成平板振动器。它的缺点是振动作用的深度小(约 250 mm),仅适用于钢筋较密、厚度较小以及不宜使用插入式振动器的结构和构件中,并要求模板有足够的刚度。一般要求混凝土的水灰比比内部振动器的大一些。

③表面振动器又称平板振动器,它将一个带有偏心块的电动振动器安装在一块平板上,通过平板与混凝土表面接触将振动力传给混凝土达到捣实的目的。平板可用木板或铁板制成,尺寸依具体需要而定。由于平板振动器是放在混凝土表面进行振捣,其作用深度较小(150～250 mm),因此仅适用于表面积大而平整、厚度小的结构,如楼板、路面等。

④振动台是一个支承在弹性支座上的工作平台,在平台下面装有振动机构,当振动机构运转时,即带动工作台做强迫振动,从而使工作台上的混凝土构件得到振实。振动台是成型工艺中生产效率较高的一种设备,是预制构件常用的振动机械。利用振动台生产构件,当混凝土厚度小于 200 mm 时,可将混凝土一次装满振捣;当厚度大于 200 mm 时,则可分层浇筑;当每层厚度不大于 200 mm 时,也可随浇随振。

(2)离心法成型

离心法是将装有混凝土的模板放在离心机上,使模板以一定速度绕自身的纵轴线旋转,模板内的混凝土由于离心作用而远离纵轴,均匀分布于模板内壁,并将混凝土中的部分水分挤出,使混凝土密实。此法一般用于管道、电杆、桩等具有圆形室腔构件的制作。

采用离心法成型,石子最大粒径不应超过构件壁厚的 1/4～1/3,并不得大于 15～20 mm;砂率应为 40%～50%;水泥用量不应低于 350 kg/m³,且不宜使用火山灰水泥;坍落度控制为 30～70 mm。

(3)自流浇筑成型

近年来流态混凝土得到发展,它是伴随着预制(商品)混凝土、混凝土搅拌运输车和混凝土泵等新工艺而出现的一种新型混凝土。它就是将运至现场的混凝土在浇筑前加入一定数量的硫化剂(高效减水剂),经二次搅拌制成的高流动性混凝土。硫化剂以非加气型不缓凝的高效能减水剂较好,主要有萘系高缩合物和三聚氰酰胺系两类。我国试用萘系的 FDN 效果较好。掺量为水泥质量的 0.4%～0.6%。对流态混凝土,要防止流化后砂浆成分不足而引起离析。流态混凝土虽然坍落度大,流动性好,但浇筑时进行短时间的振捣还是必要的。

3.3.4 混凝土的养护

混凝土浇筑后应及时进行保湿养护,养护的目的是为混凝土硬化创造必需的湿度、温度条件,防止水分过早蒸发或冻结,出现收缩裂缝、剥皮、起砂、冻胀等现象,保证水泥水化作用能正常进行,确保混凝土质量。保湿养护可采用洒水、覆盖、喷涂养护剂等方式。选择养护方式应考虑现场条件、环境温湿度、构件特点、技术要求、施工操作等因素。

（1）洒水养护

洒水养护是指用麻袋或草帘等材料将混凝土表面覆盖，并经常洒水使混凝土表面处于湿润状态的养护方法。洒水养护应符合下列规定：

①洒水养护宜在混凝土裸露表面覆盖麻袋或草帘后进行，也可采用直接洒水、蓄水等养护方式；洒水养护应保证混凝土处于湿润状态。

②洒水养护用水应符合《混凝土用水标准》（JGJ 63—2006）的规定。

③当日最低温度低于 5 ℃时，不应采用洒水养护。

④应在混凝土浇筑完毕后的 12 h 内进行覆盖浇水养护。

（2）覆盖养护

覆盖养护是指以塑料薄膜为覆盖物，使混凝土表面空气隔绝，可防止混凝土内的水分蒸发，水泥依靠混凝土中的水分完成水化作用而凝结硬化，从而达到养护目的。覆盖养护应符合下列规定：

①覆盖养护应在混凝土终凝后及时进行。

②覆盖应严密，覆盖物相互搭接不宜小于 100 mm，确保混凝土处于保温保湿状态。

③覆盖养护宜在混凝土裸露表面覆盖塑料薄膜、塑料薄膜加麻袋、塑料薄膜加草帘。

④塑料薄膜应紧贴混凝土裸露表面，塑料薄膜内应保持有凝结水，保证混凝土处于湿润状态。

⑤覆盖物应严密，覆盖物的层数应按施工方案确定。

（3）喷涂养护剂养护

喷涂养护剂养护是指将养护剂喷涂在混凝土表面，溶液挥发后在混凝土表面结成一层塑料薄膜，使混凝土表面与空气隔绝，封闭混凝土内的水分不再被蒸发，从而完成水泥水化作用。喷涂养护剂养护应符合下列规定：

①应在混凝土裸露表面喷涂覆盖致密的养护剂进行养护。

②养护剂应均匀喷涂在结构构件表面，不得漏喷；养护剂应具有可靠的保湿效果，保湿效果可通过试验检验。

③养护剂使用方法应符合产品说明书的有关要求。

④墙、柱等竖向混凝土结构在混凝土的表面不便浇水或使用塑料薄膜养护时，可采用涂刷或喷洒养护液进行养护，以防止混凝土内部水分的蒸发。

⑤涂刷（喷洒）养护液的时间，应掌握混凝土水分蒸发情况，在不见浮水、混凝土表面以手指轻按无指印时进行涂刷或喷洒。过早会影响薄膜与混凝土表面结合，容易过早脱落，过迟会影响混凝土强度。

⑥养护液涂刷（喷洒）厚度以 2.5 m^2/kg 为宜，厚度要求均匀一致。

⑦养护液涂刷（喷洒）后很快就形成薄膜，为达到养护目的，必须加强保护薄膜完整性，要求不得有损坏破裂，发现有损坏时及时补刷（补喷）养护液。

（4）混凝土养护的质量控制

①混凝土的养护时间应符合下列规定：

a. 采用硅酸盐水泥、普通硅酸盐水泥或矿渣硅酸盐水泥配制的混凝土，不应少于 7 d；采用其他品种水泥时，养护时间应根据水泥性能确定。

b. 采用缓凝型外加剂、大掺量矿物掺合料配制的混凝土不应少于 14 d。

c.抗渗混凝土、强度等级 C60 及以上的混凝土不应少于 14 d。

d.后浇带混凝土的养护时间不应少于 14 d。

e.地下室底层墙、柱和上部结构首层墙、柱宜适当增加养护时间。

f.基础大体积混凝土养护时间应根据施工方案确定。

②基础大体积混凝土裸露表面应采用覆盖养护方式。当混凝土浇筑体表面以内 40~100 mm 位置的温度与环境温度的差值小于 25 ℃时,可结束覆盖养护。覆盖养护结束但尚未到达养护时间要求时,可采用洒水养护方式直至养护结束。

③柱、墙混凝土养护方法应符合下列规定:

a.地下室底层和上部结构首层柱、墙混凝土带模养护时间不宜少于 3 d;带模养护结束后可采用洒水养护方式继续养护,必要时可采用覆盖养护或喷涂养护剂养护方式继续养护。

b.其他部位柱、墙混凝土可采用洒水养护,必要时可采用覆盖养护或喷涂养护剂养护方式继续养护。

④混凝土强度达到 1.2 N/mm² 前,不得在其上踩踏、堆放荷载、安装模板及支架。

⑤同条件养护试件的养护条件应与实体结构部位养护条件相同,并应采取措施妥善保管。

⑥施工现场应具备混凝土标准试块制作条件,并应设置标准试块养护室或养护箱。标准试块养护应符合国家现行有关标准的规定。

3.3.5 混凝土的质量检查与缺陷修复

为了保证混凝土的质量,必须对混凝土生产的各个环节进行检查,检查内容包括水泥品种及等级、砂石的质量及含泥量、混凝土配合比、搅拌时间、坍落度、混凝土的振捣等环节。检查混凝土质量应做抗压强度试验,当有特殊要求时,还需做混凝土的抗冻性、抗渗性等试验。混凝土质量控制标准符合《混凝土质量控制标准》(GB 50164—2011)相关规定。

(1)混凝土在拌制和浇筑过程中的质量检查

混凝土在拌制和浇筑过程中应按下列规定进行检查:

①检查拌制混凝土所用原材料的品种、规格和用量,每一工作班至少两次。混凝土拌制时,原材料每盘称量的偏差,不得超过表 3.20 中允许偏差的规定。

表 3.20　混凝土原材料称量的允许偏差

原材料种类	允许偏差/%
胶凝材料	±2
粗、细骨料	±3
拌合用水、外加剂	±1

注:1.各种衡器应定期校验,保持准确。

　　2.骨料含水率应经常测定,雨天施工应增加测定次数。

②检查混凝土在浇筑地点的坍落度,每一工作班至少两次。当采用预拌混凝土时,应在商定的交货地点进行坍落度检查。实测坍落度与坍落度设计值之间的允许偏差应符合表 3.21 的要求。

表 3.21　混凝土坍落度允许偏差

设计值	允许偏差/mm
≤40	±10
50～90	±20
≥100	±30

③在每一个工作班内,当混凝土配合比受外界影响有变动时,应及时检查调整。

④混凝土的搅拌时间应随时检查,是否满足表 3.17 规定的最短搅拌时间要求。

(2)检查预拌混凝土厂家提供的技术资料

如果使用商品混凝土,应检查混凝土厂家提供的下列技术资料:

①水泥品种、标号及每立方米混凝土中的水泥用量。

②骨料的种类和最大粒径。

③外加剂、掺合料的品种及掺量。

④混凝土强度等级和坍落度。

⑤混凝土配合比和标准试件强度。

⑥对轻骨料混凝土尚应提供其密度等级。

(3)混凝土质量的试验检查

检查混凝土质量应进行抗压强度试验。对有抗冻、抗渗要求的混凝土,尚应进行抗冻性、抗渗性等试验。

1)试件制作和强度检测

①混凝土试样应在混凝土浇筑地点随机抽取,取样频率应符合下列规定:

a. 每 100 盘,但不超过 100 m³ 的同配合比的混凝土,取样次数不得少于一次。

b. 每一工作班拌制的同配合比的混凝土不足 100 盘时其取样次数不得少于一次。

注:预拌混凝土应在预拌混凝土厂内按上述规定取样。混凝土运到施工现场后,尚应按本条的规定抽样检验。

②每组 3 个试件应在同一盘混凝土中取样制作。其强度代表值的确定,应符合下列规定:

a. 取 3 个试件强度的算术平均值作为每组试件的强度代表值。

b. 当一组试件中强度的最大值或最小值中有一个与中间值之差超过中间值的 15% 时,取中间值作为该组试件的强度代表值。

c. 当一组试件中强度的最大值和最小值与中间值之差均超过中间值的 15% 时,该组试件的强度不应作为评定的依据。

③当采用非标准尺寸试件时,应将其抗压强度折算为标准试件抗压强度。折算系数按下列规定采用:

a. 对边长为 100 mm 的立方体试件取 0.95。

b. 对边长为 200 mm 的立方体试件取 1.05。

④每批混凝土试样应制作的试件总组数,除应考虑混凝土强度评定所必需的组数外,还应考虑为检验结构或构件施工阶段混凝土强度所必需的试件组数。

⑤检验评定混凝土强度用的混凝土试件,其标准成型方法、标准养护条件及强度试验方法均应符合现行国家标准《普通混凝土力学性能试验方法标准》(GB/T 50081—2019)的规定。

⑥当检验结构或构件拆模、出池、出厂、吊装、预应力筋张拉或放张,以及施工期间需短暂负荷的混凝土强度时,其试件的成型方法和养护条件应与施工中采用的成型方法和养护条件相同。

2)混凝土结构同条件养护试件强度检验

①同条件养护试件的留置方式和取样数量,应符合下列要求:

a. 同条件养护试件所对应的结构构件或结构部位,应由监理(建设)、施工等各方共同选定。

b. 对混凝土结构工程中的各混凝土强度等级,均应留置同条件养护试件。

c. 同一强度等级的同条件养护试件,其留置的数量应根据混凝土工程量和重要性确定,不宜少于10组,且不应少于3组。

d. 同条件养护试件拆模后,应放置在靠近相应结构构件或结构部位的适当位置,并应采取相同的养护方法。

②同条件养护试件应在达到等效养护龄期时进行强度试验。

等效养护龄期应根据同条件养护试件强度与在标准养护条件下28 d龄期试件强度相等的原则确定。

③同条件自然养护试件的等效养护龄期及相应的试件强度代表值,宜根据当地的气温和养护条件,按下列规定确定:

a. 等效养护龄期可取根据日平均温度逐日累计值按表3.22确定,且不应小于14 d。0 ℃及以下的龄期不计入。

表3.22　日平均气温累计值与标准养护龄期对照表

标准养护龄期/d	28	60	90
日平均气温累计值/℃	600	1 200	1 800

b. 同条件养护试件的强度代表值应根据强度试验结果按现行国家标准《混凝土强度检验评定标准》(GB/T 50107—2010)的规定确定后,乘折算系数取用。折算系数宜取为1.10,也可根据当地的试验统计结果作适当调整。

④冬期施工、人工加热养护的结构构件,其同条件养护试件的等效养护龄期可按结构构件的实际养护条件,由监理(建设)、施工等各方根据规定共同确定。

(4)混凝土缺陷修整

混凝土结构构件拆模后,应从其外观上检查有无露筋、蜂窝、孔洞、夹渣、疏松、裂缝以及构件外表、外形、几何尺寸偏差等缺陷。

混凝土结构缺陷可分为尺寸偏差缺陷和外观缺陷。尺寸偏差缺陷和外观缺陷可分为一般缺陷和严重缺陷。混凝土结构尺寸偏差超出规范规定,但尺寸偏差对结构性能和使用功能未构成影响时,属于一般缺陷;而尺寸偏差对结构性能和使用功能构成影响时,属于严重缺陷。外观缺陷分类应符合表3.23的规定。

表 3.23　混凝土结构外观缺陷分类

名称	现象	严重缺陷	一般缺陷
露筋	构件内钢筋未被混凝土包裹而外露	纵向受力钢筋有露筋	其他钢筋有少量露筋
蜂窝	混凝土表面缺少水泥砂浆而形成石子外露	构件主要受力部位有蜂窝	其他部位有少量蜂窝
孔洞	混凝土中孔穴深度和长度均超过保护层厚度	构件主要受力部位有孔洞	其他部位有少量孔洞
夹渣	混凝土中夹有杂物且深度超过保护层厚度	构件主要受力部位有夹渣	其他部位有少量夹渣
疏松	混凝土中局部不密实	构件主要受力部位有疏松	其他部位有少量疏松
裂缝	缝隙从混凝土表面延伸至混凝土内部	构件主要受力部位有影响结构性能或使用功能的裂缝	其他部位有少量不影响结构性能或使用功能的裂缝
连接部位缺陷	构件连接处混凝土有缺陷及连接钢筋、连接件松动	连接部位有影响结构传力性能的缺陷	连接部位有基本不影响结构传力性能的缺陷
外形缺陷	缺棱掉角、棱角不直、翘曲不平、飞边凸肋等	清水混凝土构件有影响使用功能或装饰效果的外形缺陷	其他混凝土构件有不影响使用功能的外形缺陷
外表缺陷	构件表面麻面、掉皮、起砂、沾污等	具有重要装饰效果的清水混凝土构件有外表缺陷	其他混凝土构件有不影响使用功能的外表缺陷

施工过程中发现混凝土结构缺陷时,应认真分析缺陷产生的原因。对严重缺陷施工单位应制订专项修整方案,方案经论证审批后方可实施,不得擅自处理。

①混凝土结构外观一般缺陷修整应符合下列规定:

a.对露筋、蜂窝、孔洞、夹渣、疏松、外表缺陷,应凿除胶结不牢固部分的混凝土,清理表面,洒水湿润后用 1:2～1:2.5 水泥砂浆抹平。

b.应封闭裂缝。

c.连接部位缺陷、外形缺陷可与面层装饰施工一并处理。

②混凝土结构外观严重缺陷修整应符合下列规定:

A.对露筋、蜂窝、孔洞、夹渣、疏松、外表缺陷,应凿除胶结不牢固部分的混凝土至密实部位,清理表面,支设模板,洒水湿润后并涂抹混凝土界面剂,采用比原混凝土强度等级高一级的细石混凝土浇筑密实,养护时间不应少于 7 d。

B.开裂缺陷修整应符合下列规定:

a.对民用建筑的地下室、卫生间、屋面等接触水介质的构件,均应注浆封闭处理,注浆材料可采用环氧树脂、聚氨酯、氰凝、丙凝等。对民用建筑不接触水介质的构件,可采用注浆封闭、聚合物砂浆粉刷或其他表面封闭材料进行封闭。

b.对无腐蚀介质工业建筑的地下室、屋面、卫生间等接触水介质的构件以及有腐蚀介质的所有构件,均应注浆封闭处理,注浆材料可采用环氧树脂、聚氨酯、氰凝、丙凝等。对无腐蚀介质工业建筑不接触水介质的构件,可采用注浆封闭、聚合物砂浆粉刷或其他表面封闭材料进行封闭。

C.清水混凝土的外形和外表严重缺陷,宜在水泥砂浆或细石混凝土修补后用磨光机械磨平。

③混凝土结构尺寸偏差修整。

a.混凝土结构尺寸偏差一般缺陷,可采用装饰修整方法修整。

b.混凝土结构尺寸偏差严重缺陷,应会同设计单位共同制订专项修整方案,结构修整后应重新检查验收。

3.3.6 混凝土冬期、高温和雨期施工

(1)混凝土的冬期施工

1)新浇混凝土的受冻机理

新浇混凝土,由于拌合水结冰,其体积增加约9%,且水泥的水化作用停止进行。在恢复正温养护以后,水泥浆体中的孔隙率将比正常凝结的混凝土显著增加,从而使混凝土的各种物理力学性能全面下降,如抗压强度约损失50%,抗渗性、黏结力和耐久性受到严重损害。因此,为保证混凝土质量,当室外日平均气温连续5 d稳定低于5 ℃时,混凝土结构工程应采取冬期施工措施。混凝土遭冻时间越早、水灰比越大,则后期混凝土强度损失越多。当混凝土达到一定强度后,其最终强度将不会受到损失。为避免混凝土遭受冻结带来危害,使混凝土在受冻前达到的这一强度称为混凝土冬期施工的临界强度。冬期施工中,就是尽量不让混凝土受冻,或让其受冻时,已达到临界强度值而保证混凝土最终强度不受到损失。

2)混凝土冬期施工的方法

混凝土浇筑后应采用适当的方法进行养护,保证混凝土在受冻前至少已达到临界强度,才能避免混凝土受冻发生强度损失。冬期施工中混凝土的养护方法很多,有蓄热法、蒸汽加热法、电热法、暖棚法、掺外加剂法等,各自有不同的适用范围。

①蓄热法。

蓄热法就是将具有一定温度的混凝土浇筑完后,在其表面用草帘、锯末、炉渣等保温材料加以覆盖,避免混凝土的热量和水泥的水化热散失太快,保证混凝土在冻结前达到所要求强度的一种冬期施工方法。

蓄热法适用于室外最低气温不低于-15 ℃时,地面以下的工程或表面系数(结构冷却的表面积与其全部体积的比值)不大于5的结构混凝土的冬期养护。如选用适当的保温材料,采用快硬早强水泥,在混凝土外部进行早期短时加热和采取掺入早强型外加剂等措施,则可进一步扩大蓄热法的应用范围,这是混凝土冬期施工较经济、简单而有效的方法。

②蒸汽加热法。

蒸汽加热法就是利用蒸汽使混凝土保持一定的温度和湿度,以加速混凝土硬化。蒸汽加热法除预制厂用的蒸汽养护窑外,在现浇结构中还有汽套法、毛管法和构件内部通汽法等。

③电热法。

电热法是利用电流通过不良导体混凝土或电阻丝所发出的热量来养护混凝土。电热法主要有电极法和电热器法两种。

④暖棚法。

暖棚法是在混凝土浇筑地点用保温材料搭设暖棚,在棚内采暖,使温度升高,可使混凝土

养护如同在常温中一样。

采用暖棚法养护时,棚内温度不得低于 5 ℃,并应保持混凝土表面湿润。

⑤掺外加剂法。

掺用不同性能的外加剂,可以起到抗冻、早强、促凝、减水、降低冰点等作用,能使混凝土在负温下继续硬化,而无须采取任何加热保温措施,这是混凝土冬期施工的一种有效方法,可以简化施工、节约能源,还可改善混凝土的性能。

3)冬期浇筑的混凝土其受冻临界强度应符合的规定

①当采用蓄热法、暖棚法、加热法施工时,采用硅酸盐水泥、普通硅酸盐水泥配制的混凝土,不应低于设计混凝土强度等级值的 30%;采用矿渣硅酸盐水泥、粉煤灰硅酸盐水泥、火山灰质硅酸盐水泥、复合硅酸盐水泥配制的混凝土时,不应低于设计混凝土强度等级值的 40%。

②当室外最低气温不低于−15 ℃时,采用综合蓄热法、负温养护法施工的混凝土受冻临界强度不应低于 4.0 MPa;当室外最低气温不低于−30 ℃时,采用负温养护法施工的混凝土受冻临界强度不应低于 5.0 MPa。

③强度等级等于或高于 C50 的混凝土,不宜低于设计混凝土强度等级值的 30%。

④对有抗冻耐久性要求的混凝土,不宜低于设计混凝土强度等级值的 70%。

(2)混凝土的高温施工

①高温施工时,对露天堆放的粗、细骨料,应采取遮阳、防晒等措施。必要时,可对粗骨料进行喷雾降温。

②高温施工混凝土配合比应符合下列规定:

a.应分析原材料温度、环境温度、混凝土运输方式与时间对混凝土初凝时间、坍落度损失等性能指标的影响,根据环境温度、湿度、风力和采取温控措施的实际情况,对混凝土配合比进行调整。

b.宜在近似现场运输条件、时间和预计混凝土浇筑作业最高气温的天气条件下,通过混凝土试拌、试运输的工况试验,确定适合高温天气条件下施工的混凝土配合比。

c.宜降低水泥用量,并可采用矿物掺合料替代部分水泥。

d.宜选用水化热较低的水泥。

e.混凝土坍落度不宜小于 70 mm。

③混凝土的搅拌应符合下列规定:

a.应对搅拌站料斗、储水器、皮带运输机、搅拌楼采取遮阳、防晒措施。

b.对原材料进行直接降温时,宜采用对水、粗骨料进行降温的方法。对水直接降温时,可采用冷却装置冷却拌合用水,并应对水管及水箱加设遮阳和隔热设施,也可在水中加碎冰作为拌合用水的一部分。混凝土拌合时掺加的固体冰应确保在搅拌结束前融化,且在拌合用水中应扣除其质量。

c.混凝土拌合物出机温度不宜大于 30 ℃。必要时,可采取掺加干冰等附加控温措施。

④混凝土宜采用白色涂装的混凝土搅拌运输车运输;混凝土输送管应进行遮阳覆盖,并应洒水降温。

⑤混凝土浇筑入模温度不应高于 35 ℃。

⑥混凝土浇筑宜在早间或晚间进行,且应连续浇筑。当混凝土水分蒸发较快时,应在施工作业面采取挡风、遮阳、喷雾等措施。

⑦混凝土浇筑前,施工作业面宜采取遮阳措施,并应对模板、钢筋和施工机具采用洒水等降温措施,但浇筑时模板内不得有积水。

⑧混凝土浇筑完成后,应及时进行保湿养护。侧模拆除前宜采用带模湿润养护。

(3)混凝土的雨期施工

①雨期施工期间,应对水泥和掺合料采取防水和防潮措施,并应对粗、细骨料的含水率进行监测,及时调整混凝土配合比。

②雨期施工期间,应选用具有防雨水冲刷性能的模板脱模剂。

③雨期施工期间,应对混凝土搅拌、运输设备和浇筑作业面采取防雨措施,并应加强施工机械检查维修及接地接零检测工作。

④雨期施工期间,除应采用防护措施外,小雨、中雨天气不宜进行混凝土露天浇筑,且不应进行大面积作业的混凝土露天浇筑;大雨、暴雨天气不应进行混凝土露天浇筑。

⑤雨后应检查地基面的沉降,并应对模板及支架进行检查。

⑥雨期施工期间,应采取措施防止基槽或模板内积水。基槽或模板内和混凝土浇筑分层面出现积水时,应在排水后再浇筑混凝土。

⑦在混凝土浇筑过程中,雨水冲刷致使水泥浆流失严重的部位,应采取补救措施后再继续施工。

⑧在雨天进行钢筋焊接时,应采取挡雨等安全措施。

⑨混凝土浇筑完毕后,应及时采取覆盖塑料薄膜等防雨措施。

⑩台风来临前,应对尚未浇筑混凝土的模板及支架采取临时加固措施;台风结束后,应检查模板及支架,已验收合格的模板及支架应重新办理验收手续。

3.4 预应力工程

3.4.1 预应力用钢材

(1)预应力钢材的种类

预应力用钢材(俗称预应力筋)通常包括钢丝、钢绞线和钢筋三大体系,其发展趋势为高强、低松弛、大直径与耐腐蚀。

1)高强钢丝

常用的高强钢丝分为冷拉和矫直回火两种。按外形分为光面、刻痕和螺旋肋3种,其直径有4 mm,5 mm,6 mm,7 mm,8 mm,9 mm等。

高强钢丝是用优质碳素钢热轧盘条冷拔制成,可用机械方式对钢丝进行压痕处理形成刻痕钢丝(图3.44),对钢丝进行低温(一般低于500 ℃)矫直回火处理后即成为矫直回火钢丝。预应力钢丝矫直回火后,可消除钢丝冷拔过程中产生的残余应力,其比例极限、屈服强度和弹性模量相应提高,塑性也有所改善,同时解决了钢丝的矫直,这种钢丝称为消除应力钢丝。消除应力钢丝的松弛损失比消除应力前稍低些,但仍然较高,常经稳定化处理后,钢丝的松弛值仅为普通钢丝的0.25 ~ 0.33,这种钢丝称为低松弛钢丝,目前在国内外应用广泛。

2）钢绞线

钢绞线是用冷拔钢丝捻制而成,其方法是在绞线机上以一稍粗的直钢丝为中心,其余钢丝围绕其进行螺旋状绞合,再经低温回火处理而成(图3.45)。钢绞线根据深加工的不同可分为普通松弛钢绞线(消除应力钢绞线)、低松弛钢绞线、镀锌钢绞线、模拔钢绞线等。模拔钢绞线是在捻制成型后,再经模拔处理制成,其钢丝在模拔时被压扁,使钢绞线的密度提高约18%。在相同截面时,该钢绞线的外径较小,可减少孔道直径;在相同直径的孔道内,可使钢绞线的数量增加,并且它与锚具的接触较大,易于锚固。

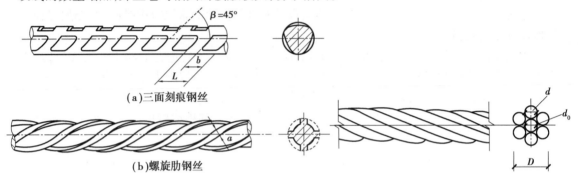

(a)三面刻痕钢丝

(b)螺旋肋钢丝

图3.44　高强钢丝表面及截面形状　　　图3.45　预应力钢绞线表面及截面形状

a—单肋宽度;b—刻痕长度;L—节距　　D—钢绞线直径;d_0—中心钢丝直径;

d—外层钢丝直径

钢绞线规格有2股、3股、7股和9股等。7股钢绞线由于面积较大、柔软、施工定位方便,适用于先张法和后张法预应力结构,是目前国内外应用最广的一种预应力筋。

3）螺纹钢筋

预应力混凝土用螺纹钢筋,也称精轧螺纹钢筋,是在表面轧有外螺纹的高强度直条钢筋(图3.46)。该钢筋在任意截面处均可匹配螺母锚具进行锚固或带有内螺纹的连接器进行连接。它具有强度高、连接与锚固简便、黏结力强、张拉锚固安全可靠、施工方便等优点。

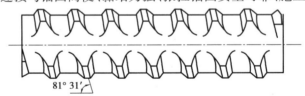

图3.46　精轧螺纹钢筋

预应力混凝土用螺纹钢筋直径有18 mm,25 mm,32 mm,40 mm,50 mm五种,其中25 mm和32 mm较为常用;其屈服强度有785 N/mm²,830 N/mm²,930 N/mm²,1 080 N/mm² 四级。

（2）预应力钢材的检验

预应力筋的检验是确保预应力混凝土结构或构件质量的关键,预应力筋进场时,应按现行国家标准的规定抽取试件做抗拉强度、伸长率检验,其检验结果应符合《预应力混凝土用钢丝》(GB/T 5223—2014)、《预应力混凝土用钢绞线》(GB/T 5224—2014)、《预应力混凝土用螺纹钢筋》(GB/T 20065—2016)等的规定。预应力筋安装时,其品种、级别、规格和数量必须符合设计要求。当预应力筋需要代换时,应进行专门计算,并应经原设计单位确认。预应力筋在运输、存放过程中,应采取防止其损伤、锈蚀或污染的保护措施。

3.4.2 预应力混凝土施工工艺

(1)先张法施工

先张法是在浇筑混凝土前先张拉预应力钢筋,将张拉的预应力钢筋临时穿入固定台座横梁或钢模的孔洞中,一端用夹具固定,另一端用千斤顶张拉。待张拉到预定的拉力后,将预应力钢筋用夹具锚固在台座横梁或钢模上,然后进行非预应力钢筋绑扎、支模、浇筑混凝土。待混凝土达到规定强度(不低于设计强度等级的 75%)后,保证预应力筋与混凝土有足够黏结力时,放松预应力筋,通过钢筋与混凝土之间的黏结力,使混凝土构件获得预压应力。

先张法适用于生产小型预应力混凝土构件,其生产方式有台座法和机组流水法。台座法是构件在专门设计的台座上生产,即预应力筋的张拉和固定,混凝土的浇筑与养护及预应力筋的放张等工序均在台座上完成。机组流水法是利用特制的钢模板,构件连同钢模板通过固定的机组,按流水方式完成其生产过程。如图 3.47 所示为预应力混凝土构件先张法施工示意图。

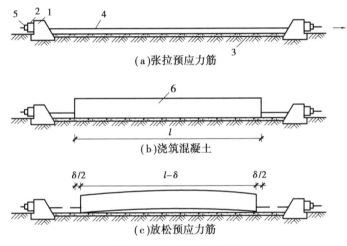

图 3.47 先张法施工顺序

1—台座;2—横梁;3—台面;4—预应力筋;5—锚固夹具;6—混凝土构件

先张法适用于在预制构件厂批量制造的定型的中小型构件,如空心板、吊车梁、檩条等。采用长线法生产时(100 m 台座),张拉一次同时可生产大量构件,生产效率高。先张法的施工工艺流程如图 3.48 所示。

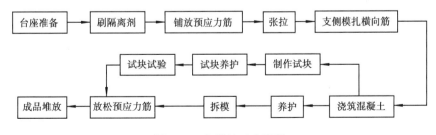

图 3.48 先张法工艺流程

先张法施工可采用台座法或机组流水法。采用台座法时,预应力筋的张拉、锚固和混凝土构件的浇筑养护以及预应力筋的放张等工序皆在台座上进行,预应力筋的张拉力由台座承受。采用机组流水法时,构件是在钢模中生产,预应力筋的张拉力由钢模承受;构件连同钢模按流水方式,通过张拉、浇筑、养护等固定机组完成每一生产过程。

以下着重介绍台座法生产预应力混凝土构件时的台座、夹具、张拉设备和预应力混凝土施工工艺。

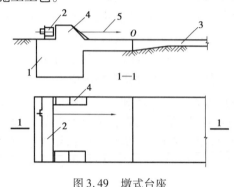

图 3.49 墩式台座
1—传力墩;2—横梁;3—台面;
4—牛腿;5—预应力筋

1)台座

台座是先张法施工张拉和临时固定预应力筋的支撑结构。它承受预应力筋的全部张拉力,它必须具有足够的承载能力、刚度和稳定性,以免台座的变形、倾覆和滑移而引起预应力的损失。台座的形式繁多,一般可分为墩式台座、简易墩式台座和槽式台座。

①墩式台座。

墩式台座由传力墩、台面、横梁等组成,目前应用较多,如图 3.49 所示。

传力墩是墩式台座的主要受力结构,传力墩依靠其自重和土压力平衡张拉力产生的倾覆力矩依靠土的反力和摩阻力平衡张力产生的水平位移。

台面是预应力混凝土构件成型的胎模。它是由素土夯实后铺碎砖垫层,再浇筑 5 ~ 8 cm 厚的 C15 ~ C20 混凝土面层组成的。台面要求平整、光滑,沿其纵向留设 3‰的排水坡度,以利排水。台面必须留伸缩缝,其间距尽可能考虑构件的组合模数,一般以 10 ~ 20 m 为宜。缝宽 3 ~ 5 cm,内嵌木条或浇灌沥青。

横梁是锚固夹具临时固定预应力筋的支点,也是张拉机械张拉预应力筋的支座,常采用型钢或由钢筋混凝土制作而成。横梁的挠度要求小于 2 mm,并不得产生翘曲。

墩式台座的长度和宽度由场地大小、构件类型和产量而定。一般长度为 100 ~ 150 m,宽度为 2 m,又称长线台座。墩式台座张拉一次可生产多根预应力混凝土构件,减少了张拉和临时固定的工作,同时减少了预应力筋滑移和横梁变形引起的预应力损失。

②简易墩式台座。

生产空心板、平板等平面布筋的钢弦混凝土构件时,一般张拉力不大,可采用简易墩式台座,其构造形式如图 3.50 所示。这种台座每米宽度可承受 100 ~ 150 kN 的张拉力。

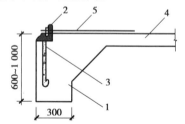

图 3.50 简易式台座
1—卧梁;2—角钢;3—预埋螺栓;
4—混凝土台面;5—预应力钢丝

③槽式台座。

槽式台座由端柱、传力柱和上下横梁以及砖墙等组成,如图 3.51 所示。

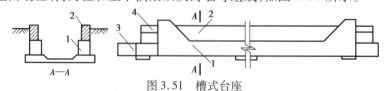

图 3.51 槽式台座
1—钢筋混凝土端柱;2—砖墙;3—下横梁;4—上横梁

端柱和传力柱是槽式台座的主要受力结构,采用钢筋混凝土结构。为了便于装拆转移,端柱和传力柱常采用装配式结构,端柱长 5 m,传力柱每段长 6 m。

槽式台座长度为 45~76 m,能够承受较大的张拉力;宽度随构件外形及制作方式而定,一般不小于 1 m。适用于张拉吨位较大的大型构件,如吊车梁、屋架等。

槽式台座一般与地面相平,以便运输混凝土和蒸汽养护,但需考虑地下水位和排水等问题。端柱、传力柱的端面必须平整,对接接头必须紧密;柱与柱垫连接必须牢靠。

2)夹具

夹具是在预应力筋张拉和临时固定时用来夹持预应力筋的工具,可重复使用。先张法中使用的夹具按其用途不同分为两类:一类是将预应力筋固定在台座上的锚固夹具;另一类是张拉时夹持预应力筋的张拉夹具。

①张拉夹具。

a. 偏心式夹具:用于钢丝的张拉,由一对带齿轮的有牙形偏心块组成。偏心块可用工具钢制作,其刻齿部分的硬度较所夹钢丝的硬度大。这种夹具构造简单,使用方便。

b. 压销式夹具:压销式夹具是用于直径为 12~16 mm 的 HPB300 级钢筋的张拉夹具。它是由销片和楔形压销组成的。销片有与钢筋直径相适应的半圆槽,槽内有齿纹用以夹紧钢筋。

②锚固夹具。

a. 钢质锥形夹具:钢质锥形夹具是主要用来锚固直径为 3~5 mm 的单根钢丝的夹具,如图 3.52 所示。

b. 镦头夹具:镦头夹具如图 3.53 所示,将钢丝端部冷镦或热镦形成粗头,通过承力板或梳筋板锚固。镦头夹具用于预应力钢丝固定端的锚固。

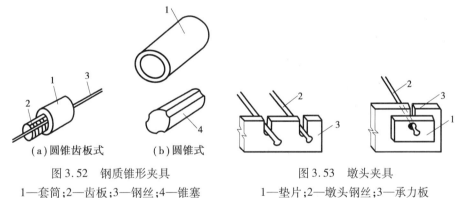

(a)圆锥齿板式　　　(b)圆锥式

图 3.52　钢质锥形夹具

1—套筒;2—齿板;3—钢丝;4—锥塞

图 3.53　墩头夹具

1—垫片;2—墩头钢丝;3—承力板

c. 钢筋锚固夹具:圆套筒三片式夹具是由夹片与套筒组成,如图 3.54 所示,套筒的内孔成圆锥形,3 个夹片互成 120°,钢筋夹持在 3 个夹片中心,夹片内槽上有齿纹,以保证钢筋的锚固。这种夹具适用于夹持直径为 12 mm,14 mm 的单根冷拉 Ⅱ,Ⅲ,Ⅳ级钢筋。

③夹具的要求。

先张法用夹具的静载锚固性能,由预应力夹具组装件(由夹具和预应力筋组装成)、静载锚固试验测定的夹具效率系数 η_g 确定。夹具的静载锚固效率系数应符合下列要求:

$$\eta_g = \frac{F_{gpu}}{F_{pm}} \geq 0.92 \qquad (3.12)$$

式中　η_g——预应力筋—夹具组装件静载锚固性能试验测定的夹具效率系数;

F_{gpu}——预应力筋—夹具组装件的实测极限拉力,N;

F_{pm}——预应力筋的实际平均极限抗拉力,N,由预应力筋试件实测破断力平均值计算确定。

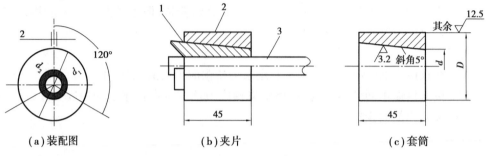

图 3.54　圆套筒三片式夹片
1—套筒;2—夹片;3—预应力钢筋

除上述要求外,夹具还应具备下列性能:

a.在预应力夹具组装件达到实际破断拉力时,全部零件均不得出现裂缝和破坏。

b.应有良好的自锚性能。

c.应有良好的放张性能。需大力敲击才能松开的夹具,必须证明其对预应力筋的锚固无影响,且对操作人员安全不造成危险时,才能采用。

3)张拉设备

张拉设备要求简易可靠,控制应力准确,能以稳定的速率增大拉力。在先张法中常用油压千斤顶、电动或手动螺杆张拉机具等来张拉钢筋。

4)施工工艺

①张拉前的准备工作。

制作安装定位板,检查定位板上的钻孔位置和孔径大小。预应力筋为粗钢筋时,定位板下面孔眼与台面距离必须准确,以确保钢筋的保护层厚度。长线台座台面(或胎模)在铺放钢丝前应涂隔离剂。隔离剂不应沾污钢丝,以免影响钢丝与混凝土的黏结。如果预应力筋遭受污染,应使用适当的溶剂加以清洗。在生产过程中,应防止雨水冲刷掉台面上的隔离剂。预应力钢丝宜用牵引车铺设。如钢丝需要接长,可借助钢丝拼接器用 20～22 号铁丝密排绑扎。绑扎长度:对冷拔低碳钢丝不得小于 $40\ d$(d 为钢丝直径);对高强刻痕钢丝不得小于 $80\ d$。预应力钢筋铺设时,钢筋之间或钢筋与螺杆之间的连接可采用钢筋连接器(图 3.55—图 3.57)。

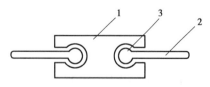

图 3.55　简易镦头钢筋连接器
1—连接器;2—预应力筋;3—镦粗头

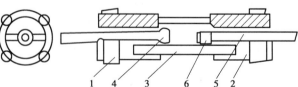

图 3.56　对拼式套筒连接器
1—钢圈;2—半圆形套筒;3—连接钢筋;
4—预应力筋;5—螺丝端杆;6—螺母

②预应力筋的张拉。

预应力筋张拉应根据设计要求进行。当进行多根成组装拉时,应先调整各预应力筋的初应力,使其长度、松紧一致,以保证张拉后各预应力筋的应力一致。

预应力筋张拉控制应力 σ_{con} 按设计规定,设计无规定时可参考表 3.24。张拉控制应力的数值影响预应力的效果,控制应力越高,建立的预应力值越大。但控制应力过高,预应力筋处于高应力状态,使构件出现裂缝的荷载与破坏荷载接近,破坏前无明显的预兆,这是不允许的。此外,施工中为减少松弛等原因造成的预应力损失,一般要进行超张拉。

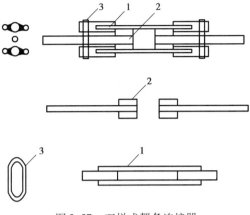

图 3.57 双拼式帮条连接器
1—连接器;2—被连接的钢筋;3—钢圈

超张拉程序可按下列程序之一进行:$0 \rightarrow 105\% \sigma_{con}$(持荷 2 min)$\rightarrow \sigma_{con}$;或 $0 \rightarrow 103\% \sigma_{con}$。

建立上述张拉程序的目的是减少松弛损失。所谓"松弛",即钢材在常温高应力状态下具有不断产生塑性变形的特点。松弛与控制应力大小和延续时间有关,松弛损失随着时间的延续而增加,但在第一分钟内可完成损失总值的 50% 左右,24 h 内则可完成 80%。上述张拉程序,如先超张拉 5% σ_{con} 再持荷 2 min,则可减少 50% 以上的松弛损失。超张拉 3% σ_{con},是为了弥补预应力钢筋的松弛等造成的预应力损失。

表 3.24 预应力筋张拉控制应力值 σ_{con} 取值/($N \cdot mm^{-2}$)

预应力筋种类	拉控制应力值 σ_{con}	
	一般情况	超张拉情况
消除应力的钢丝、钢绞线	$\leqslant 0.75 f_{ptk}$	$\leqslant 0.80 f_{ptk}$
中强度预应力钢丝	$\leqslant 0.70 f_{ptk}$	$\leqslant 0.75 f_{ptk}$
预应力螺纹钢筋	$\leqslant 0.85 f_{pyk}$	$\leqslant 0.90 f_{pyk}$

注:1. f_{ptk} 为预应力钢丝和钢绞线的极限强度标准值。

2. f_{pyk} 为预应力筋极限强度标准值。

采用应力控制方法张拉时,应校核最大张拉力下预应力筋伸长值。实测伸长值与计算伸长值的偏差应控制在 ±6% 之内,否则应查明原因并采取措施后再张拉。预应力筋的计算伸长值 ΔL 按下式计算:

$$\Delta L = \frac{N_P \times L}{A_P \times E_S} \tag{3.13}$$

式中 N_P ——预应力筋的平均张拉力,N,对曲线筋取张拉端的拉力与跨中扣除孔道摩擦损失后的拉力的平均值;

L ——预应力筋的长度,mm;

A_P ——预应力筋的截面面积,mm^2;

E_s ——预应力筋的弹性模量,N/mm^2。

预应力筋的实际伸长值,宜在初应力约为 $10\% \sigma_{con}$ 时量测,并应加上初应力以下的推算伸长值。

预应力筋张拉中应避免预应力筋断裂或滑脱。构件在浇筑混凝土前发生断裂或滑脱的预应力钢丝必须予以更换。测定钢丝的应力可用测力计,其原理如图 3.58 所示:在受拉钢丝的某一段 L 设两支点 A,B,在 AB 段中点加一横向力 P,则钢丝的挠度 f 和其拉力 N 的关系式为:若 L 取定值,f 为常数,则 N 与 P 成正比。

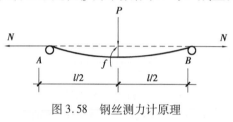

图 3.58 钢丝测力计原理

③混凝土的浇筑与养护。

预应力筋张拉、绑扎和立模工作完成之后,即应浇筑混凝土,每条生产线应一次浇筑完毕。为保证钢线与混凝土有良好的黏结,浇筑时振动器不应碰钢丝。混凝土未达到一定强度前也不允许碰撞或踩动钢丝。

预应力混凝土可采用自然养护或湿热养护。当预应力混凝土进行湿热养护时,应采取正确的养护制度以减少温差引起的预应力损失。预应力筋张拉后锚固在台座上,温度升高后预应力筋膨胀,而台座的温度和长度无变化,预应力筋的应力减少。如果在这种情况下混凝土逐渐硬结,而预应力筋温度升高引起的应力减少则永远不能恢复,这就是温差引起的应力损失。为了减少这种应力损失,应使混凝土在达到一定强度(粗钢筋配筋时为 7.5 MPa,钢丝、钢绞线配筋时为 10 MPa)之前,将温差限制在一定范围内(一般不超过 20 ℃)。

④预应力筋放张。

放张预应力筋时,混凝土强度必须符合设计要求。如设计无要求时,不得低于设计的混凝土强度标准值的 75% 。放张过早预应力筋回缩而引起较大的预应力损失。

A. 放张方法。

配筋不多的中小型钢弦混凝土构件,钢丝可用砂轮锯或切断机切断等方法放张。配筋多的钢弦混凝土构件,钢丝应同时放张,如逐根放张,则最后几根钢丝将承受过大的拉力而突然断裂,易使构件端部开裂。放张后预应力筋的切断顺序,一般由放张端开始,逐次切向另一端;预应力筋为钢筋时,宜用砂轮锯或切断机切断。数量较多时,应同时放张,可用油压千斤顶、砂箱、楔块等装置。

B. 放张顺序。

a. 宜采取缓慢放张工艺进行逐根或整体放张;

b. 对轴心受压构件,所有预应力筋宜同时放张;

c. 对受弯或偏心受压的构件,应先同时放张预压应力较小区域的预应力筋,再同时放张预压应力较大区域的预应力筋。当不能按 a—c 的规定放张时,应分阶段、对称、相互交错放张。

(2) 后张法施工

后张法是先制作混凝土构件,并在构件中按预应力筋的位置预留出孔道,待构件混凝土强度达到规定数值后,穿入预应力筋,用张拉机具进行张拉,并利用锚具将张拉完毕后的预应力筋锚固在构件端部。预应力筋的张拉力,通过构件端部的锚具传给混凝土,使其产生预压应力。张拉锚固后,立即在预留孔道内灌浆,使预应力筋不受锈蚀,并与构件形成整体。预应力混凝土后张法生产示意图如图 3.59 所示。

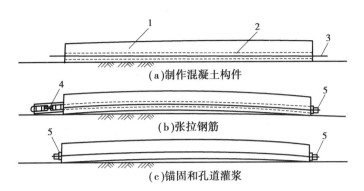

图 3.59 预应力混凝土后张法生产示意图

1—混凝土构件;2—预留孔道;3—预应力筋;4—千斤顶;5—锚具

后张法的生产工艺流程如图 3.60 所示。

后张法的优点是直接在构件上张拉,不需要专门的台座;现场生产,可避免构件的长途搬运,适宜于在现场生产大型构件,特别是大跨度构件,如薄腹梁、吊车梁和屋架等。

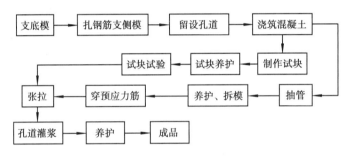

图 3.60 后张法生产工艺流程示意图

1)锚具

锚具是后张法结构或构件中为保持预应力筋拉力并将其传递到混凝土上所用的永久性锚固装置。锚具的类型很多,每种类型都各有其适用范围。按使用情况划分,锚具常分为单根钢筋锚具、成束钢筋锚具和钢丝束锚具等。

A. 单根钢筋锚具。

单根粗钢筋的预应力筋,张拉端一般用螺丝端杆锚具,固定端一般用帮条锚具或镦头锚具。螺丝端杆锚具由螺丝端杆和螺母组成,如图 3.61 所示。螺丝端杆与预应力筋对焊连接,张拉设备张拉螺丝端杆用螺母锚固。这种锚具适用于直径 18 ~ 36 mm 的 Ⅱ,Ⅲ 级钢筋。螺丝端杆与预应力筋的焊接,应在预应力钢筋冷拉以前进行。预应力筋进行冷拉时,螺母应在端杆的端部,使拉力由螺母传至端杆和预应力筋。

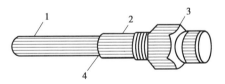

图 3.61 螺栓端杆锚具

1—钢筋;2—螺栓端杆;
3—螺母;4—焊接接头

帮条锚具是由一块方形或圆形衬板与 3 根互成 120°的帮条焊接而成,如图 3.62 所示,适用于锚固直径在 12 ~ 40 mm 的冷拉 Ⅱ,Ⅲ 级钢筋。帮条应在预应力筋冷拉前焊接。

镦头锚具是由镦头和垫板组成。当预应力筋直径在 22 mm 以内时,端部镦头可用对焊机热镦,将钢筋及紫铜棒夹入对焊机的两电极中,使钢筋端面与紫铜棒接触,进行脉冲式通电加热。当钢筋加热至紫红色呈可塑状态时,即逐渐加热加压,直至形成镦头为止,如图 3.63 所示。当钢筋直径较大时可采用加热锻打成型。

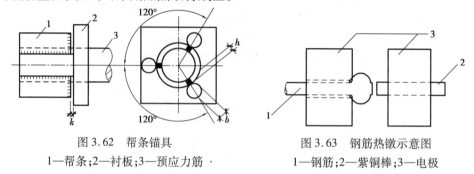

图 3.62　帮条锚具
1—帮条;2—衬板;3—预应力筋

图 3.63　钢筋热镦示意图
1—钢筋;2—紫铜棒;3—电极

B. 成束钢筋锚具。

钢筋束用作预应力筋,张拉端常采用 JM 型锚具,固定端常采用镦头锚具。

a. JM 型锚具。

JM 型锚具由锚环与夹片组成,如图 3.64 所示。夹片呈扇形,用两侧的半圆槽锚固预应力筋。为增加夹片与预应力筋之间的摩擦,在半圆槽内刻有截面为梯形的齿痕,夹片背面的坡度与锚环一致。锚环分甲型和乙型两种,甲型锚环为具有锥形内孔的圆锥体,外形比较简单,使用时直接放置在构件端部的垫板上;乙型锚环在圆柱体外部增添正方形肋板,使用时,锚环直接预埋在构件的端部,不另设垫板。

JM 型锚具可用于锚固 3 ~ 6 根直径为 12 mm 的光圆或螺纹的钢筋束,也可用于锚固 5 ~ 6 根直径为 12 mm 或 15 mm 的钢绞线束。JM 锚具可以作为工具锚重复使用,但如发现夹筋孔的齿纹有轻度损伤时,即应改为工作锚使用。

b. 镦头锚具。

镦头锚具用于固定端,由锚固板和带墩头的预应力筋组成,如图 3.65 所示。

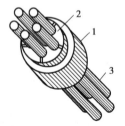

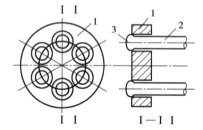

图 3.64　JM 型锚具
1—锚环;2—夹片;3—钢筋束

图 3.65　镦头锚具
1—锚固板;2—预应力筋;3—镦头

C. 钢丝束锚固。

a. 锥形螺杆锚具。

锥形螺杆锚具由锥形螺杆、套筒、螺母组成(图 3.66),适用于锚固 14 ~ 28 根直径为 5 mm 的钢筋束。使用时,先将钢丝束均匀整齐地紧贴在螺杆锥体部分,然后套上套筒,用拉杆式千斤顶使端杆锥通过钢丝挤压套筒,从而锚紧钢丝。由于锥形螺杆锚具不能自锚,所以需要事先加压力顶套筒才能锚固钢丝。锚具的预紧力取张拉的 120% ~ 130%。

b.钢丝束镦头锚具。

钢丝束镦头锚具用于锚固 12~54 根 φ5 mm 碳素钢丝束,分为 DM5A 型和 DM5B 型两种。DM5A 型用于固定端,仅有一块锚板,如图 3.67 所示。

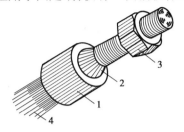 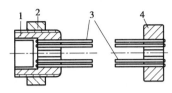

图 3.66　锥形螺杆锚具　　　　　图 3.67　钢丝束镦头锚具

1—套筒;2—锥形螺杆;3—螺母;4—钢丝束　　1—A 型锚环;2—螺母;3—钢丝束;4—锚板束

锚环的内外壁均有丝扣,内丝扣用于连接张拉锚杆,外丝扣用于拧紧螺母锚固钢丝束。应在锚环和锚板四周钻孔,以固定镦头的钢丝。孔数和间距由钢丝根数确定。

预应力筋用锚具的性能,应符合现行国家标准《预应力筋用锚具、夹具和连接器》(GB/T 14370—2015)的有关规定,其工程应用应符合现行行业标准《预应力筋用锚具、夹具和连接器应用技术规程》(JGJ 85—2010)的有关规定。

2)施工工艺

后张法有黏结预应力施工工艺,通常包括孔道留设、预应力筋张拉、孔道灌浆、防腐处理和封堵等施工程序。

①孔道留设。

预应力筋的孔道形状有直线、曲线和折线 3 种。孔道内径应比预应力筋外径或需穿过孔道的锚具(连接器)外径大 6~15 mm,且孔道面积应大于预应力筋面积的 3~4 倍。此外,在孔道的端部或中部应设置灌浆孔,其孔距不宜大于 12 m(抽芯成型)或 30 m(波纹管成型)。曲线孔道的高差大于等于 300 mm 时在孔道峰顶处应设置泌水孔,泌水孔外接管伸出构件顶面长度不宜小于 300 mm,泌水孔可兼作灌浆孔。孔道的成型可采用钢管抽芯、胶管抽芯和预埋波纹管等方法。对孔道成型的基本要求是孔道的尺寸与位置准确,孔道平顺,端部预埋件钢板应垂直孔道中心线等。

a.钢管抽芯法。

钢管抽芯用于直线孔道。钢管表面必须圆滑,预埋前应除锈、刷油。如用弯曲的钢管,转动时会沿孔道方向产生裂缝,甚至塌陷。钢管在构件中用钢筋井字架固定位置,井字架间距不宜大于 1.0 m,与钢筋骨架扎牢。每根钢管长度最好不超过 15 m。较长构件可用两根钢管,其接头处用 0.5 mm 厚铁皮

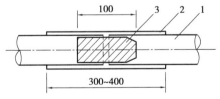

图 3.68　钢管连接方式

1—钢管;2—白铁皮套管;3—硬木塞

套管连接(图 3.68),套管内表面要与钢管外表面紧密结合,以防漏浆堵塞孔道。钢管一端钻 16 mm 小孔,以备插入钢筋棒转动钢管。抽管前每隔 10~15 min 应转管一次。如发现表面混凝土产生裂纹,用铁抹子压实抹平。

b.胶管抽芯法。

胶管一般采用 5 ~ 7 层帆布夹层,壁厚为 6 ~ 7 mm 的普通橡胶管。此种胶管可用于直线、曲线或折线孔道。使用前把胶管一头密封,勿使漏水漏气。

固定胶管位置用的钢筋井字架,间距不宜大于 0.5 m,并与钢筋骨架扎牢。然后充水(或充气)加压到 0.5 ~ 0.8 N/mm²,此时胶管直径可增大约 3 mm。浇筑混凝土时,振动棒不要碰胶管,并应经常检查水压表的压力是否正常,如有变化必须补压。抽管前,先放水(或气)降压,待胶管断面缩小与混凝土自行脱开即可抽管。抽管时间比抽钢管略迟。抽管顺序一般为先上后下,先曲后直。

c. 预埋波纹管法。

波纹管主要有金属波纹管和塑料波纹管两种。这种管是由镀锌薄钢带经压波后卷成,具有质量轻、刚度好、弯折方便、连接容易、与混凝土黏结良好等优点,可做成各种形状的孔道,并可省掉抽管工序。每根管长一般为 4 ~ 6 m,也可根据需要长度在现场加工。波纹管在 1 kN 径向力作用下不会变形,使用前应做灌水试验,检查有无渗漏现象。

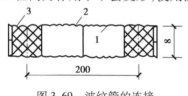

图 3.69　波纹管的连接
1—波纹管;2—接头管(大一号波纹管);
3—密封胶带

波纹管的安装,宜事先在梁的侧模上弹线,以孔底为准。波纹管的固定,采用钢筋井字架,并用铁丝绑牢。井字架间距不宜大于 1.2 m,曲线孔道时应加密。波纹管的连接,采用大一号同型波纹管,接头管长度为 200 mm,用密封胶带或塑料垫塑管封口(图 3.69)。

波纹管使用时应尽量避免反复弯曲,以免管壁开裂,同时应防止电焊火花烧伤管壁。波纹管安装后应检查管壁有无破损、接头是否密封等,并及时用胶带修补。

②预应力筋张拉。

预应力筋张拉前,应提供构件混凝土的强度试验报告。混凝土试块采用同条件养护与标准养护。当混凝土的立方体强度满足设计要求后,方可施加预应力。

施加预应力时,构件的混凝土强度等级应在设计图纸上标明,如设计无要求,混凝土强度不应低于设计强度的 75%,也不得低于所用锚具局部承压所需的混凝土最低强度等级。

后张法预应力的梁和板,现浇结构混凝土的龄期分别不宜小于 7 d 和 5 d。

a. 张拉控制应力。

预应力筋的张拉控制应力应符合设计及专项施工方案的要求。当施工中需要超张拉时,调整后的最大张拉控制应力 σ_{con} 应符合表 3.24 的规定。

b. 张拉程序。

对低松弛钢丝和钢绞线,张拉程序可采用 $0 \rightarrow \sigma_{con}$;对普通松弛的预应力筋,若在设计中预应力筋的松弛损失取大值时,则张拉程序为 $0 \rightarrow \sigma_{con}$ 或按设计要求采用。预应力筋采用钢筋体系或普通松弛预应力筋时,采用超张拉方法可减少预应力筋的应力松弛损失。对支承式锚具其张拉程序为

$$0 \rightarrow 1.05\sigma_{con}(\text{持荷 2 min}) \rightarrow \sigma_{con}$$

对楔紧式(如夹片式)锚具其张拉程序为

$$0 \rightarrow 1.03\sigma_{con}$$

以上两种超张拉程序是等效的,可根据构件类型、预应力筋与锚具、张拉方法等选用。

c. 张拉方法。

后张预应力筋应根据设计和专项施工方案的要求采用一端或两端张拉。采用两端张拉时,宜两端同时张拉,也可一端先张拉锚固,另一端补张拉。当设计无具体要求时,有黏结预应力筋长度不大于 20 m 时可一端张拉,大于 20 m 时,宜两端张拉;预应力筋为直线时,一端张拉的长度可延长至 35 m。

d. 张拉顺序。

应力筋的张拉顺序应符合设计要求,当设计无具体要求时,可采用分批、分阶段、对称张拉,以免构件承受过大的偏心压力,同时应尽量减少张拉设备的移动次数。如图 3.70 所示为预应力混凝土屋架下弦预应力筋的张拉顺序。图 3.70(a)所示预应力筋为二束,采用一端张拉方法,用两台千斤顶分别设置在构件两端,一次张拉完成;图 3.70(b)所示预应力筋为四束,需要分两批张拉,用两台千斤顶分别张拉对角线上的两束,然后张拉另两束。如图 3.71所示为预应力混凝土吊车梁预应力筋的张拉顺序(采用两台千斤顶)。上部两束直线预应力筋一般先张拉,下部四束曲线预应力筋采用两端张拉方法分批进行张拉。为使构件对称受力,每批两束先按一端张拉方法进行张拉,待两批四束均进行一端张拉后,再分批进行另一端补张拉,以减少先批张拉所受的弹性压缩损失。采用分批张拉时,应计算分批张拉的弹性回缩造成的预应力损失值,分别加到先张拉预应力筋的张拉控制应力值内,或采用同一张拉值逐根复位补足。

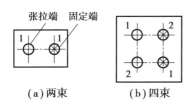
图 3.70　屋架下弦杆预应力筋张拉顺序
1,2—预应力筋分批张拉顺序

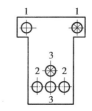
图 3.71　吊车梁预应力筋的张拉顺序
1,2,3—预应力筋的分批张拉顺序

e. 孔道灌浆。

预应力筋张拉后,利用灰浆泵将水泥浆压灌到孔道中去,其作用有二:一是保护预应力筋,以免锈蚀;二是使预应力筋与构件混凝土有效地黏结,以控制超载时裂缝的宽度,并减轻两端锚具的负荷状况。

孔道灌浆应采用标号不低于 42.5 级的普通硅酸盐水泥配制的水泥浆。灌浆用水泥浆应符合下列规定:采用普通灌浆工艺时,稠度宜控制在 12 ~ 20 s,采用真空灌浆工艺时,稠度宜控制在 18 ~ 25 s;水灰比不应大于 0.45;3 h 自由泌水率宜为 0,且不应大于 1%,泌水应在24 h 内全部被水泥浆吸收;24 h 自由膨胀率,采用普通灌浆工艺时不应大于 6%,采用真空灌浆工艺时不应大于 3%;水泥浆中氯离子含量不应超过水泥质量的 0.06%;28 d 标准养护的边长为 70.7 mm 的立方体水泥浆试块抗压强度不应低于 30 MPa。

灌浆时,宜先灌注下层孔道,后灌注上层孔道;灌浆应连续进行,直至排气管排出的浆体稠度与注浆孔处相同且无气泡后,再顺浆体流动方向依次封闭排气孔;全部出浆口封闭后,宜继续加压 0.5 ~ 0.7 MPa,并应稳压 1 ~ 2 min 后封闭灌浆口;当泌水较大时,宜进行二次灌浆和对泌水孔进行重力补浆;因故中途停止灌浆时,应用压力水将未灌注完孔道内已注入的水泥浆冲洗干净。

思考题

1. 简述模板工程的作用和基本要求。

2. 基础、柱、梁、楼板结构的模板构造及安装要求有哪些?

3. 大模板施工中应注意哪些问题?

4. 滑模施工中应该注意哪些问题?

5. 模板的安装与拆除有哪些要求?

6. 钢筋闪光对焊工艺有几种? 如何选用? 质量检查内容有哪些?

7. 钢筋电弧焊接头有哪几种形式? 如何选用? 质量检查内容有哪些?

8. 简述钢筋加工工序和绑扎、安装要求。绑扎接头有何规定?

9. 如何计算钢筋的下料长度?

10. 钢筋隐蔽工程的验收的主要内容有哪些?

11. 混凝土工程施工包括哪几个施工过程?

12. 混凝土施工配合比怎样根据实验室配合比求得? 施工配料怎样计算?

13. 混凝土浇筑基本要求是什么? 怎样防止离析?

14. 什么是施工缝? 留设位置怎样? 继续浇筑混凝土时,对施工缝有何要求? 如何处理?

15. 大体积混凝土浇筑方案及防止温度裂缝的措施有哪些?

16. 什么是混凝土的自然养护? 自然养护有哪些方法? 如何控制混凝土拆模强度?

17. 对混凝土质量试验的试件留置有哪些规定? 试件混凝土强度值如何确定?

18. 先张法和后张法各自的施工工艺有哪些?

19. 预应力张拉的程序中,为什么要规定超张拉?

习 题

1. 某工程混凝土实验室配合比为 $1:2.28:4.47$,水灰比 $W/C=0.63$,每立方米混凝土水泥用量为 $C=285$ kg,现场实测砂含水率 3%,石子含水率 1%,求施工配合比及每立方米混凝土各种材料用量。

2. 某建筑物第一层楼共有 L_1 简支梁 10 根,其配筋图如图 3.72 所示。

(1)计算 L_1 梁中各钢筋的下料长度(钢筋保护层取 25 mm)。

(2)编制"钢筋配料单"。

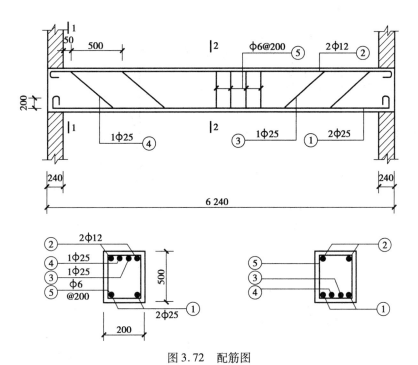

图 3.72   配筋图

4 脚手架工程

本章学习要求

本章重难点：承插型盘扣式钢管脚手架、扣件式钢管脚手架、碗扣式钢管脚手架的基本构造及搭设要求。

学习目标：了解脚手架的分类、作用；掌握承插型盘扣式钢管脚手架、扣件式钢管脚手架、碗扣式钢管脚手架的基本构造及搭设要求；了解门式脚手架、附着升降式脚手架、里脚手架等的适用情况和基本构造。

脚手架是由杆件或结构单元、配件通过可靠连接而组成，能承受相应荷载，具有安全防护功能，为建筑施工提供作业条件的结构架体，包括作业脚手架和支撑脚手架。

脚手架的种类很多，按其搭设位置分为外脚手架和里脚手架；按其所用材料分为竹脚手架与金属脚手架；按用途分为操作脚手架、防护用脚手架、承重和支撑用脚手架；按其构造形式分为多立杆式、门式、吊式、挂式、悬挑式、附着升降式等。

对脚手架的基本要求是工作面满足工人操作、材料及设备堆置和运输的需要；结构具有足够的承载能力和稳定性，变形满足要求；搭拆方便，便于周转使用。

脚手架结构设计应根据脚手架种类、搭设高度和荷载采用不同的安全等级。脚手架安全等级的划分见表4.1。

表4.1　脚手架安全等级

落地作业脚手架		悬挑脚手架		满堂支撑脚手架（作业）		支撑脚手架		安全等级
搭设高度/m	荷载标准值/kN	搭设高度/m	荷载标准值/kN	搭设高度/m	荷载标准值/kN	搭设高度/m	荷载标准值/kN	
≤40	—	≤20	—	≤16	—	≤8	≤15 kN/m³ 或≤20 kN/m 或≤7 kN/点	Ⅱ
>40	—	>20	—	>16	—	>8	>15 kN/m³ 或>20 kN/m 或>7 kN/点	Ⅰ

注：1.支撑脚手架的搭设高度、荷载中任意一项不满足安全等级为Ⅱ级的条件时，其安全等级应划为Ⅰ级。

　　2.附着式升降脚手架安全等级均为Ⅰ级。

　　3.竹、木脚手架搭设高度在现行行业标准规定的限值内，其安全等级均为Ⅱ级。

脚手架拆除时，架体的拆除应从上而下逐层进行，严禁上下同时作业；同层杆件和构配件必须按先外后内的顺序拆除；剪刀撑、斜撑杆等加固杆件必须在拆卸至该杆件所在部位时再拆除；作业脚手架连墙件必须随架体逐层拆除，严禁先将连墙件整层或数层拆除后再拆架体。

拆除作业过程中,当架体的自由端高度超过两个步距时,必须采取临时拉结措施。应设置安全警戒线、警戒标志,并应派专人监护,严禁非作业人员入内。

4.1 承插型盘扣式钢管脚手架

盘扣式脚手架是采用楔形插销连接的一种脚手架,它结构合理、承载力大、装拆方便。这种脚手架的插座、插头和插销的种类很多,如插座有圆形插座、方形插座、梅花形插座、V 形耳插座、U 形耳插座等,插孔有 4 个,也有 8 个,插头和插销的品种规格非常多,名称各不相同。

4.1.1 基本构造

①盘扣节点为盘扣式钢管脚手架的核心部件,由焊接于立杆上的连接盘、水平杆杆端扣接头、斜杆杆端扣接头及插销组成(图 4.1)。立杆上的盘扣节点间距宜按 500 mm 模数设置,水平杆长度宜按 300 mm 模数设置,立杆采用套管承插连接,水平杆和斜杆的杆端采用扣接头卡入连接盘,用楔形插销销紧,形成结构几何不变体系。

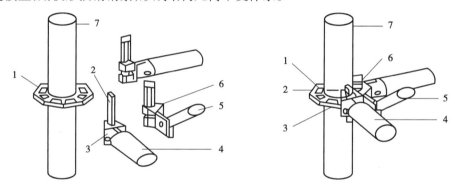

图 4.1 盘扣主节点构造图

1—连接盘;2—插销;3—水平杆杆端扣接头;4—水平杆;5—斜杆;6—斜杆杆端扣接头;7—立杆

②插销外表面应与水平杆和斜杆杆端扣接头内表面吻合,插销连接应保证锤击自锁后不拔脱,抗拔力不得小于 3 kN。

③插销应具有可靠防拔脱构造措施,且应设置便于目视检查楔入深度的刻痕或颜色标记。

④立杆盘扣节点间距宜按 0.5 m 模数设置;横杆长度宜按 0.3 m 模数设置。

4.1.2 承插型盘扣式钢管双排外脚手架的搭设

①用承插型盘扣式钢管支架搭设双排脚手架时,搭设高度不宜大于 24 m。可根据使用要求选择架体几何尺寸,相邻水平杆步距宜选用 2 m,立杆纵距宜选用 1.5 m 或 1.8 m,且不宜大于 2.1 m,立杆横距宜选用 0.9 m 或 1.2 m。

②脚手架首层立杆宜采用不同长度的立杆交错布置,错开立杆竖向间距不宜小于 500 mm,立杆底部应配置可调底座。

③双排脚手架的斜杆或剪刀撑设置应符合下列规定:

a.沿架体外侧纵向每5跨每层应设置一根竖向斜杆,如图4.2(a)所示。

b.每5跨间设置扣件钢管剪刀撑,端跨的横向每层应设置竖向斜杆,如图4.2(b)所示。

④承插型盘扣式钢管支架应由塔式单元扩大组合而成。拐角为直角的部位应设置立杆间的竖向斜杆。当作为外脚手架使用时,单跨立杆间可不设置斜杆。

⑤对双排脚手架的每步水平杆层,当无挂扣钢脚手架板加强水平层刚度时,应每5跨设置水平斜杆。

⑥连墙件的设置应符合下列规定:

a.连墙件必须采用可承受拉压荷载的刚性杆件,连墙件与脚手架立面及墙体应保持垂直、同一层连墙件应在同一平面,水平间距不应大于3跨,与主体结构外侧距离不宜大于300 mm。

b.连墙件应设置在有水平杆的盘扣节点旁,连接点至盘扣节点距离不得大于300 mm;采用钢管扣件做连墙杆时,连墙杆应采用直角扣件与立杆连接。

c.当脚手架下部暂不能搭设连墙件时,宜外扩搭设多排脚手架并设置斜杆形成外侧斜面状附加梯形架,待上部连墙件搭设后方可拆除附加梯形架。

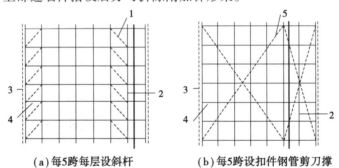

(a)每5跨每层设斜杆　　　　(b)每5跨设扣件钢管剪刀撑

图4.2　承插型盘扣式双排外脚手架斜杆或剪刀撑设置示意图

1—斜杆;2—立杆;3—两端竖向斜杆;4—水平杆;5—扣件钢管剪刀撑

⑦脚手板设置应符合下列规定:

a.钢脚手板的挂钩必须完全扣在水平杆上,挂钩必须处于锁住状态,作业层脚手板应满铺。

b.作业层的脚手板架体外侧应设挡脚板和防护栏,护栏高度宜为1 000 mm,均匀设置两道,并应在脚手架外侧立面满挂密目安全网。

⑧挂扣式钢梯宜设置在尺寸不小于0.9 m×1.8 m的脚手架框架内,钢梯宽度应为廊道宽度的1/2,钢梯可在一个框架高度内折线上升;钢架拐弯处应设置钢脚手板及扶手。

4.2　扣件式钢管脚手架

扣件式钢管脚手架由立杆、纵向水平杆、横向水平杆、剪刀撑、脚手板等组成。它可用于外脚手架(图4.3),也可作内部的满堂脚手架和模板支架,它具有工作可靠、装拆方便和适应性强等优点,是目前我国普遍使用的脚手架品种。

扣件式钢管脚手架的特点是通用性强;搭设高度大;装卸方便;坚固耐用。

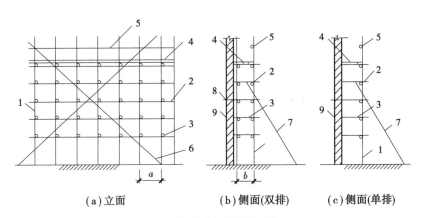

（a）立面　　　　　　（b）侧面(双排)　　　　（c）侧面(单排)

图 4.3　扣件式钢管外脚手架

1—立杆；2—纵向水平杆；3—横向水平杆；4—脚手板；5—栏杆；6—剪刀撑；7—抛撑；8—连墙件；9—墙体

4.2.1　搭设形式及基本构造

根据现行行业标准《建筑施工扣件式钢管脚手架安全技术规范》(JGJ 130—2011)的有关规定,扣件式钢管脚可用于搭设单排脚手架、双排脚手架、满堂脚手架及满堂支撑架等。这些形式的扣件式钢管脚手架主要由钢管杆件(立杆、水平杆、剪刀撑、斜撑、扫地杆等)、扣件、脚手板、连墙件、底座及其他防护和连接构配件等组成。

（1）搭设形式

1）单排脚手架

只设置一排立杆,横向水平杆的一端固定在墙体上的脚手架,简称单排架。

2）双排脚手架

由内外两排立杆和水平杆等构成的脚手架,简称双排架。

3）满堂脚手架

在纵、横方向,由不少于 3 排立杆并与水平杆、水平剪刀撑、竖向剪刀撑、扣件等构成的脚手架,简称满堂脚手架。该架体顶部作业层施工荷载通过水平杆传递给立杆,顶部立杆呈偏心受压状态。

4）满堂支撑架

在纵、横方向,有不少于 3 排立杆并与水平杆、水平剪刀撑、竖向剪刀撑、扣件等构成的承力支架,简称满堂支撑架。该架体顶部的支模或钢结构安装等(同类工程)施工荷载通过可调托撑轴心传力给立杆,顶部立杆呈轴心受压状态。

（2）基本构造

1）钢管杆件

脚手架钢管应采用现行国家标准《直缝电焊钢管》(GB/T 13793—2016)或《低压流体输送用焊接钢管》(GB/T 3091—2015)中规定的 Q235 普通钢管；钢管的钢材质量应符合现行国家标准《碳素结构钢》(GB/T 700—2006)中 Q235 级钢的规定。脚手架钢管宜采用 $\phi48.3\times3.6$ 钢管。每根钢管的最大质量不应大于 25.8 kg,以便适合人工搬运。用于横向水平杆的钢管长度应适应脚手板的宽度。

2)扣件

扣件是采用螺栓紧固的扣接连接件,应采用可锻铸铁或铸钢制作。扣件按结构形式分为3种,即直角扣件、旋转扣件、对接扣件(图4.4)。直角扣件是用于垂直交叉杆件间连接的扣件;旋转扣件是用于平行或斜交杆件间连接的扣件;对接扣件是用于杆件对接连接的扣件。

(a)直角扣件　　　　(b)旋转扣件　　　　(c)对接扣件

图4.4　扣件形式

3)脚手板

脚手板按其适用材料可分为钢脚手板、木脚手板、竹脚手板等,单块脚手板的质量不宜大于30 kg,且表面应具有防滑、防积水构造。冲压钢脚手板是一种应用较广的钢脚手板,一般厚度为2 mm、长度为2～4 m、宽度为250 mm。目前,钢筋格栅脚手板的应用越来越多,常采用直径为8～10 mm的钢筋焊接格栅网片,具有质量小、便于绑扎等优点。木脚手板已较少应用。竹脚手板在南方地区应用较普遍,一般用毛竹或楠竹制成竹串片脚手板或竹笆脚手板。

4)连墙件

连墙件是将脚手架与主体结构连为一体,传递水平力的构件。其对保证脚手架刚度和稳定、承担风荷载等水平荷载,以防止架体倾斜或倾覆等具有重要作用。连墙件根据连接作用方式可分为以下两类:

①刚性连墙件。刚性连墙件既可承受拉力和压力的作用,又有一定的抗弯和抗扭能力。可采用钢管或其他型钢作为刚性连墙件,如图4.5(a)所示。这种连接方式具有较大的刚度,其既能受拉,又能受压,在荷载作用下变形较小。

②柔性连墙件。柔性连墙件只能承受拉力和压力的作用,如图4.5(b)所示。例如,采用钢丝绳、钢筋或拉杆拉结,并使横向水平杆顶紧主体结构时,只能承受拉力和压力的柔性连墙件。柔性连墙件一般只用于高度不大于24 m的脚手架。

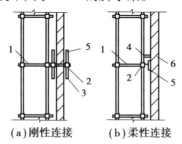

(a)刚性连接　　　(b)柔性连接

图4.5　连墙件

1—连墙杆;2—扣件;3—刚性钢管;4—钢丝;5—木楔;6—预埋件

5)底座

底座一般采用厚8 mm边150～200 mm的钢板作底板上焊高为150 mm的钢管。底座形式有内插式和外套式两种(图 4.6),内插式的外径 D_1 比立杆内径小 2mm,外套式的内径 D_2 比立杆外径大 2 mm。

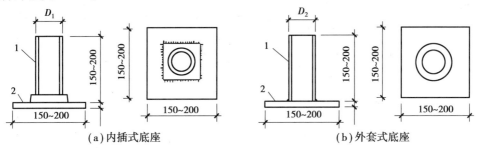

图 4.6　扣件钢管架底座
1—承插钢管;2—钢板底座

4.2.2　搭设要求

(1)单、双排脚手架

1)常用单、双排脚手架设计尺寸

钢管扣件脚架搭设中应注意地基平整坚实,底部设置底座和垫板,并有可靠的排水措施以防止积水浸泡地基。单排脚手架的搭设高度不大于 21 m;双排脚手架的搭设高度不大于 50 m。高度大于 50 m 的双排脚手架应采用分段搭设的措施。常用密目式安全网全封闭单、双排脚手架结构的设计尺寸,可按表 4.2、表 4.3 采用。

表 4.2　常用密目式安全立网全封闭式双排脚手架的设计尺寸

连墙件设置	立杆横距 l_b/m	步距 h/m	下列荷载时的立杆纵距 l_a/m				脚手架允许搭设高度 H/m
			2+0.35 /(kN·m^{-2})	2+2+2×0.35 /(kN·m^{-2})	3+0.35 /(kN·m^{-2})	3+2+2×0.35 /(kN·m^{-2})	
二步三跨	1.05	1.5	2.0	1.5	1.5	1.5	50
		1.80	1.8	1.5	1.5	1.5	32
	1.30	1.5	1.8	1.5	1.5	1.5	50
		1.80	1.8	1.2	1.5	1.2	30
	1.55	1.5	1.8	1.5	1.5	1.5	38
		1.80	1.8	1.2	1.5	1.2	22
三步三跨	1.05	1.5	2.0	1.5	1.5	1.5	43
		1.80	1.8	1.2	1.5	1.2	24
	1.30	1.5	1.8	1.5	1.5	1.2	30
		1.80	1.8	1.2	1.5	1.2	17

注:1. 表中所示 2+2+2×0.35(kN·m^{-2}),包括下列荷载:2+2(kN·m^{-2})为二层装修作业层施工荷载标准值;2×0.35(kN·m^{-2})为二层作业层脚手板自重荷载标准值。

2. 作业层横向水平杆间距,应按不大于 l_a/2 设置。

3. 地面粗糙度为 B 类,基本风压 $W_0 = 0.4$ kN/m^2。

表 4.3　常用密目式安全立网全封闭式单排脚手架的设计尺寸

连墙件设置	立杆横距 l_b/m	步距 h/m	下列荷载时的立杆纵距 l_a/m		脚手架允许搭设高度 H/m
			$2+0.35/(kN \cdot m^{-2})$	$3+0.35/(kN \cdot m^{-2})$	
二步三跨	1.20	1.5	2.0	1.8	24
		1.80	1.5	1.2	24
	1.40	1.5	1.8	1.5	24
		1.80	1.5	1.2	24
二步三跨	1.20	1.5	2.0	1.8	24
		1.80	1.2	1.2	24
	1.40	1.5	1.8	1.5	24
		1.80	1.2	1.2	24

注:同表4.2。

2)脚手架纵向水平杆

纵向水平杆应设置在立杆内侧,单根杆长度不应小于 3 跨;纵向水平杆接长应采用对接扣件连接或搭接,并应符合下列规定:

①两根相邻纵向水平杆的接头不应设置在同步或同跨内;不同步或不同跨两个相邻接头在水平方向错开的距离不应小于 500 mm;各接头中心至最近主节点的距离不应大于纵距的 1/3(图 4.7)。

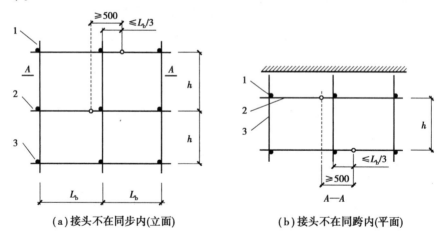

(a)接头不在同步内(立面)　　　　(b)接头不在同跨内(平面)

图 4.7　纵向水平杆对接接头布置
1—立杆;2—纵向水平杆;3—横向水平杆

②接头长度不应小于 1 m,应等间距设置 3 个旋转扣件固定;端部扣件盖板边缘至搭接纵向水平杆杆端的距离不应小于 100 mm。

3)横向水平杆的构造应符合的规定

①作业层上非主节点处的横向水平杆,宜根据支承脚手板的需要等间距设置,最大间距不应大于纵距的 1/2。

②当使用冲压钢脚手板、木脚手板、竹串片脚手板时,双排脚手架的横向水平杆两端均应采用直角扣件固定在纵向水平杆上;单排脚手架的横向水平杆的一端应用直角扣件固定在纵向水平杆上,另一端应插入墙内,插入长度不应小于 180 mm。

③当使用竹笆脚手板时,双排脚手架的横向水平杆的两端,应用直角扣件固定在立杆上;单排脚手架的横向水平杆的一端,应用直角扣件固定在立杆上,另一端插入墙内,插入长度不应小于 180 mm。

4)立杆

每根立杆底部宜设置底座或垫板。脚手架必须设置纵、横向扫地杆。纵向扫地杆应采用直角扣件固定在距钢管底端不大于 200 mm 处的立杆上。横向扫地杆应采用直角扣件固定在紧靠纵向扫地杆下方的立杆上。脚手架立杆基础不在同一高度上时,必须将高处的纵向扫地杆向低处延长两跨与立杆固定,高低差不应大于 1 m。靠边坡上方的立杆轴线到边坡的距离不应小于 500 mm(图 4.8)。

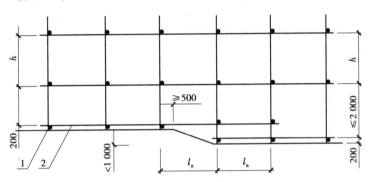

图 4.8　纵、横向扫地杆构造
1—横向扫地杆;2—纵向扫地杆

单、双排脚手架底层步距均不应大于 2 m。单排、双排与满堂脚手架立杆接长除顶层顶部外,其余各层各步接头必须采用对接扣件连接。脚手架立杆的对接、搭接应符合下列规定:

①当立杆采用对接接长时,立杆的对接扣件应交错布置,两根相邻立杆的接头不应设置在同步内,同步内隔一根立杆的两个相隔接头在高度方向错开的距离不宜小于 500 mm;各接头中心至主节点的距离不宜大于步距的 1/3。

②当立杆采用搭接接长时,搭接长度不应小于 1 m,并应采用不少于两个旋转扣件固定。端部扣件盖板的边缘至杆端距离不应小于 100 mm。脚手架立杆顶端栏杆宜高出女儿墙上端 1 m,宜高出檐口上端 1.5 m。

5)连墙件

脚手架连墙件设置的位置、数量应按专项施工方案确定。脚手架连墙件数量的设置除应满足本规范的计算要求外,还应符合表 4.4 的规定。

连墙件的布置应符合下列规定:

①应靠近主节点设置,偏离主节点的距离不应大于 300 mm。

②应从底层第一步纵向水平杆处开始设置,当该处设置困难时,应采用其他可靠措施固定。

③应优先采用菱形布置,或采用方形、矩形布置。

表4.4　连墙件布置最大间距

搭设方法	高度 h/m	竖向间距 h/m	水平间距 l_a/m	每根连墙件覆盖面/m^2
双排落地	≤50	3	3	≤40
双排悬挑	>50	2	3	≤27
单排	≤24	3	3	≤40

开口型脚手架的两端必须设置连墙件,连墙件的垂直间距不应大于建筑物的层高,并且不应大于4 m。连墙件中的连墙杆应呈水平设置,当不能水平设置时,应向脚手架一端下斜连接。连墙件必须采用可承受拉力和压力的构造。对高度24 m以上的双排脚手架,应采用刚性连墙件与建筑物连接。

当脚手架下部暂不能设连墙件时应采取防倾覆措施。当搭设抛撑时,抛撑应采用通长杆件,并用旋转扣件固定在脚手架上,与地面的倾角应为45°~60°;连接点中心至主节点的距离不应大于300 mm。抛撑应在连墙件搭设后再拆除。架高超过40 m且有风涡流作用时,应采取抗上升翻流作用的连墙措施。

6)剪刀撑与横向斜撑

双排脚手架应设置剪刀撑与横向斜撑,单排脚手架应设置剪刀撑。单、双排脚手架剪刀撑的设置应符合下列规定:

①每道剪刀撑跨越立杆的根数应按表4.5的规定确定。每道剪刀撑宽度不应小于4跨,且不应小于6 m,斜杆与地面的倾角应为45°~60°。

表4.5　剪刀撑跨越立杆的最多根数

剪刀撑斜杆与地面的倾角 α/(°)	45	50	60
剪刀撑跨越立杆的最多根数 n/根	7	6	5

②剪刀撑斜杆应用旋转扣件固定在与之相交的横向水平杆的伸出端或立杆上,旋转扣件中心线至主节点的距离不应大于150 mm。

高度在24 m及以上的双排脚手架应在外侧全立面连续设置剪刀撑;高度在24 m以下的单、双排脚手架,均必须在外侧两端、转角及中间间隔不超过15 m的立面上,各设置一道剪刀撑,并应由底至顶连续设置(图4.9)。

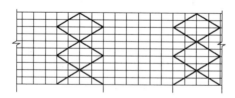

图4.9　高度24 m以下剪刀撑布置

双排脚手架横向斜撑的设置,高度在24 m以下的封闭型双排脚手架可不设横向斜撑,高度在24 m以上的封闭型脚手架,除拐角应设置横向斜撑外,中间应每隔6跨距设置一道斜撑。开口型双排脚手架的两端均必须设置横向斜撑。

（2）满堂脚手架

①满堂脚手架搭设高度不宜超过36 m,且施工层不得超过1层。其立杆底部宜设置底座或垫板,立杆接长接头必须采用对接扣件连接。对立杆对接扣件布置、扫地杆的设置、水平杆的连接等要求与单双排脚手架类似,且水平杆长度不宜小于3跨。

②满堂脚手架应在架体外侧四周及内部纵、横向每6~8 m由底至顶设置连续竖向剪刀撑。当架体搭设高度在8 m以下时,应在架顶部设置连续水平剪刀撑;当架体搭设高度在8 m及以上时,应在架体底部、顶部及竖向间隔不超过8 m分别设置连续水平剪刀撑。水平剪刀撑宜在竖向剪刀撑斜杆相交平面设置。剪刀撑宽度应为6~8 m,剪刀撑应用旋转扣件固定在与之相交的水平杆或立杆上,旋转扣件中心线至主节点的距离不宜大于150 mm。

③满堂脚手架的高宽比不宜大于3,当高宽比大于2时,应在架体的外侧四周和内部水平间隔6~9 m,竖向间隔4~6设置连墙件上与建筑结构拉结,当无法设置物件时,应采取设置钢丝绳张拉固定等措施。

（3）满堂支撑架

①满堂支撑架搭设高度不宜超过30 m。其在伸出顶层水平杆中心线至支撑点的长度不应超过0.5 m,其中立杆、水平杆的构造要求同满堂脚手架。

②对剪刀撑设置,满堂支撑架分为普通型和加强型,具体要求详见《建筑施工扣件式钢管脚手架安全技术规范》(JGJ 130—2011)的有关规定。

③满堂支撑架所采用的可调底座、可调托撑螺杆伸出长度不宜超过300 mm,插入立杆内的长度不得小于150 mm。

4.3　碗扣式钢管脚手架

4.3.1　基本构造

碗扣式钢管脚手架是节点采用碗扣方式连接的钢管脚手架,具有连接方便可靠、整体性好、力学性能较优等特点。碗扣式钢管脚手架可用于搭设双排脚手架和模板支撑架。碗扣式钢管脚手架主要由钢管立杆、水平杆、碗扣节点及其他构配件等组成。

（1）碗扣节点

碗扣节点由上碗扣、下碗扣、水平杆接头和限位销等构成(图4.10)。

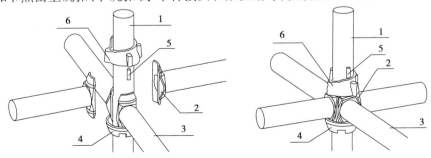

图4.10　碗扣节点构造图
1—立杆;2—水平杆接头;3—水平杆;4—下碗扣;5—限位销;6—上碗扣

（2）钢管杆件

碗扣式钢管脚手架的杆件规格采用 $\phi48.3\times3.5$ 钢管,其立杆、水平杆、专用斜杆等多为定型产品。在脚手架搭设连接时,只需将水平杆接头插入下碗扣内,再将上碗扣沿限位销扣下,并顺时针旋转,通过上碗扣的螺旋面使之与限位销顶紧,从而使水平杆与立杆牢固地连为一体。斜杆则用来进一步增强脚手架的整体稳定。

4.3.2 搭设要求

（1）双排脚手架

①双排脚手架的搭设高度不宜超过 50 m;当搭设高度超过 50 m 时,应采取分段搭设等措施。

②双排脚手架立杆横距通常为 1.2 m(或 0.9 m),纵距根据脚手架荷载可分为 1.2 m,1.5 m,步距为 1.8 m(或 2.0 m)。

③水平杆应按步距纵向和横向连续设置。底层水平杆作为扫地杆时距地面高度不应超过 400 m 且在施工中严禁随意拆除扫地杆。

④双排脚手架应设置竖向斜撑杆,且采用专用外斜杆,并应设置在有纵向及横向水平杆的碗扣节点上;在架体转角处、开口型双排脚手架的端部应各设置一道竖向斜撑杆;当架体设高度在 24 m 以下时,应每隔不大于 5 跨设置一道竖向斜撑杆;当架体设高度在 24 m 及以上时,应每隔大于 3 跨设置一道竖向斜撑杆,相邻斜撑杆宜成对称"八"字形设置。

⑤当双排脚手架高度在 24 m 以上时,顶部以下所有的连墙件设置层应连续设置"之"字形水平斜撑杆,水平斜撑杆应设置在纵向水平杆之下。

⑥连墙件应采用能承受压力和拉力的构造,并应与建筑结构和架体连接牢固;同一层连墙件应设置在同一水平面,连墙点的水平投影间距不得超过 3 跨,竖向垂直间距不得超过 3 步,连墙点之上架体的悬臂高度不得超过两步;在架体的转角处、开口型双排脚手架的端部应增设连墙件,连墙件的竖向垂直间距不应大于建筑物的层高,且不应大于 4 m;连墙件宜从底层第一道水平杆处开始设置,采用菱形布置,也可采用矩形布置;连墙件应设置在靠近有横向水平杆的碗扣节点处,当采用钢管扣件做连墙件时,连墙件应与立杆连接,连接点距架体碗扣主节点距离不应大于 300 mm。

（2）模板支撑架

①模板支撑架的搭设高度不宜超过 30 m;支撑架应根据所承受的荷载选择立杆的间距和步距,底层纵、横向水平杆作为扫地杆,距地面高度不应超过 400 mm,立杆底部应设置固定底座或可调底座;立杆顶端可调托撑伸出顶层水平杆的长度不得大于 650 mm。

②独立的模板支撑架高宽比不宜大于 3,当大于 3 时,可采取扩大下部架体尺寸、对称设置缆风绳或采取其他防倾覆措施。当架体周边有主体结构时,应进行可靠连接。

4.4 其他脚手架

4.4.1 门式脚手架

门式脚手架是一种工厂生产、现场组拼的脚手架,它不仅可以作为外脚手架,还可以作为移动式里脚手架或满堂脚手架。门式脚手架广泛应用于建筑、桥梁、隧道、地铁等工程施工，现在规定,门式脚手架不得用于搭设满堂承重支撑架体系。门式脚手架基本单元由门架、交叉撑、水平加固杆和连接棒组合而成(图4.11)。若干基本单元通过连接器在竖向叠加组成一个多层框架,在水平方向用加固杆和水平梁架使相邻单元连成整体,加上斜梯、栏杆柱和横杆组成上下步相通的外脚手架。

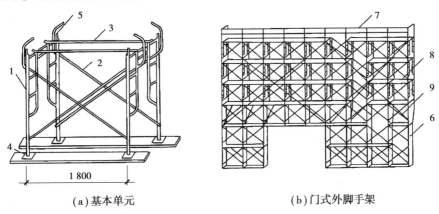

(a)基本单元　　　　　　(b)门式外脚手架

图4.11　门式脚手架
1—门架;2—交叉支撑;3—水平加固杆;4—调节螺栓;
5—连接棒;6—梯子;7—栏杆;8—脚手板;9—剪刀撑

4.4.2　附着升降式脚手架

附着升降式脚手架是附着于工程结构,并依靠自身带有的升降设备,实现整体或分段升降的悬空脚手架。附着升降式脚手架的爬升过程如图4.12所示。附着升降式脚手架由架体、附着支承,提升机构和设备、安全装置和控制系统4个基本部分构成。

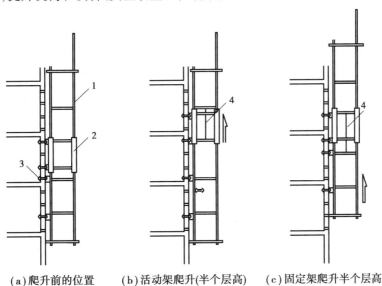

(a)爬升前的位置　　　(b)活动架爬升(半个层高)　　(c)固定架爬升半个层高

图4.12　升降式脚手架爬升过程
1—固定架;2—活动架;3—附墙螺栓;4—倒链

（1）**架体**

附着升降式脚手架的架体由竖向主框架、水平梁架和架体板等构成。竖向主框架是指构成架体的边框架，与附着支承构件连接，并将架体荷载传给工程结构的传载构件。水平架梁一般设于底部，承受架体板传下来的架体荷载并将其传给竖向主框架，同时水平梁架的设置是加强架体整体性和刚度的重要措施。除竖向主框架和水平梁架的其余架体部分称为架体板，在承受风荷载等侧向水平荷载时，它相当于两端支承于竖向主框架之上的一块板。

（2）**附着支承**

附着支承是为了确保架体在升降时处于稳定状态，起避免晃动和抵抗倾覆作用的装置。它应达到以下要求：架体在任何状态（使用、上升或下降）下，与工程结构之间必须有不少于两处的附着支承点；必须设置防倾覆装置。

（3）**提升机构和设备**

附着升降式脚手架的提升机构取决于提升设备，提升机构共有吊升式、顶升式和爬升式3种。

①吊升式提升机构的提升设备为挂置电动葫芦或手动葫芦时，以链条或拉杆吊着架体沿导轨滑动而上升；提升设备为小型卷扬机时，则采用钢丝绳，依靠导向滑轮进行架体的提升。

②顶升式提升机构是通过液压缸活塞杆的伸长，使导轨上升并带动架体上升的。

③爬升式提升机构是通过上下爬升箱带着架体沿导轨自动向上爬升的。提升机构和设备应确保处于完好状况，且要工作可靠、动作稳定。

（4）**安全装置和控制系统**

附着升降式脚手架的安全装置包括防坠和防倾装置。防倾装置是采用防倾导轨及其他部件来控制架体水平位移的部件。防坠装置则是为了防止架体坠落的装置，即一旦因断链（杆、绳）等造成架体坠落，就能立即动作，及时将架体制停在防坠杆等支承结构上。附着升降式脚手架的设计、安装及升降操作必须符合有关的规范和规定。

4.4.3 里脚手架

里脚手架是搭设在建筑物内部的一种脚手架，一般用于墙体高度不大于4 m的房屋。砖混结构房屋墙体砌筑多采用工具式里脚手架。工具式里脚手架分为折叠式、支柱式、门架式等多种形式。

（1）**折叠式里脚手架**

折叠式里脚手架分为角钢折叠式里脚手架、钢管折叠式里脚手架和钢筋折叠式里脚手架等，适用于民用建筑间隔墙、围墙的砌筑和内粉刷。

角钢折叠式里脚手架（图4.13）搭设间距：砌墙时不超过2 m，粉刷时不超过2.5 m；可搭设两步；每个质量为25 kg。

钢管折叠式里脚手架搭设间距：砌墙时不超过1.8 m，粉刷时不超过2.2m；每个质量为18 kg。钢筋折叠式里脚手架搭设间距同钢管折叠式里脚手架。

（2）**支柱式里脚手架**

支柱式里脚手架分为套管式支柱里脚手架和承插式钢管支柱里脚手架。一般由若干个支柱、横杆、脚手板等组成。搭设间距：砌墙时不超过2 m，粉刷时不超过2.5 m。如图4.14和图4.15所示分别表示套管式支柱和承插式钢管支柱。

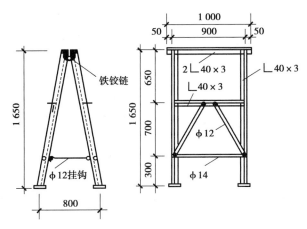

图 4.13　角钢折叠式里脚手架

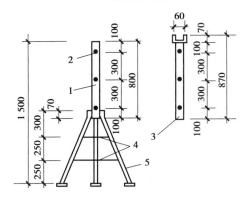

图 4.14　管套式支柱

1—ϕ50×3 立管;2—ϕ10 销孔;3—ϕ42×2.5 插管;4—ϕ12;5—ϕ18

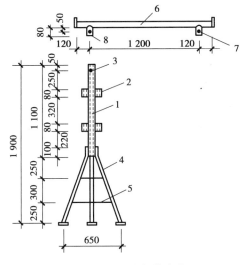

图 4.15　承插式钢管支柱

1—立管 ϕ50×3;2—承插管 ϕ48×3;3—销孔;4—ϕ18;
5—ϕ12;6—横杆 ϕ48×3;7—销孔;8—ϕ40×2.5

(3)门架式里脚手架

门架式里脚手架由 A 形支架和门架两种构件组成,如图 4.16 所示为 A 形支架、门架及其安装示意图。

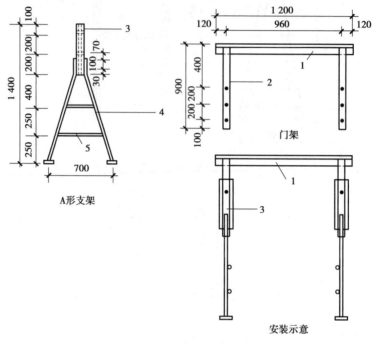

A形支架

门架

安装示意

图 4.16 门架式里脚手架
1—2∟36×3;2—ϕ42×3 钢管;3—ϕ50×3 立管;4—ϕ20(或 ϕ25×2)支脚;5—ϕ14

思考题

1. 简述脚手架的作用及基本要求及分类。
2. 简述盘扣式钢管脚手架的基本构造和搭设要求。
3. 扣件式钢管脚手架构造如何？其搭设有何要求？
4. 简述碗扣式钢管脚手架的构造特点和优点。
5. 里脚手架的主要形式有哪些？

5 结构安装工程

本章学习要求

本章重难点:起重机械的选择;单层工业厂房结构安装工艺;钢结构常用连接方法、种类及施工要点;装配式构件的吊装及节点连接。

学习目标:了解起重机械的类型、构造、性能及工作特点;了解单层工业厂房结构安装的全过程,掌握柱、吊车梁、屋架等主要构件的平面布置及安装工艺;了解多层装配式框架结构安装的特点及吊装方案;了解钢结构构件工厂制作的工艺过程;了解钢结构常用焊接方法、特点及适用范围;了解钢结构紧固件的连接方法、特点及适用范围,熟悉高强螺栓施工要点;掌握钢结构制作安装的质量要求;了解网架和钢桁架在制作施工中应考虑的技术问题;了解装配式构件的制作、运输、堆放等要求,熟悉装配式构件的吊装及节点连接。

5.1 起重安装机械与设备

5.1.1 索具设备

在结构安装工程中,需要使用的索具设备有钢丝绳、滑轮组、卷扬机、吊钩、卡环、横吊梁等。

(1)钢丝绳

钢丝绳是吊装工艺中的主要绳索,具有强度高、韧性好、耐磨等特点。

常用钢丝绳的规格有6×19+1(6股19丝加一根麻绳芯)和6×37+1(6股37丝加一根麻绳芯)钢丝绳。

钢丝绳的容许拉力应满足下式要求:

$$S \leqslant \frac{aR}{K} \tag{5.1}$$

式中 S——钢丝绳容许拉力,N;

a——钢丝绳破断拉力换算系数;

R——钢丝绳的钢丝破断拉力总和,N;

K——钢丝绳安全系数。

(2)卷扬机

结构安装中的卷扬机,有手动和电动两类,其中电动卷扬机分慢速和快速两种。慢速卷扬机(JJM型)主要用于吊装结构、冷拉钢筋和张拉预应力筋;快速卷扬机(JJK型)主要用于垂直运输、水平运输以及打桩作业。

（3）滑轮组

滑轮组，即由一定数量的定滑轮和动滑轮组成，并由通过绕过它们的绳索联系成为整体，如图 5.1 所示，从而达到省力和改变力的方向的目的。利用滑轮组起重省力的多少，主要取决于穿绕动滑轮的绳子根数（称为工作线数）和滑轮轴承的摩阻力大小。

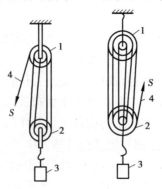

图 5.1　轮滑组

1—定滑轮;2—动滑轮;3—重物;4—跑头

滑轮组引出绳头（称跑头）的拉力，可用下式计算：

$$S = KQ \tag{5.2}$$

式中　S——跑头拉力；

　　　Q——计算荷载（吊装荷载）；

　　　K——滑轮组省力系数。

当钢丝绳从定滑轮绕出时：

$$K = \frac{f^n(f-1)}{f^n-1} \tag{5.3}$$

当钢丝绳从动滑轮绕出时：

$$K = \frac{f^{n-1}(f-1)}{f^n-1} \tag{5.4}$$

式中　f——单个滑轮组的阻力系数，对青铜轴套轴承，$f=1.04$;对滚珠轴承，$f=1.02$;对无轴套轴承，$f=1.06$;

　　　n——工作线数。

起重机械所用滑轮组通常都是青铜轴承，其滑轮组的省力系数 K 值可查表 5.1。

表 5.1　青铜轴套滑轮组省力系数

工作线数 n	1	2	3	4	5	6	7	8	9	10
省力系数 K	1.040	0.529	0.360	0.275	0.224	0.190	0.166	0.148	0.134	0.123
工作线数 n	11	12	13	14	15	16	17	18	19	20
省力系数 K	0.114	0.106	0.100	0.095	0.090	0.086	0.082	0.079	0.076	0.074

5.1.2　桅杆式起重机

桅杆式起重机按其构造不同，可分为独脚拔杆起重机、人字拔杆起重机、悬臂拔杆起重机和牵缆式桅杆起重机等。其适用于安装工程量比较集中的工程。

(1)独脚拔杆起重机

独脚拔杆起重机由拔杆、起重滑轮组、卷扬机、缆风绳等组成,如图5.2(a)所示。使用时,拔杆应保持不大于10°的倾角,以防吊装时构件撞击拔杆。拔杆底部要设置拖子,以便移动。拔杆的稳定主要依靠缆风绳,缆风绳数量一般为6~12根,且不得少于4根。

(2)人字拔杆起重机

人字拔杆起重机一般由两根圆木或两根钢管用钢丝绳绑扎或铁件铰接而成,两杆夹角一般为20°~30°,底部设有拉杆或拉绳以平衡水平推力,拔杆下端两脚的距离为高度的1/3~1/2,如图5.2(b)所示。

(3)悬臂拔杆起重机

悬臂拔杆起重机是在独脚拔杆的中部或2/3高度处装一根起重臂而成的。其特点是起重高度和起重半径都较大,起重臂左右摆动的角度也较大,但起重量较小,多用于轻型构件的吊装,如图5.2(c)所示。

(4)牵缆式桅杆起重机

牵缆式桅杆起重机是在独脚拔杆下端装一根起重臂而成的。这种起重机的起重臂可以起伏,机身可360°回转,可以在起重机半径范围内把构件吊到任何位置。用角钢组成格构式截面杆件的牵缆式起重机,桅杆高度可达80 m,起重量可达60 t。牵缆式桅杆起重机要设较多的缆风绳,适用于构件多且集中的工程,如图5.2(d)所示。

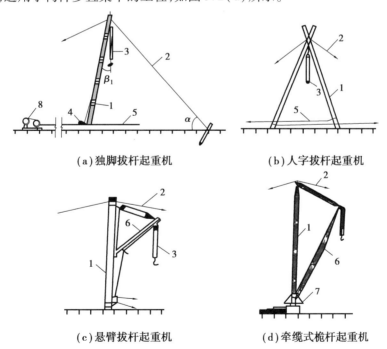

(a)独脚拔杆起重机　　　　　　(b)人字拔杆起重机

(c)悬臂拔杆起重机　　　　　　(d)牵缆式桅杆起重机

图5.2　桅杆式起重机

1—执杆;2—缆风绳;3—起重滑轮组;4—导向装置;

5—拉索;6—起重臂;7—回轮盘;8—卷扬机

5.1.3 自行式起重机

自行式起重机分为履带式起重机、汽车式起重机和轮胎式起重机。

(1)履带式起重机

履带式起重机是一种具有履带行走装置的全回转起重机,如图 5.3 所示。它利用两条面积较大的履带着地行走,由行走装置、回转机构、机身及起重臂等部分组成。在结构安装工程中,常用的履带式起重机有 W1-50 型、W1-100 型、W1-200 型及一些进口机型。履带式起重机的主要技术参数有 3 个,即起重量 Q、起重半径 R 和起重高度 H。其中,起重量 Q 是指起重机安全工作所允许的最大起重重物的质量;起重半径 R 是指起重机回转轴线至吊钩中心的水平距离;起重高度 H 是指起重吊钩中心至停机地面的垂直距离。

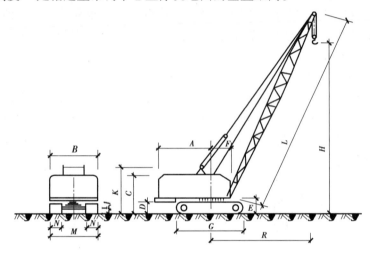

图 5.3 履带式起重机

A,B,C—外形尺寸符号;L—起重臂长度;H—起重高度;R—起重半径

起重量 Q、起重半径 R、起重高度 H 这 3 个参数之间存在相互制约的关系,其数值的变化取决于起重臂的长度及其仰角的大小。每一种型号的起重机都有几种臂长,当臂长一定时,起重半径随起重臂仰角的增大、起重量和起重高度的增大而减小;当起重臂仰角一定时,起重量随起重臂长的增加、起重半径及起重高度的增加而减小。

(2)汽车式起重机

汽车式起重机是将起重机构安装在通用或专用汽车底盘上的一种自行式全回转起重机,如图 5.4 所示。起重机动力由汽车发动机供给,其负责行驶的驾驶室与起重操纵室分开设置。这种起重机的优点是运行速度快,能迅速转移,对路面破坏性较小。但其进行吊装作业时必须支腿,不能负荷行驶,也不适合在松软或泥泞的地面上工作。一般而言,汽车式起重机适用于构件运输、装卸作业和结构吊装作业。

(3)轮胎式起重机

轮胎式起重机是把起重机构安装在由加重型轮胎和轮轴组成的特制底盘上的一种全回转式起重机,如图 5.5 所示。其上部构造与履带式起重机基本相同。为了保证安装作业时机身的稳定性,起重机设有 4 个可伸缩的支腿。

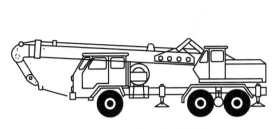

图 5.4　汽车式起重机图

图 5.5　轮胎式起重机

5.1.4　塔式起重机

(1)轨道式塔式起重机

轨道式塔式起重机是可在轨道上行走的机械,如图 5.6 所示。其工作范围大,适用于工业与民用建筑的结构吊装或材料仓库装卸工作。

(2)爬升式塔式起重机

爬升式塔式起重机安装在建筑物主体结构上,每隔 1~2 层楼爬升一次。其特点是机身体积小,安装简单,适用于现场狭窄的高层建筑安装。爬升式塔式起重机自升过程:固定下支座→提升套架→固定套架→下支座脱空→提升塔身→固定下支座,如图 5.7 所示。

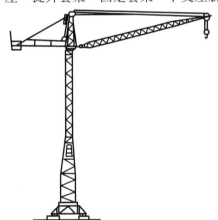

图 5.6　轨道式塔式起重机图

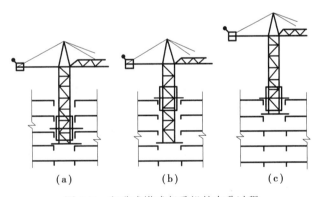

(a)　　　　　(b)　　　　　(c)

图 5.7　爬升式塔式起重机的自升过程

(3)附着式塔式起重机

附着式塔式起重机是固定在建筑物近旁钢筋混凝土基础上的起重机,如图 5.8 所示。它随建筑物的升高,利用液压自升系统逐步将塔顶顶升、塔身接高。为了减小塔身的计算长度,应每隔 20 m 左右将塔身与建筑物用锚固装置连接起来。

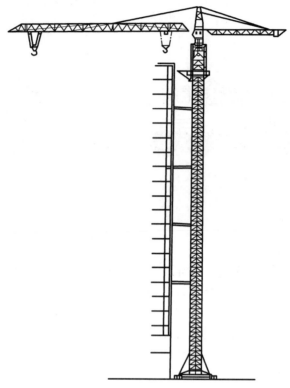

图 5.8　QT-10 型附着式塔式起重机

5.2　单层工业厂房的结构安装

单层工业厂房的结构安装,一般要安装柱、吊车梁、连系梁、屋架、天窗架、屋面板、地基梁及支撑系统等。

(1)准备工作

准备工作的好坏,直接影响整个施工进度与安装质量。在结构安装之前,应做好各项准备工作。

1)场地清理与起重机行走道路的铺设

在构件吊装前,先设计施工现场平面布置图,标出起重机械行走的路线。在清理路线上的杂物的基础上,将其平整压实,并做好排水。如遇上松软或回填土,而压实难以达到要求的,则铺设枕木或厚钢板。

2)检查并清理构件

所有构件都需要进行全面检查,以保证施工质量。

第一,强度的检查。当混凝土强度达到设计强度 70% 以上时才能运输;在安装之前,混凝土构件必须达到设计强度的 100%。

第二,检查构件的外形尺寸,钢筋的搭接、预埋件的位置及大小。

第三,检查构件的表面有无损伤、缺陷、变形、裂缝等。

第四,检查吊环的位置,看有无变形。

3）构件的运输

在运输过程中，一定要将构件固定可靠，支垫位置要正确，装卸吊点应符合设计要求，以保证构件不变形、不破坏。

4）对构件弹线并编号

在每个构件上弹出安装中心线，作为安装、就位、校正的依据。具体要求如下：

第一，柱子。在柱身三面弹出安装准线。对矩形柱，弹出几何中心线；对工字形柱，除弹出中心线外，还应在工字形柱的两翼缘部位各弹出一条与中心线平行的准线；在柱顶弹出截面中心线；在牛腿上弹出安装吊车梁的吊装准线。

第二，屋架。在屋架上弦弹出几何中心线；从跨中向两端弹出天窗架、屋面板的吊装准线；在屋架的两端弹出安装准线。

第三，梁。在梁的两端及梁的顶面弹出安装中心线。

5）基础的准备

钢筋混凝土柱一般为杯形基础；钢柱基础一般为平面。在基础内预埋锚栓，通过锚栓将钢柱与基础连成整体。

第一，钢筋混凝土柱基。在捣制混凝土时，应使定位轴线及杯口尺寸准确；在吊装柱子之前，要对杯底标高进行测量，柱子不大时，只在杯底中间测一点，若柱子比较大时，则要测杯底4个角点，再量出柱底至牛腿的实际长度与设计长度的误差，算出杯底标高的调整值，并在杯口作出标志；若杯底偏高，则要凿去；若杯底的标高不够，则用水泥砂浆或细石混凝土将杯底填平至设计标高，允许误差为±5 mm。

在杯口顶面要弹出纵横轴线及吊装柱子的准线，作为校正的依据。

第二，钢柱基础。施工时要保证顶面高度准确，其误差在±2 mm以内；基础要垂直，其倾斜度要小于1/1 000；锚栓位置要准确，误差在支座范围内5 mm。

6）预制构件的现场布置

单层工业厂房施工，一般柱、屋架等大型构件均在现场预制。柱子和屋架现场预制布置方案如下：

①屋架的布置。

屋架一般安排在跨内叠层预制，布置方式有正面斜向布置、正反斜向布置和顺轴线正反布置3种基本方式，如图5.9所示。

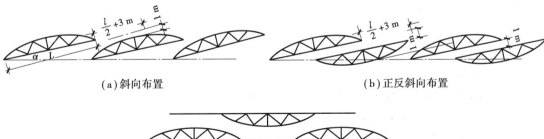

(a)斜向布置 (b)正反斜向布置

(c)顺轴线正反布置

图5.9 屋架的现场布置

②柱的布置。

柱在现场预制时,其布置的基本方式有斜向布置、纵向布置和横向布置3种方式。一般采用斜向布置方案,如图5.10所示。

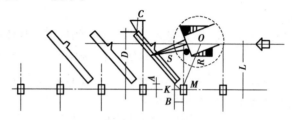

图5.10　斜向布置柱子

(2)安装工艺

单层工业厂房构件的种类繁杂,质量大,且长度不一。其吊装工艺包括绑扎、起吊、就位、临时固定、校正、最后固定等工序。

1)柱子吊装

柱吊装方法分为直吊法和斜吊法,或者分为旋转法和滑行法。

①柱的绑扎。

柱的绑扎方式有一点绑扎斜吊法、一点绑扎直吊法和两点绑扎法直吊法,如图5.11—图5.13所示。

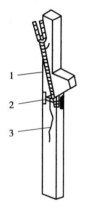

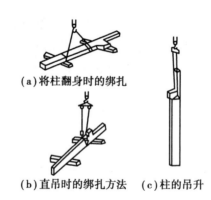

(a)将柱翻身时的绑扎

(b)直吊时的绑扎方法　**(c)柱的吊升**

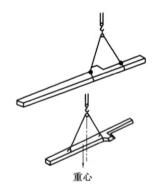

重心

图5.11　一点绑扎斜吊法　　　图5.12　一点绑扎直吊法　　　图5.13　两点绑扎直吊法
1—吊索;2—卡环;
3—卡环插销拉绳

②柱的起吊。

柱的吊装方式分为旋转法和滑行法,如图5.14和图5.15所示。

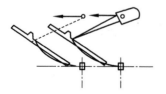

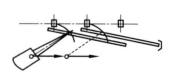

图5.14　旋转法吊装柱示意图　　　　　图5.15　滑行法吊装柱示意图

③柱的就位和临时固定。

柱就位后应保持基本垂直,并在杯口各面揳入两个楔块,用撬棍撬动柱脚进行微动,使柱子的安装中心线对准杯口的准线后,即可将柱放下至杯底,对中心线进行复查对准,打紧四周的 8 个楔块,加设斜撑或缆风绳临时固定。

④柱的校正。

校正时发现柱在平面位置上有所移动,应调整楔块进行校正。柱的垂直校正如图 5.16 所示。对柱的垂直度校正,需用两台经纬仪从柱的相邻两侧面观测中心线是否垂直。其偏差要在允许范围内,即柱高 $H<5$ m 时,为 5 mm;柱高 $H>5$ m 时,为 10 mm;柱高 $H>10$ m 时,为 1/1 000,且不超过 20 mm。

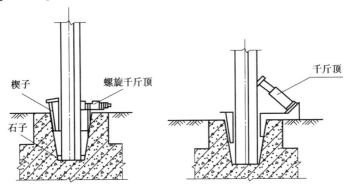

图 5.16 柱的垂直度校正

⑤柱的最后固定。

柱的最后固定,是将柱子与杯口的空隙用细石混凝土灌密实。灌筑前,将杯口清扫干净,并用水湿润柱脚和杯壁,再分两次浇灌比原强度高一个等级的细石混凝土,第一次先灌楔尖下端的部分,待达到设计强度的 25% 时,拔去楔块,灌第二批混凝土,直至灌满杯口为止。

2)吊车梁的吊装

常见的吊车梁有矩形、T 形、鱼腹式等几种。当柱子与杯口二次浇筑的细石混凝土强度达到 70% 时,才安装吊车梁。

安装吊车梁,采用两点对称绑扎,吊钩对准重心,水平起吊,并使吊车梁端部的吊装准线与牛腿顶面的吊装准线对准。

吊车梁断面的高宽比小于 4 时,稳定性好,就位后,只要用垫铁垫平即可;当高宽比大于 4 时,稳定性就差些,就位后,除用垫铁垫平外,还要用 8 号铅丝将吊车梁临时固定在柱子上。

对吊车梁的校正,有标高、平面位置和垂直度等几项,一般在屋盖结构安装之前校正,也有的在屋盖结构安装之后校正。总之,宜边吊边校。

对吊车梁平面位置校正的方法,有通线法、平移轴线法;对吊车梁垂直度的校正,常用挂线锤的方法。

3)屋架的安装

屋架是屋盖系统中的主要构件,除屋架之外,还有屋面板、天窗架、支撑天窗挡板及天窗端壁板等构件。在屋盖系统中,对屋架安装质量的好坏,将影响下道工序。

①屋架的翻身扶直与起吊。

预制钢筋混凝土屋架,一般都是在施工现场平卧重叠浇筑,起吊前需翻身扶直。在翻身扶直过程中,需在屋架的两端设以临时支撑,以防突然下滑而损坏。

起吊屋架时,其吊点的数目、位置与屋架的形式、跨度有关。一般当跨度不大于 18 m 时,为两点绑扎;当跨度大于 18 m 而小于 30 m 时,为四点绑扎;当跨度大于或等于 30 m 时,为四点绑扎并加 9 m 的横吊梁,也称铁扁担。起重机将屋架从施工地面吊至柱顶的过程中,要旋转、前进,这样大跨度的屋架,因惯性力而产生侧面弯曲。为防止被损坏,要在屋架上绑两根杉木杆。跨度在 18 m 以内的,只在屋架的一侧绑杉木杆;跨度大于 18 m 的,在屋架两侧各绑两根杉木杆。如图 5.17 所示为绑扎、起吊示意图。

(a)跨度≤18 m时的绑扎、起吊

(b)跨度>18 m时的绑扎、起吊

(c)跨度≥30 m时的绑扎、起吊

(d)三角形组合屋架的绑扎、起吊

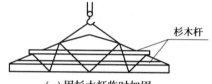
(e)用杉木杆临时加固

图 5.17　屋架的绑扎、起吊、临时加固

②屋架的就位与临时固定。

对屋架,一般用单机起吊,只有当屋架的跨度大、质量大时,才用双机抬吊。

屋架就位时,应以建筑物定位轴线为准。就位后,先以临时固定,再使起重机脱钩。

第一榀屋架就位后,用 4 根缆风绳在屋架两侧拉牢固定。第二榀屋架就位后,用校正器临时固定。

③屋架的校正和最后固定。

对屋架的校正,主要是垂直度,一般用经纬仪或垂球检查,用屋架校正器校正。当屋架垂直后,才最后固定。屋架的最后固定,是一端用电焊焊牢;而另一端用螺栓连接。

(3)结构吊装方案

单层工业厂房结构安装工程施工方案内容包括结构吊装方法、起重机的选择、起重机的开行路线及构件的平面布置等。确定施工方案时应根据厂房的结构形式、跨度、构件的质量及安装高度、吊装工程量及工期要求,并考虑现有起重设备条件等诸种因素,经综合分析研究以便决定技术经济合理的施工方案。

1)结构吊装方法

单层工业厂房结构吊装方法有分件吊装法和综合吊装法。

①分件吊装法。

起重机开行一次,仅吊装一种或几种构件。一般工业厂房可分 3 次开行吊装完全部结构构件。第一次开行,吊装柱并逐一进行校正及最后固定;第二次开行,吊装吊车梁、连系梁及柱间支撑等,并逐一校正固定;第三次开行,以节间为单位吊装屋架、天窗架和屋面板等构件。

分件吊装法可根据构件的质量及安装高度来选择不同型号的起重机,能充分发挥起重机的工作性能;在吊装过程中,吊具不经常更换,操作易于熟练,吊装速度快;采用这种吊装方法,能给构件临时固定、校正及最后固定等工序提供较充裕的时间,构件供应及平面布置比较简单。但分件安装存在着起重机开行路线长,形成结构空间的时间长,在安装阶段稳定性差等缺点。

②综合吊装法。

起重机一次开行,以节间为单位安装所有的结构构件。具体做法是:先吊装 4~6 根柱,随即进行校正和最后固定;然后吊装该节间的吊车梁、连系梁、屋架、天窗架、屋面板等构件。这种吊装方法具有起重机开行路线短、停机次数少、能及早交出工作面等优点。但同时吊装各类型构件,起重机的能力不能充分发挥,索具更换频繁,操作多变,影响生产效率的提高;校正及最后固定工作时间紧张;构件供应复杂,平面布置拥挤等缺点。

单层工业厂房结构安装一般多采用分件吊装法,只有当采用移动困难的桅杆式起重机吊装时才采用综合吊装法。

2)起重机的选择

①起重机类型的选择。

起重机的类型主要根据厂房的结构特点、跨度、构件质量、吊装高度、吊装方法及现有起重设备条件等来确定。选择起重机类型要综合考虑合理性、可行性和经济性。一般中小型厂房因跨度不大、构件自重及安装高度不大、在厂房结构安装完成后才进行设备安装,宜选用履带式起重机、轮胎式起重机或汽车式起重机,以履带式起重机应用较为普遍。如果缺乏上述起重设备时,也可以采用桅杆式起重机。重型厂房因跨度大、构件重、安装高度大、结构安装与大型设备安装相互穿插进行,一般宜采用大型履带式起重机、轮胎式起重机、重型汽车式起重机,以及重型塔式起重机与其他起重机械配合使用。

②起重机型号选择。

确定起重机的类型以后,应根据构件尺寸、质量、安装高度及起重机的服务范围,来选择选定起重机型号的起重机的工作参数,即起重量 Q、起重高度 H 和起重半径 R,以满足厂房结构构件吊装的要求。

起重机的起重量 Q 应满足下列条件,即

$$Q \geqslant Q_1 + Q_2 \qquad (5.5)$$

式中　Q——起重机的起重量,t;

　　　　Q_1——构件的质量,t;

　　　　Q_2——索具的质量(包括临时加固件质量),t。

起重机的起重高度 H 应满足下列条件,即

$$H \geqslant h_1 + h_2 + h_3 + h_4 \qquad (5.6)$$

式中　h_1——安装支座顶面高度,m,从停机面算起;

　　　　h_2——安装间隙,视具体情况而定,但不小于 0.3 m;

　　　　h_3——绑扎点至起吊后构件底面的距离,m;

　　　　h_4——索具高度,m,从绑扎点到吊钩中心距离。

如图 5.18 所示为起重机的起重高度计算的示意图。

起重机的起重半径的确定,应考虑 3 种基本情况:

第一,当起重机可以不受限制地开到吊装位置附近时,无须验算起重半径 R,根据计算的

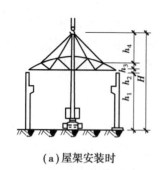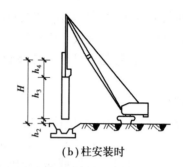

（a）屋架安装时　　　　　　　　　　（b）柱安装时

图 5.18　起重机的起重高度计算的示意图

起重量 Q 及起重高度 H，查阅起重机性能表或性能曲线，来选择起重机型号和起重臂长度 L，并可查得在选择的起重量和起重高度下相应的起重半径。

第二，当起重机停机位置受到限制时，应根据实际情况确定起吊时的最小起重半径 R，并根据起重量 Q、起重高度 H 及起重半径 R 3 个参数查阅起重机性能表或性能曲线，来选择起重机的型号及起重机的臂长。

第三，当起重机的起重臂需要跨过已安装好的构件去吊装时，如跨过屋架安装屋面板，须求出起重机起吊该构件的最小臂长 L 及相应的起重半径后，由起重半径、起重量和起重高度查阅起重机性能表或性能曲线，来选择起重机型号及臂长。

3）起重机数量的确定

确定起重机的数量，应根据工程量、工期和起重机台班产量定额，可按下式计算：

$$N = \frac{1}{TCK} \sum_i \frac{Q_i}{P_i} \tag{5.7}$$

式中　N——起重机台数；

　　　T——工期，d；

　　　C——每天工作班数；

　　　K——时间利用系数，一般取 0.8～0.9；

　　　Q_i——第 i 种构件的安装工程量，件或 t；

　　　P_i——起重机安装第 i 种构件的产量定额，件/（台·班）或 t/（台·班）。

此外，还应考虑构件的装卸、拼装和排放等工作需要。

4）起重机的开行路线及构件的平面布置

①起重机的开行路线。

起重机开行路线与结构吊装方法、构件吊装工艺、构件尺寸及质量、构件的供应方式等因素有关。

起重机的开行路线一般有两种方式：一是跨中开行；二是跨边开行。如果采用分件吊装法，对柱的吊装可采用跨中开行或跨边开行；对屋架及屋盖结构的吊装均采用跨中开行。如果采用综合吊装法，一般均采用跨中开行。

②构件的平面布置。

现场预制构件不仅需要考虑吊装阶段的平面位置，还要考虑预制阶段的平面位置。对现场构件的平面布置有以下几点要求：

第一，要满足对其安装工艺的要求。

第二,对由预制厂运来的构件,为避免二次搬运,宜按节间要求将构件分别布置在节间内。

第三,构件之间布置的间距不少于 1 m,以免相互影响。特别是对后张法施工,屋架布置应使抽芯管和穿钢筋方便。

第四,起重机开行路线畅通。

柱的现场预制位置即为吊装阶段的就位位置,一般按起重机开行路线和吊装方式确定。当柱采用旋转法吊装时,宜斜向布置,且应保证三点共弧(即柱基杯口中心、柱底部中心和柱绑扎点中心共弧);当柱采用滑行法起吊时,可采用两点共弧(即柱基杯口中心和柱绑扎点中心共弧)的斜向和纵向布置。为了节约场地,对不太长的柱,也可以采用两柱叠浇纵向布置。柱的布置、起重机开行路线及停机点如图 5.19 所示。

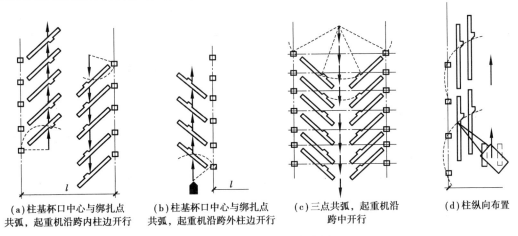

(a)柱基杯口中心与绑扎点 (b)柱基杯口中心与绑扎点 (c)三点共弧,起重机沿 (d)柱纵向布置
　　共弧,起重机沿跨内柱边开行 　共弧,起重机沿跨外柱边开行 　跨中开行

图 5.19　柱子布置方案图

吊装屋架及屋盖结构中的其他构件时,起重机均沿跨中开行。屋架的平面布置分为预制和吊装两个阶段。在预制阶段,屋架一般在跨内平卧叠浇预制,每叠 3~4 榀,布置方式有斜向、正反斜向和正反纵向布置 3 种,如图 5.19 所示。屋架吊装前的平面布置,是将叠浇的屋架扶正后,排放在吊装前的预定位置,准备吊装。屋架的就位排放位置有靠柱边斜向排放和靠柱边成组纵向排放。屋架的纵向排放方式用于质量较轻的屋架,允许起重机负载行驶。屋架斜向排放方式,用于质量较大的屋架,起重机定点吊装,如图 5.20 所示。

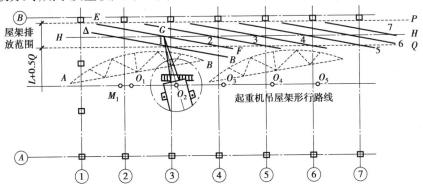

图 5.20　屋架斜向排扶正就位及开行路线

注:虚线表示屋架的预制位置;L 为起重机机尾长

屋架的排放平面还应考虑屋盖结构中的其他构件布置,如天窗架、屋面板、檐沟板等,这些构件一般均在柱边沿节间配套布置或采取随运随吊的方式。

5.3 钢结构安装

5.3.1 钢结构构件的施工和制造

钢结构构件的施工制造,先由多种规格尺寸的钢板、型钢等钢材,按设计图纸要求裁剪加工成多种的零件,经过组装、连接、校正、涂漆等工序后制成成品,然后运到现场安装建成的。

由于钢结构生产过程中所加工对象的材性、自重、精度、质量等特点,其原材料、零部件、半成品以及成品的加工、组拼、移位和运送等工序全需凭借专用的机具及设备来完成,因此要设立专业化的钢结构构件制造工厂进行工业化生产。工厂的生产部门由原料库、放样车间、机加工车间、焊接车间、喷涂车间、成品库等组成。有的还包括设计及质量检查部门。

钢结构构件施工制造的程序如下:

(1)图纸深化,详图绘制

详图的绘制必须依据设计图(技术设计)和它所规定的技术条件,采用有关规范和标准进行,详图必须经过原设计单位审批通过之后才能施工。

详图内容包括目录、说明书、构件明细表、钢材表、螺栓表、布置图、立面图、剖面图、节点大样、构件详图等。

(2)材料采购和管理

钢结构钢材的采购必须遵照合同上技术条件的规定,按材料规格型号、牌号及附加条件进行选购。主要材料必须具有合格证书和试验报告,必要时还应进行复验。

(3)准备技术文件

接受钢结构构件施工制造任务后,应编制加工制作方案和成品质量保证大纲。

(4)加工程序

1)放样

根据构件和相关节点的施工图将一定比例的尺寸大样放在平台上,核对各部分的尺寸并按此制作下料、制孔、弯形、组装、检查等各工序所需用的样板和样件。

2)矫正

矫正工作可分为热矫正、冷矫正(机械力)和混合矫正 3 种。

热矫正是利用钢材受热后冷却过程中产生的收缩而达到矫正目的;冷矫正是利用机械力使材料产生永久变形而进行矫正;混合矫正是利用加热后强度降低,易于在定向力作用下产生永久变形,或是在受力情况下加热使收缩量增大而达到矫正的目的。

3)切割

钢材切割主要分为气割和机械切割两类。气割采用的方法主要是氧-乙炔(丙烷、石油气等)焰切割及等离子切割等。机械切割设备有剪板机、剪冲机、滚剪机等,而锯切设备有弓形锯、圆盘锯、带锯、无齿锯等。

4）制孔

钢结构上的孔洞多为螺栓孔，大都呈圆形，为调整的需要也有长圆孔。当采用销轴连接时使用销孔，此外还可能有气孔、灌浆孔、人孔、手孔、管道孔等，部分孔洞还可能需要加工出螺纹。

5）弯形

钢结构制造中的弯形主要是指弯曲和滚圆。弯形和矫正相反，是使平直的材料按图纸的要求弯曲成一定形状。弯形的加工手段有加热和施加机械力或者两者混合使用。

6）端面加工

对钢结构的端面加工的需求有两种情况，即尺寸精度的需要（或平整度的需要）和磨光顶紧的需要。端面加工一般使用端铣床，工件找正后，机床的刀盘转动和机头的左右、上下平移，在构件端面进行机械切削。

7）坡口加工

钢结构施工制造中存在大量焊接坡口，可能还有构造角度和板厚变化时的过渡坡口都需进行坡口加工。加工坡口主要采用氧气切割，此外还有坡口机、刨边机、碳弧气刨等方法。

8）装配

把加工好的零件按照设计图纸组装成部件或构件，称为装配工序。

9）焊接

钢结构工程中采用的主要焊接方法一般有手工电弧焊、二氧化碳气体保护焊、氩弧焊、混合气体保护焊、埋弧焊、电渣焊以及栓钉焊等。

为保证所采用焊接工艺的可靠性，对重要工程应事先编制焊接作业指导书，并按照准备采用的工艺方法编制焊接工艺评定计划，在工艺评定取得满意的试验结果后，方可将其用于生产。

10）表面处理和涂装

基底处理的程度分为 3 个等级，即 3 级、2.5 等级、2 级，其中 3 级最洁净。

钢材经过表面处理后，清理好的基底极易生锈。根据气候条件，限制在 3 ～ 6 h 完成涂布底漆。

涂料种类繁多，一般采用红丹漆、铁丹漆、酚醛漆、醇酸树脂漆、环氧富锌漆、氯磺化聚乙烯和无机硅酸锌涂料等。为满足防火要求还需涂布厚防火涂料和发泡型薄防火涂料等。

油漆一般分为底漆、中间漆和面漆。3 种材料必须匹配，在下层涂料充分干燥以后才能再涂上面一层。

11）标志

标志可以用油漆、钢印标记在构件的一定位置上。中心线及标高线尚需用冲点加以标明。

12）包装和运输

为了在运输过程中不丢失、不损坏构件，需要对其进行包装。

包装方式应在制作方案书和质量保证大纲中作出规定，钢结构构件施工制作完毕后，下一步就是钢结构安装准备工作。

5.3.2 钢结构安装前的准备工作

钢结构安装前的准备工作,应编制施工方案、拟订技术措施、构件检查、安排施工设备、工具和材料、组织安装力量等。钢结构安装的准备工作如下:

钢构件在出厂前,制造厂应根据制作规范、规定及设计图的要求进行产品检验,填写质量报告、实际偏差值。钢构件交付结构安装单位后,结构安装单位再在制造厂质量报告的基础上,根据构件性质分类,再进行复检或抽检。

构件预检最好由结构安装单位和制造厂联合派人参加。同时应组织构件处理小组,将预检出的偏差及时给予修复,严禁不合格的构件送到工地现场,更不应到高空去处理。

现场钢结构安装是根据规定的安装流水顺序进行的。钢构件必须按照安装流水顺序的需要供应构件,但是制造厂的构件供货是分批进行的,同结构安装流水顺序不一致,中间必须设置钢构件中转堆场用以起调节作用。中转堆场的主要作用如下:

①储存制造厂的钢构件(工地现场没有条件储存大量钢构件)。

②根据安装施工流水顺序进行构件配套,组织供应。

③对钢构件质量进行检查和修复,保证合格的构件送到现场。

④中转堆场上应做好构件进场顺序编号。

构件配套按安装流水顺序进行,以一个结构安装流水段(一般钢结构工程的安装流水段是以一段钢柱框架为一个安装流水段)为单元,将所有钢构件分别由堆场整理出来,集中到配套场地,在数量和规格齐全之后进行构件预检和处理修复,然后根据安装顺序,分批将合格的构件由运输车辆供应到工地现场,配套中应特别注意附件(如连接板等)的配套,否则小小的零件将会影响整个安装进度,一般对零星附件是采用螺栓或铅丝直接临时捆扎在安装节点上。

5.3.3 钢结构构件安装与校正

钢结构主体吊装应在基础工程完毕后进行。其主体施工顺序以立面流水段划分,以一段钢柱高度内所有构件作为一个流水段。第 a 立面流水段内的安装程序如图 5.21 所示。

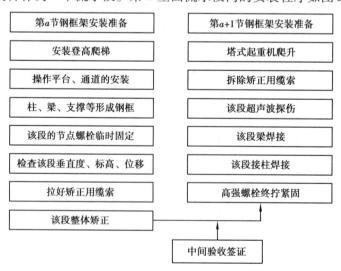

图 5.21 第 a 立面流水段内的安装程序

钢结构的柱子,多为 3~4 层一节,节与节之间用剖口焊连接。

在吊装第一节钢柱时,应在预埋的地脚螺栓上加设保护套,以免钢柱就位时碰坏地脚螺栓的丝牙。钢柱吊装前,应预先在地面上把操作挂篮、爬梯等固定在施工需要的柱子部位上。

钢柱的吊点在吊耳处(柱子在制作时于吊点部位焊有吊耳,吊装完毕再割去)。根据钢柱的质量和起重机的起重量,钢柱的吊装可用双机抬吊或单机吊装(图 5.22)。单机吊装时需在柱子根部垫以垫木,以回转法起吊,严禁柱根拖地。双机抬吊时,钢柱吊离地面后在空中进行回直。

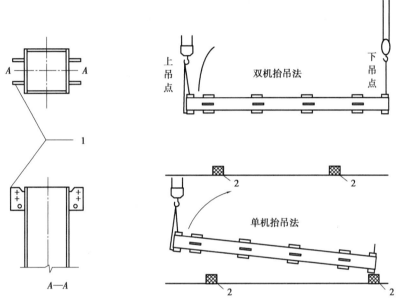

图 5.22 钢柱吊装
1—吊耳;2—垫木

钢柱就位后,先调整标高,再调整位移,最后调整垂直度。柱子要按规范规定的数值进行校正,标准柱子的垂直偏差应校正到零。当上柱与下柱发生扭转错位时,可在连接上下柱的耳板处加垫板进行调整。

为了控制安装误差,对高层钢结构先确定标准柱,所谓标准柱即能控制框架平面轮廓的少数柱子,一般是选择平面转角柱为标准柱。正方形框架取 4 根转角柱;长方形框架当长边与短边之比大于 2 时取 6 根柱;多边形框架则取转角柱为标准柱。

一般取标准柱的柱基中心线为基准点,用激光经纬仪以基准点为依据对标准柱的垂直度进行观测,于柱子顶部固定有测量目标(图 5.23)。

图 5.23 钢柱顶的激光测量目标

在激光仪测量时,为了纠正钢结构振动产生的误差和仪器安置误差、机械误差等,激光仪每测一次转动 90°,在目标上共测 4 个激光点,以这 4 个激光点的相交点为准量测安装误差。为使激光束能够通过,在激光仪上方的金属或混凝土楼板上皆需固定或埋设一个小钢管。激光仪设在地下室底板上的基准点处。

除标准柱外,其他柱子的误差量测不用激光经纬仪,通常用丈量法,即以标准柱为依据,在角柱上沿柱子外侧拉设钢丝绳组成平面方格封闭状,用钢尺丈量距离,超过允许偏差者则进行调整。

钢柱标高的调整,每安装一节钢柱后,对柱顶进行一次标高实测,标高误差超过 6 mm 时,需进行调整,多用低碳钢板垫到规定要求。如误差过大(大于 20 mm)不宜一次调整,可先调整一部分,待下一次再调整,否则一次调整过大会影响支撑的安装和钢梁表面标高。中间框架柱的标高宜稍高些,因为钢框架安装工期长,结构自重不断增大,中间柱承受的结构荷载较大,基础沉降也大。

钢柱轴线位移校正,以下节钢柱顶部的实际柱中心线为准,安装钢柱的底部对准下节钢柱的中心线即可。校正位移时应注意钢柱的扭转,钢柱扭转对框架安装很不利。

钢梁在吊装前,应于柱子牛腿处检查标高和柱子间距,主梁吊装前,应在梁上装好扶手杆和扶手绳,待主梁吊装就位后,将扶手绳与钢柱系牢,以保证施工人员的安全。

5.3.4 钢结构构件的连接施工

(1)钢构件的现场连接

对连接的基本要求是提供设计要求的约束条件,应有足够的强度和规定的延性,制作和施工简便。

目前钢结构的现场连接,主要是用高强度螺栓和电焊连接。钢柱多为坡口电焊连接,梁与柱,梁与梁的连接视约束要求而定,有的用高强度螺栓,有的则坡口焊和高强度螺栓共用。

(2)焊缝质量检验

钢结构焊缝质量检验分 3 级:1 级检验的要求是全部焊缝进行外观检查和超声波检查,焊缝长度的 2% 进行 X 射线检查,并至少应有一张底片;2 级检验的要求是全部焊缝进行外观检查,并有 50% 的焊缝长度进行超声波检查;3 级检验的要求是全部焊缝进行外观检查。

焊缝外观检查的质量标准见《钢结构工程施工质量验收标准》(GB 50205—2020)的有关规定。

(3)高强度螺栓连接副的安装和紧固

若两个被连接构件的板厚不同,为保证构件与连接板间紧密结合,对板厚差值而引起的间隙要作以下处理:间隙 $d \leq 1.0$ mm,可不作处理;$d = 1.0 \sim 3.0$ mm,将厚板一侧磨成 $1:10$ 的缓坡,使间隙大于 1.0 mm;$d > 3.0$ mm,应加放垫板,垫板上下摩擦面的处理与构件相同。

(4)钢结构构件高强度螺栓连接

高强螺栓连接施工简便,质量可靠,近年来在钢结构施工中应用越来越多,成为主要的连接形式之一,安装高强度螺栓时,应用尖头撬棒及冲钉对正上下或前后连接板的螺孔,将螺栓自由投入。安装用临时螺栓,可用普通标准螺栓或冲钉。临时螺栓穿入数量应由计算确定,并应符合下述规定:

①不得少于安装孔总数的 1/3。

②至少应穿两个临时螺栓。

③如穿入部分冲钉,则其数量不得多于临时螺栓的30%。

高强度螺栓施工时,先在余下的螺孔中投满高强度螺栓,并用扳手拧紧,然后将临时螺栓逐一换成高强度螺栓,并用扳手拧紧。在同一连接面上,高强度螺栓应按同一方向投入,应顺畅穿入孔内,不得强行敲打。如不能自由穿入,该孔应用铰刀修整,修整后孔的最大直径应小于1.2倍螺栓直径。

5.3.5　钢结构桁架工程

(1)钢桁架的几种类型

1)三角形桁架(图5.24)

当屋面坡度较大($i>1/3$)时采用三角形桁架。三角形桁架因跨中高度较大,它的外形不能很好地与弯矩图配合,故支座附近的弦杆内力较大,而跨中较小。此外,腹杆的长度较大,用于中小跨度的轻屋面较适宜,若屋面太重或跨度很大,采用三角形桁架不经济。

如图5.24(a)所示通常称为芬克式桁架。它的特点是较长的腹杆受拉,较短的腹杆受压,腹杆所需的截面较小。此外,在施工中它可以分为3个运送单元(两个小三角形和一段下弦杆),每个单元的长度和高度都较小,便于运输,应用较广,大小跨度都可采用。

如图5.24(b)所示一般用于跨度较小的屋架,它的优点是杆件的节点较少,腹杆与弦杆的交角较好,节点构造易于处理,在三角形桁架中是一种较好的结构形式。

如图5.24(c)所示桁架的优点是短小的腹杆受压,长的腹杆受拉,缺点是腹杆的总长度较大,节点数目较多,且杆件的交角太小,节点板所用钢材较多。一般说来,其经济指标不及前两种桁架,但适用于需要吊平顶的房屋。

对跨度较大或者屋面坡度很陡的屋架,可以将下弦弯折,做成如图5.24(d)所示的形式,以减少跨中高度和运送单元的高度。

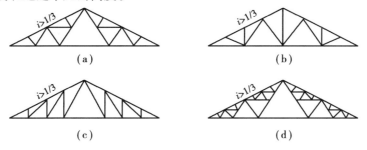

图5.24　三角形桁架

2)梯形桁架(图5.25)

如图5.25(a)、(b)所示为陡坡梯形桁架,与三角形桁架比较,其受力情况较好。一般用于屋面坡度小于1/3而跨度较大的情况。如图5.25(c)、(d)所示为坡度较平的梯形桁架,当采用卷材防水屋面时,坡度很小($i=1/8\sim1/12$),宜采用这种形式的桁架。梯形桁架上弦节点间长度应与屋面板尺寸相配合(一般为1.5 m或3.0 m),尽可能使荷载作用于节点上。如果上弦节点间距太长,可以沿屋架全长或局部布置再分式腹杆,如图5.25(c)所示。

3)平行弦桁架

当上下弦互相平行时为平行弦桁架,如图5.26所示。它的优点是上、下弦和腹杆等同类型的杆件长度一致,节点的构造类型少,上、下弦的拼接数量可减少,符合建筑工业化制造的要求。目前,这种桁架在屋盖结构中常用作托架。

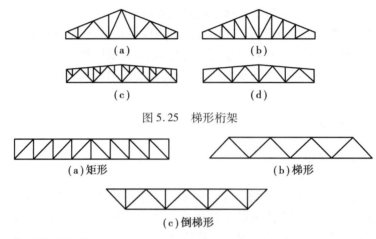

图 5.25　梯形桁架

图 5.26　平行弦桁架

4)多边形桁架(图 5.27)

当屋面坡度 $i=1/5\sim1/3$ 时,可以采用如图 5.27(a)、(b)所示的五边形桁架,它是由三角形桁架演变出来的。其优点是上、下弦相交的角度较大,弦杆的内力较小,支座节点的构造比较容易处理,在屋面坡度不大的情况下,它比三角形桁架的技术经济指标好一些。如图 5.27(a)所示为上弦弯折的五边形桁架,安装屋面时,可以把支座处的檩条垫高,使屋面保持在一个斜面上;如图 5.27(b)所示为下弦弯折的五边形桁架,用于不需要吊顶或设有悬挂式起重运输设备的房屋。如图 5.27(c)、(d)所示是由梯形桁架演变出来的多边形桁架,其优点是跨中高度较小,腹杆的总长度较短。当屋面坡度 $i>1/5$ 时,弦杆各节点间受力比较均匀,比梯形桁架经济;缺点是略有拱的推力作用。

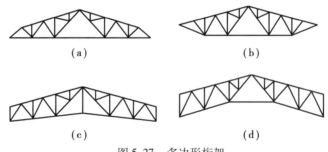

图 5.27　多边形桁架

(2)轻型钢屋架的应用

1)圆钢、小角钢组成的轻型屋架

圆钢或小角钢(小于∟45×4 或∟56×36×4)组成的轻型钢屋架,具有自重较轻、用料较省、造价低和施工安装比较方便等优点,还具有足够的强度、刚度和稳定性,在一般条件下是安全可靠的。轻型钢屋架有时虽受到钢材品种和屋面材料的限制要多用些钢材,但却节约了木材和水泥,并大大减轻了结构自重和降低了造价。它便于施工安装,在加快施工速度、缩短工期方面尤其显得优越。在跨度较小、屋面较轻的情况下,这种屋架的用钢量接近钢筋混凝土屋架。

规范规定由圆钢、小角钢组成的轻型钢屋架适用于跨度不大于 18 m、起重量不超过 5 t 的轻、中级工作制桥式吊车的房屋,也能用于可拆装的活动房屋和临时性建筑。

应当指出,型钢组成的结构有个别次要杆件采用小角钢时,不属于轻钢结构,也不受轻钢结构规定的限制。

目前,轻型钢屋架常采用芬克式、三铰拱式和梭形 3 种形式。其中,以芬克式、三铰拱式应用较多,其跨度大多为 9 ~ 18 m,柱距一般为 4 ~ 6 m。

2)芬克式屋架

三角形芬克式屋架的形式如图 5.28 所示,一般均为平面桁架式,其外形和腹杆体系与普通钢屋架没有区别,只是下弦杆和腹杆的截面可以采用单角钢或圆钢(小跨度的屋架上弦杆也可以采用单角钢)。这种屋架的特点是构造简单、受力明确、长杆受拉、短杆受压;对屋面材料适应性较好;制作方便,易于划分运送单元。在一般坡度较大的自防水屋盖结构中用得比较广泛。屋面坡度一般为 1/2,1/2.5,1/3,常用 1/2.5。

3)三铰拱屋架

三铰拱屋架的形式如图 5.29 所示。按斜梁的截面形式三铰拱屋架可分为平面桁架和空间桁架两种。

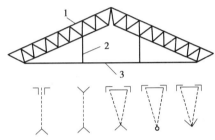

图 5.29 三铰拱屋架的形式
1—斜梁;2—吊杆;3—拱拉杆

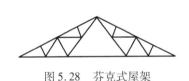

图 5.28 芬克式屋架

拱拉杆采用圆钢或角钢,吊杆一般都用圆钢。这种屋架的特点是杆件受力合理、斜梁腹杆短、取材方便,无论选用小角钢或圆钢都可以获得较好的经济效果。

斜梁为平面桁架时,杆件较少,构造简单,受力明确,用料较省。但其侧向刚度较差,只宜用于小跨度和小檩距的屋盖中。

斜梁为空间桁架时,杆件较多,构造较繁杂,制作费工,但其侧向刚度较好,宜用于中等跨度和檩距较大的屋盖中。为了满足整体稳定性的要求,斜梁的高跨比不得小于 1/18,一般用 1/15。宽高比不得小于 1/2.5,一般用 1/2.0 ~ 1/1.6。如满足以上构造要求,则斜梁在平面内和在平面外的整体稳定性就不必验算。斜梁截面一般为倒等腰三角形。

三铰拱屋架适用的屋面坡度及屋面材料与芬克式屋架相同。

4)梭形屋架

梭形屋架也分为平面桁架式和空间桁架式两种(图 5.30)。在实际工程中多采用三角形空间桁架式。梭形屋架适用的屋面坡度为 1/15 ~ 1/10,跨度为 12 ~ 15 m。这种屋架的特点是截面重心的位置较低,不容易倾覆,钢筋混凝土屋面板安设后屋面刚度较好。梭形屋架可不设或少设支撑,宜在无檩屋盖中采用。

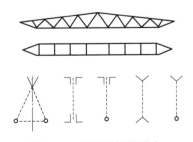

图 5.30 梭形屋架的形式

5.3.6　钢结构网架工程

屋盖网架系一类大跨度的空间结构,自重轻,跨度大,节约材料,工艺复杂,技术要求高。如北京首都机场的四机位机库长 306 m,宽 90 m,高 40 m,是我国最大跨度的机库,也是世界上最大机库之一。该机库屋盖为球管网架结构,采用焊接球与无缝钢管组成,网格尺寸为 4 243 mm,网架矢高 6.0 m,双向起拱 250 mm,下设 10 t 悬挂吊车。整个网架分成 26 块多面体,3 860 个直径为 $\phi500$ mm×16 ~ $\phi800$ mm×32 加单双肋球 7 种,无缝钢管 15 072 根,组合下料长度达 500 多种。网架安装采用计算机控制液压千斤顶提升和爬升技术。全套起重安装设备实现了自动控制。

本节将较详细地介绍网架制作、网架安装等网架工程施工技术。

(1)网架结构起拱及下料

1)网架起拱

作为大跨度屋盖的网架结构必须起拱,以消除网架使用期间产生的挠度,称为工作起拱。网架的最大挠度在中部,其起拱值应大于或等于网架在使用期间的中部挠度值;如果网架屋面的排水找坡不采用立柱方案,而用网架起拱来实现时,中部起拱还应考虑排水找坡的影响。

网架起拱按线型分为弧线起拱和折线起拱;按方向分为单向起拱和双向起拱。一般情况下,平面形状狭长的网架可采用单向起拱,平面形状呈方形的网架应双向起拱。

网架弧线型起拱的计算公式,如图 5.31 所示可用勾股弦定律推算:

$$R = \frac{L_x^2 + 4f_0^2}{8f_0} \tag{5.8}$$

式中　　R——圆弧曲线半径;

　　　　L_x——x 向跨度;

　　　　f_0——所求跨中起拱值。

$$H = R - f_0$$
$$f_x = \sqrt{R^2 - x^2} - H \tag{5.9}$$

式中　　x——所求节点距原点 O 的距离;

　　　　f_x——所求 x 节点的起拱值。

$$x = R \cdot \cos\left(90° - \sum_{1}^{n} \alpha\right) \tag{5.10}$$

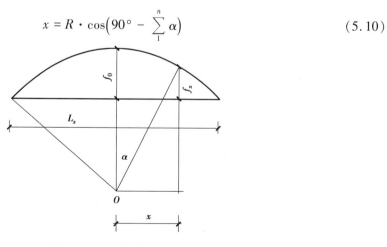

图 5.31　弧形起拱参数图

式中　α——起拱后每个网格所对的中心角；

　　　R——自原点 O 算起的网格数。

圆弧线起拱,上下弦都用同一公式进行计算,只是 R 值不同。如果是双向起拱,且是矩形屋面板,为了使屋面板四点均能放平,则应用旋转球壳的几何学原理计算有关起拱各点的标高。如网架的平面图形是矩形时,L_x 等于网架对角线长度,若起拱后沿周边檐口不水平,可在建筑上采用女儿墙或天沟将其遮住。

起拱后杆长 S 由下式计算:

$$S = 2 \times R \times \sin \frac{\alpha}{2} \tag{5.11}$$

2）杆件节点制作及下料

网架主要由钢球和钢管组成。钢板节点放样,可以按设计图纸将实际尺寸画在硬纸板上,剪下后放在钢板上,用石笔在钢板上画出杆件及螺栓中心线,然后切割下料。钢板节点按设计图纸尺寸和角度,先临时点焊固定,待检查符合设计和施工规范后,就可以全面施焊。

钢管球节点的钢球是由工厂专用生产的,而钢管杆件则在现场加工制作,钢管杆件的下料长度如图 5.32 所示,且按下式进行计算:

$$l = L - 2 \sqrt{R^2 - r^2} + a - b \tag{5.12}$$

式中　L——节点中心距离；

　　　R——钢球半径；

　　　r——钢管内半径；

　　　a——预留焊缝收缩量,1.5～3.5 mm;

　　　b——焊缝间隙,2～3 mm。

影响焊接收缩量的因素较多,有焊缝的尺寸、外界气温、焊接电流强度、焊接方法、焊工操作技术熟练程度等。钢管下料要用机床切割,当壁厚超过 4 mm 时,切割时钢管的坡口应为 $35°～45°$,如图 5.32(b)所示。

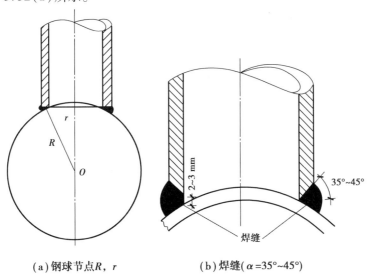

(a)钢球节点 R,r　　　　　(b)焊缝($\alpha = 35°～45°$)

图 5.32　下料长度关系图

（2）网架结构安装

根据我国近几年来的工程实践,网架拼装方法可以归纳为以下几种:

1）高空散装法

高空散装法适用于螺栓球节点或高强螺栓连接的网架。其特点是网架在设计高程的临时平台上一次拼装完成,然后下降安装在支座上。网架拼装焊接成整体后,经检查验收合格,方可拆除脚手架。拆除时应以中央逐步往外分批进行,拆除下降速度要一致,避免集中受力。

该法不需要太大的起重设备,但现场高空作业量太大,脚手架材料消耗较多。

2）分条（块）吊装法

条状单元沿网架长跨方向分成若干区段,每个区段的宽度为 1~3 个网格,长度为网格的短跨。单元网架在地面上组装焊接,要求条（块）单元应具有足够的强度和刚度,同时还应具有不变的几何体系。若条（块）单元是可变几何体系,则应加固后方可吊装。条（块）单元网架在地面上总拼装,应控制拼装挠度符合设计要求。

3）高空滑移法

①滑移方法。

滑移的网架应制作成条状单元。条状单元可以在地面制作,然后吊运到高空进行滑移;也可以在高空制作,直接滑移。高空滑移的方法主要有以下两种:

a.单条滑移。

将条状单元分别由一端滑移到另一端,经调整后将全部条状网架焊接成整体。

b.逐条积累滑移。

该法首先将第一条状单元滑移一个单元位置,接着将第二单元滑移一个单元位置与第一条状单元连接,第一和第二条状单元同时滑移空出一个单元位置后,再滑移第三条状单元与第二条状单元连接,如此重复操作直至连接上最后一个条状单元为止。

②滑移设备。

a.滑轨。

对中、小型网架,滑轨可以用圆钢、扁铁、角钢和小型槽钢等制作;对大型网架,则用钢轨、工字钢、槽钢制作。滑轨可以焊接,也可以用螺栓固定在梁上。

b.导向轮。

导向轮起安全保险装置的作用,一般安装在导轨内侧。当卷扬机牵引力不一致时,或拼装误差较大时,才会造成导向轮与导向轮碰撞。

③同步控制。

对网架高空滑移同步控制的精度,是衡量滑移技术高低的指标之一。滑移时要求必须保持同步。当两侧牵引时,其两侧容许不同步值不能大于 50 mm;对大跨度的网架,可在跨中增加一根牵引绳,三点共同牵引网架,各牵引点间的容许不同步值应先验算。

控制同步最简单的方法是在网架两侧的梁顶面上画出尺寸线,一边牵引一边报滑移距离,这种方法精度较差。当同步要求比较高时,可采用自整角机同步指示装置,它的精度可达1 mm。

④挠度调整。

单条滑移时网架虽然仅承受自重,但其挠度仍较整体网架大,在连接新的单元前,都应将滑移到位的单元网架的挠度进行调整,然后拼装焊接。

4) 网架整体提升或顶升法

提升是将提升设备置于网架上面,通过吊杆将网架提升到设计标高就位。提升使用的支承结构可利用结构柱,也可以另搭设格构式提升架,或用钢管、悬臂桅杆、独立拔杆作支承架。提升机械可用千斤顶或升板机。提升点位置应靠近网架支点为宜。

提升和顶升网架的特点是整个网架在地面进行总拼焊接,然后垂直提升或顶升到设计标高就位安装。提升法适用于周边支承的网架,顶升法适用于点支承网架。

5) 网架整体吊装法

网架在地面上总拼装焊成整体,然后用起重设备将网架吊装到设计标高就位安装。此法适用于焊接网架,在地面拼装对网架焊接质量及几何尺寸的准确性容易得到保证,也便于检查验收。

整体吊装网架往往采用许多台桅杆或起重机(履带式、轮胎式)进行抬吊。采用桅杆抬吊时,桅杆的机动性能差,网架只能就地与柱网错位拼装,当网架抬吊至略高于柱顶时,再进行旋转或短距离平移至设计位置安装。

采用多根桅杆抬吊时,网架须在空中旋转或平移才能就位,可以在水平方向设置手拉葫芦帮助旋转或平移就位。网架整体吊装时,应尽量保证各吊点起升或下降的同步性。相邻两吊点提升高差允许值为吊点间距离的 1/400,且不大于 100 mm。

5.4 装配式混凝土结构安装

装配式混凝土结构是指由预制混凝土构件通过可靠的连接方式装配而成的混凝土结构,包括装配整体式混凝土结构、全装配混凝土结构等。装配整体式混凝土结构是由预制混凝土构件通过可靠的方式进行连接并与现场后浇混凝土、水泥基灌浆料形成整体的装配式混凝土结构,简称装配整体式结构。装配式结构可以包括多种类型。当主要受力预制构件之间的连接,如柱与柱、墙与墙、梁与柱或墙等预制构件之间,通过后浇混凝土和钢筋套筒灌浆连接等技术进行连接时,可足以保证装配式结构的整体性能,使其结构性能与现浇混凝土基本等同,此时称其为装配整体式结构。装配整体式结构是装配式结构的一种特定的类型。主要受力预制构件之间的连接,通过焊接、螺栓、预应力或者栓钉等干式连接时,节点不需要现浇混凝土,此时结构的总体刚度与现浇混凝土结构相比,会有所降低,归属于全装配式结构。

装配整体式混凝土结构的类型较多,其中装配整体式混凝土框架结构与装配整体式混凝土剪力墙结构是最基本的两类结构。全部或部分框架梁、柱采用预制构件构建成的装配整体式混凝土结构,简称装配整体式框架结构;全部或部分剪力墙采用预制墙板构建成的装配整体式混凝土结构,简称装配整体式剪力墙结构。

装配式混凝土结构的预制构件主要有预制柱、预制梁、预制墙板、预制叠合板、预制楼梯、预制阳台等(图 5.33)。各构件在工厂预制生产,经运输至现场后,起吊对位安装构件,再按设计的连接方式完成构件间的连接形成结构。

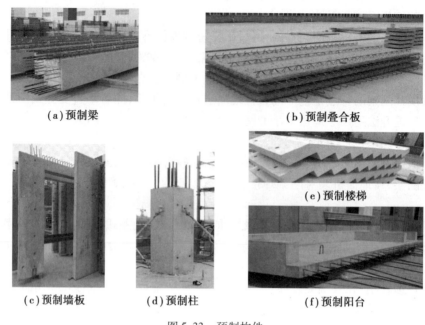

(a)预制梁 (b)预制叠合板

(e)预制楼梯

(c)预制墙板 (d)预制柱 (f)预制阳台

图 5.33　预制构件

5.4.1　构件制作

装配式构件的制作应根据预制拼装结构特点、相应的深化设计图纸、保温做法及装饰要求等编制生产方案,并由技术负责人审批后实施,包括生产计划、工艺流程、模具方案、质量控制、成品保护、运输方案等。

装配式构件加工图的深化设计包括装配式构件的平、立布置图,构件模板图,配筋图,连接构造节点及预留预埋配件详图等,并标明构件的重心,构件吊装自重、吊点布置及安装支撑点等。

装配式构件制作应考虑运输条件及运输效率,并应考虑减少运输过程的损伤。构件生产时应对原材料、供应部品、生产过程中的半成品和成品(产品)等进行标记。应统一按装配式构件的类型,如柱、梁、外墙板、内墙板、楼梯、阳台板、空调板、楼板等编号,并标明所加工的构件在楼层结构中所处的轴线及位置。

装配式构件制作的一般工艺流程:模台清理→模具组装→钢筋加工安装→管线、预埋件等安装→混凝土浇筑→养护→脱模→表面处理→成品验收→运输存放。

模台分固定模台与移动模台(图 5.34)两类。用固定模台生产装配式构件,具有适用性好,管理简单,设备成本较低的特点,但难以机械化,人工消耗较多。目前,装配式构件生产线大多采用移动模台自动化生产线。移动模台法常用的主要设备有混凝土空中运输车、混凝土输送平车、桥式起重机、布料机、振动台、辊道输送线、平移摆渡车、模台存取机、蒸养窑、构件运输平车、模台等。

装配式构件模具以钢模为主,面板主材选用 HPB300 级钢板,支撑结构可选用型钢或者钢板,规格可根据模具形式选择,除必须满足承载力、刚度和稳定性的要求外,还应安拆方便,便于钢筋安装和混凝土浇筑与养护。装配式构件上的预埋件应有可靠的固定措施。模具可利用模台做底模,配以设计加工的侧模,形成模具。不能利用模台的可专门设计相应的模具,

图 5.34 移动模台

如立式预制楼梯模具。

为加快模具的周转利用,装配式构件可采用蒸汽养护方式。装配式构件采用加热养护时,应制订养护制度,对静停、升温、恒温和降温时间进行控制,宜在常温下静停 2 ~ 6 h,升温、降温速度不应超过 20 ℃/h,最高养护温度不宜超过 70 ℃,装配式构件出池的表面温度与环境温度的差值不宜超过 25 ℃。

5.4.2 构件运输与堆放

装配式构件的混凝土强度达到设计强度时方可运输。装配式构件的运输可选用低底盘平板车,车上应设有专用架,且有可靠的稳定构件措施。

预制墙板宜采用竖直立放式运输,预制柱、梁、叠合楼板、预制阳台板、预制楼梯等可采用平放运输(图 5.35)。水平放置运输构件时需正确选择支垫位置,以防运输中构件损伤。

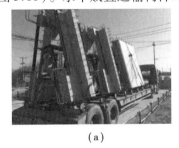
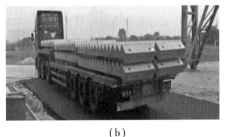

(a)   (b)

图 5.35 预制构件运输

装配式构件运送到施工现场后,按规格、品种、所用部位、吊装顺序分别设置堆场。现场装配式构件堆场设置在吊车工程范围内,堆垛之间宜设置通道。现场运输道路和堆放堆场应平整坚实,并有排水措施,运输车辆进入施工现场的道路,应满足装配式构件的运输要求。卸放、吊装工作范围内不应有障碍物,并应有满足装配式构件周转使用的场地。当装配式构件需经由地下室顶板结构运送或堆放时,应复核地下室顶板结构的承载能力,防止结构开裂甚至破坏。

现场堆放的预制墙板可采用插放或靠放,堆放架应有足够的刚度,并需支垫稳固。宜将相邻堆放架连成整体,预制外墙板应外饰面朝外,其倾斜角度应保持大于85°。连接止水条、高低口,墙体转角等薄弱部位,需采用定型保护垫块或专用式附套件作加强保护。

预制柱、预制叠合梁、预制登合楼板等水平构件可采用叠放方式,层与层之间应垫平、垫实,各层支垫应上下对齐,最下面一层支垫应通长设置(图5.36)。

(a)叠放堆放 (b)靠放堆放

图5.36　预制构件运输

5.4.3　构件吊装

装配式构件吊装前应按吊装流程核对构件编号,清点数量。应根据装配式构件的单件质量、形状、安装高度、吊装现场条件来确定机械型号与配套吊具,回转半径应覆盖吊装区域。

装配式框架结构、剪力墙结构安装中常选用大吨位的塔式起重机作为构件的吊装安装设备,对某些安装高度过高的部位可选用符合起吊能力的汽车吊或履带吊进行吊装。

(1)塔式起重机的选择

1)根据建筑物构件安装所需的最高起升高度确定

这种情况下,塔式起重机的类型可由所需的最高起升高度通过下式计算确定[图5.37(a)]:

$$H = H_1 + H_2 + H_3 + H_4 \qquad (5.13)$$

式中　H——塔式起重机的最高起升高度,m;

　　　H_1——建筑物总高度,m;

　　　H_2——建筑物顶层施工人员安全生产所需高度,m;

　　　H_3——构件高度,m;

　　　H_4——绑扎点到吊钩钩口距离,m。

确定塔式起重机的最高起升高度时,必须考虑留有不小于1.0 m的索具高度,以策安全。

2)根据建筑物构件安装所需的不同距离和不同质量确定

当塔式起重机的最高起升高度确定以后,还要计算起重机在最大工作幅度时的最小起升载荷和最大起升载荷时的最小工作幅度,作为选择起重机型号的依据[图5.37(b)],即

$$M \geqslant Q_{\max} \cdot R_{\min} \qquad (5.14a)$$

　　　或　　　　　　　　　　$$M \geqslant Q_{\min} \cdot R_{\max} \qquad (5.14b)$$

式中　M——起重机额定起重力矩,kN·m;

　　　$Q_{\max}$,$Q_{\min}$——该吊装工程起吊构件的最大起升载荷和最小起升载荷,kN;

　　　$R_{\min}$,$R_{\max}$——$Q_{\max}$,$Q_{\min}$时所需的最小工作幅度和最大工作幅度,m。

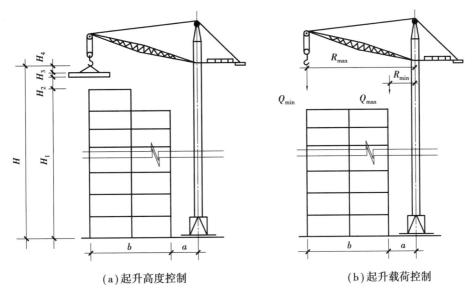

图 5.37 塔式起重机工作参数计算简图

3）选定的塔式起重机复核

根据上述条件选取的塔式起重机需要根据起重机的起重性能说明书,在结构安装平面图上绘出起重能力同心圆图示,对照构件的平面分布进行起重能力复核。应使起重机的起重能力满足由堆放处起吊至安装处下放的吊装工作半径与起升载荷需求。

（2）装配式构件中的预埋吊件及临时支撑系统

装配式构件吊装的索具与构件中的预埋吊件连接后起吊,预埋的吊件其安全可靠性需要得到保障,否则易发生重大安全事故。装配式构件吊装就位后须先用临时支撑系统稳固,待构件间连接完成,形成稳定结构,并可依靠结构自身承载时,方可拆除。预制墙、柱等竖向构件通过斜向支撑,支撑于楼盖结构上进行稳固,预制叠合梁、叠合板等水平构件用竖向支撑进行稳固。

装配式构件中的预埋吊件及临时支撑系统按下式进行计算:

$$K_c \cdot S_c \leq R_c \tag{5.15}$$

式中 K_c——施工安全系数,可按表 5.2 的规定取值;当有可靠经验时,可根据实际情况适当
　　　　增减;对复杂或特殊情况,宜通过试验确定;

　　　S_c——施工阶段的荷载标准组合效应值;

　　　R_c——根据相关国家现行标准并按材料强度标准值计算或根据试验确定的预埋吊件、
　　　　临时支撑系统承载力。

表 5.2 预埋吊件临时支撑的施工安全系数

项目	施工安全系数 K_c
临时支撑	≥2
临时支撑的连接件预制构件中用于连接临时支撑的预埋件	≥3
普通预埋吊件	≥4
多用途预埋吊件	≥5

(3)构件吊装就位

构件吊装应根据构件平面布置图及吊装顺序图进行吊装就位。构件吊装采用慢起、快升、缓放的操作方式。

竖向构件就位前应根据标高控制线在楼面设置1~5 mm不同厚度的垫铁,使竖向构件安装满足标高要求。竖向构件吊装前应进行试吊,吊钩与限位装置的距离不应小于1 m。起吊应依次逐级增加速度,不应越挡操作。构件吊装下降时,构件根部应系好缆风绳控制构件转动,保证构件就位平稳。竖向构件就位时,应根据轴线、构件边线、测量控制线将竖向构件基本就位后,再利用可调式钢管斜支撑将竖向构件与楼面临时固定(图5.38),确保竖向构件稳定后摘除吊钩。

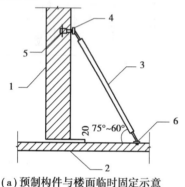

(a)预制构件与楼面临时固定示意　　　　　　(b)实物图

图5.38　竖向预制构件与楼面临时固定

1—预制混凝土构件;2—混凝土楼板;3—斜向支撑;4—连接螺栓;5—预埋套筒;6—板面预埋连接螺杆

水平构件吊装时,应先吊装叠合梁,后吊装叠合板、空调板、楼梯等构件。水平构件吊装时应根据水平构件的宽度、跨度,确定吊点位置、数量,并确保各吊点受力均匀。对预制叠合板,可采用钢扁担或钢框梁等吊具多点吊装(图5.39)。

(a)使用钢框梁吊具　　　　(b)使用钢扁担吊具

图5.39　预制叠合板使用吊具的多点吊装

水平构件吊装前应清理连接部位的灰渣和浮浆;根据标高控制线,复核水平构件的支座标高,对偏差部位进行切割、剔凿或修补,以满足构件安装要求。

根据施工进度选用上下设置支撑的层数,一般需设置两层支撑。根据临时支撑平面布置图,应在楼面上用墨线弹出临时支撑点的位置,确保上、下层临时支撑处在同一垂直线上。吊装时应先将水平构件吊离地面约500 mm,检查吊钩是否有歪扭或卡死现象及各吊点受力是否均匀,然后徐徐升钩至水平构件高于安装位置约1 000 mm,用人工将水平构件稳定后使其缓慢下降就位,就位时应确保水平构件支座搁置长度满足设计要求。支撑距水平构件支座处不应大于500 mm,临时支撑沿水平构件长度方向间距不应大于2 000 mm;对跨度大于等于4 000 mm的叠合板,板中部应加设临时支撑起拱,起拱高度不应大于板跨的3‰。叠合板临时支撑应沿板受力方向安装在板边,使临时支撑上部垫板位于两块叠合板板缝中间位置,以确保叠合板底拼缝间的平整度。

5.4.4　构件节点连接

装配式混凝土结构的构件节点连接是装配结构成败的关键。节点连接构造不仅要保证构件间传力可靠,连接后可形成安全的结构体系,还应使施工简单方便、施工质量易于保证且可满足建筑使用功能的要求。

装配式混凝土结构的楼盖多采用预制混凝土叠合梁板,即在预制混凝土梁、板构件上后浇一层混凝土,形成装配整体式结构(图5.40)。装配式混凝土框架结构的构件节点连接在装配式混凝土楼盖的基础上还有柱与柱的连接,梁与柱在节点处的连接如图5.41、图5.42所示。装配式混凝土剪力墙结构还有墙构件的水平节点(竖向接缝)连接(图5.43)及竖向节点(水平接缝)连接(图5.44)。另外,还有预制楼梯与支撑构件间的连接等。

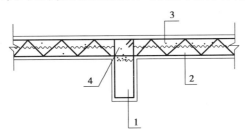

图5.40　叠合板与叠合梁的连接示意

1—叠合梁预制部分;2—叠合板预制部分;3—叠合板现浇部分;4—叠合梁现浇部分

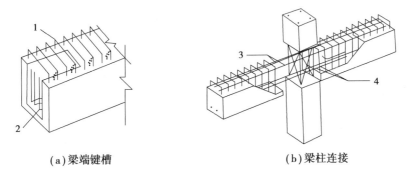

(a)梁端键槽　　　　　　　　　　(b)梁柱连接

图5.41　键槽式梁柱节点连接

1—梁箍筋;2—梁底主筋;3—梁负弯矩筋;4—U形连接钢筋

(1)节点及接缝处的钢筋连接

装配整体式结构中,节点及接缝处的纵向钢筋连接宜根据接头受力、施工工艺等要求选用机械连接、灌浆套筒连接、浆锚搭接连接、焊接连接、绑扎搭接连接等连接方式。装配整体式框架结构中,框架柱的纵筋连接宜采用灌浆套筒连接,梁的水平钢筋连接可根据实际情况选用机械连接、焊接连接或者灌浆套筒连接。装配整体式剪力墙结构中,预制剪力墙竖向钢筋的连接可根据不同部位,分别采用灌浆套筒连接、浆锚搭接连接,水平分布筋的连接可采用焊接、搭接等。浆锚搭接连接是一种将需搭接的钢筋拉开一定距离的搭接方式,又称为间接搭接或间接锚固。纵向钢筋采用浆锚搭接连接时,对预留孔成孔工艺、孔道形状和长度、构造

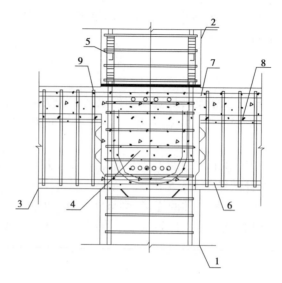

图 5.42　梁柱交汇核心现浇连接

1—下层预制混凝土柱;2—上层预制混凝土柱;3—叠合梁;4—梁柱交汇核心现浇混凝土;
5—钢筋灌浆套筒连接;6—梁下部钢筋;7—梁上部钢筋;8—梁腰筋;9—梁箍筋

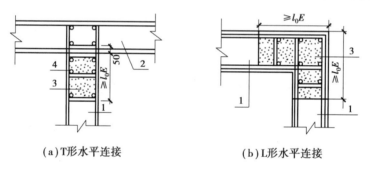

（a）T形水平连接　　　　　　　　（b）L形水平连接

图 5.43　墙体水平连接构造

1—预制墙板;2—局部凹入预制墙板;3—现浇连接带;4—现浇连接带内配筋

要求、灌浆料和被连接钢筋,应进行力学性能以及适用性的试验验证。直径大于 20 mm 的钢筋不宜采用浆锚搭接连接,直接承受动力荷载构件的纵向钢筋不应采用浆锚搭接连接。装配式构件纵向钢筋在后浇混凝土内铰固时宜采用直线锚固。当直线锚固长度不足时,可采用弯折、机械锚固方式。

（2）装配式构件后浇混凝土及灌浆连接

1）装配式构件粗糙面设置

装配式构件与后浇混凝土、灌浆料、座浆材料的结合面应设置粗糙面、键槽。粗糙面在构件预制生产时由混凝土表面拉毛或刻花形成。粗糙面的面积不宜小于结合面的 80%,预制板的粗糙面凹凸深度不应小于 4 mm,预制梁端、预制柱端、预制墙端的粗糙面凹凸深度不应小于 6 mm。可贯通截面,当不贯通时槽口距离截面边缘不宜小于 50 mm;键槽间距宜等于键槽宽度;键槽端部斜面倾角不宜大于 30°。梁端键槽构造如图 5.45 所示。

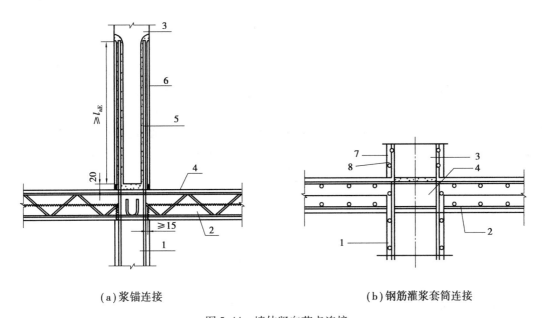

(a) 浆锚连接　　　　　　　　　(b) 钢筋灌浆套筒连接

图 5.44　墙体竖向节点连接

1—下层预制混凝土墙板;2—预制板;3—上层预制混凝土墙板;4—现浇混凝土部分;

5—连接钢筋;6—金属波纹浆锚管;7—灌浆钢套筒;8—座浆层

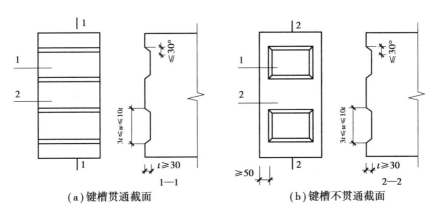

(a) 键槽贯通截面　　　　　　　　(b) 键槽不贯通截面

图 5.45　梁端键槽构造示意图

1—键槽;2—梁端面

预制剪力墙的顶部和底部与后浇混凝土的结合面应设置粗糙面;侧面与后浇混凝土的结合面也应设置粗糙面,也可设置键槽。键槽深度 t 不宜小于 20 mm,宽度 w 不宜小于深度的 3 倍且不宜大于深度的 10 倍,键槽间距宜等于键槽宽度,键槽端部斜面倾角不宜大于 30°。

预制柱的底部应设置键槽且宜设置粗糙面,键槽应均匀布置,键槽深度不宜小于 30 mm,键槽端部斜面倾角不宜大于 30°;柱顶应设置粗糙面。

2) 后浇混凝土施工

装配混凝土结构叠合层及现浇混凝土连接带处等后浇混凝土施工前,应将装配式构件结合面疏松部分的混凝土剔除并清理干净。支设的模板应保证后浇混凝土部分形状、尺寸和位置准确,并应防止漏浆。在浇筑混凝土前应洒水润湿结合面,浇筑的混凝土应振捣密实。

同一配合比的混凝土,每工作班且建筑面积不超过 1 000 m² 应制作一组标准养护试件,同一楼层应制作不少于3组标准养护试件,用以进行混凝土强度评定。

3)灌浆施工

装配结构的浆锚连接及灌浆套筒连接均需要灌浆施工。相较于灌浆料用量较大的浆锚连接而言,灌浆套筒连接的灌浆用量更少,灌浆材料性能要求更高。浆锚连接所用的灌浆料应采用水泥基无收缩材料,其各项性能指标应符合现行国家标准《水泥基灌浆材料应用技术规范》(GB/T 50448—2015)的规定,灌浆料应对钢筋无锈蚀作用。浆锚连接所使用灌浆料的28 d抗压强度不得低于60 MPa;3 d抗压强度不得低于40 MPa;1 d抗压强度不得低于20 MPa,并不得低于该部位混凝土抗压强度10 MPa。套筒灌浆料性能及试验方法应符合现行行业标准《钢筋连接用套筒灌浆料》(JG/T 408—2019)的有关规定。套筒灌浆连接所使用灌浆料的28 d抗压强度不得低于85 MPa;3 d抗压强度不得低于60 MPa;1 d抗压强度不得低于35 MPa。灌浆料竖向膨胀率3 h不低于0.02%,24 h与3 h差值在0.02%~0.30%。灌浆料拌合物的工作性能要求初始流动度不低于300 mm,30 min流动度不低于260 mm。

灌浆施工时,环境温度不应低于5℃。冬期施工时,需使用低温型灌浆料。低温型灌浆料施工,除设计有规定外,灌浆料强度达到设计强度的30%前应保持灌浆部位温度高于灌浆料最低温度要求。

灌浆作业应采用压浆法从下口灌注,当浆料从上口流出后应及时封堵,必要时可设分仓进行灌浆;竖向构件采用连通腔灌浆时,连通灌浆区域为由一组灌浆套筒与安装就位后构件间空隙共同形成的一个封闭区域,除灌浆孔、出浆孔、排气孔外,应采用密封件或座浆料封闭此灌浆区域。考虑灌浆施工的持续时间及可靠性,连通灌浆区域不宜过大,每个连通灌浆区域内任意两个灌浆套件最大距离不宜超过1.5 m。常规尺寸的预制柱多分为一个连通灌浆区域,而预制墙一般按1.5 m范围划分连通灌浆区域。

套筒灌浆连接和浆锚连接的灌浆作业是装配整体式结构工程施工质量控制的关键环节之一。实际工程中这两种连接的质量很大程度取决于施工过程控制,需要对作业人员进行培训考核,并持证上岗,同时要求有专职检验人员对灌浆操作实施全过程监督。

(3)预制楼梯与支承构件间的连接

预制楼梯与支承构件之间宜采用简支连接(图5.46)。预制楼梯宜一端设置固定铰,另一端设置滑动铰,其转动及滑动变形能力应满足结构层间位移的要求,且预制楼梯端部在支承构件上的搁置长度要求为:当抗震设防烈度为6度、7度时不小于75 mm;当抗震设防烈度为8度时不小于100 mm。预制楼梯设置滑动铰的端部应采取防止滑落的构造措施。

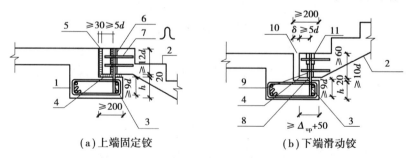

图5.46 预制楼梯与支承构件间的连接

1—叠合或现浇梯梁;2—预制梯板;3—预埋螺栓;4—水泥砂浆;5—聚苯板填充;6—梯板预留孔灌浆;
7—孔边加强筋;8—隔离层;9—空腔;10—留缝不填充;11—固定垫片与螺母

思考题

1. 拟订单层工业厂房结构吊装方案应考虑哪些问题?

2. 单层工业厂房结构吊装常用的起重机械有几种类型? 试说明其优缺点及适用范围。

3. 试述履带式起重机起重高度、起重半径与起重量之间的关系。

4. 在什么情况要求进行起重机稳定性验算? 如何验算?

5. 柱和屋架预制平面布置时应考虑哪些问题?

6. 如何选择起重机的型号?

7. 拟订装配式框架结构吊装方案应考虑哪些因素?

8. 试述框架节点构造和施工要点。

9. 钢结构安装前有哪些准备工作?

10. 钢结构安装前的连接施工有哪些规定?

11. 钢桁架有哪几种? 轻型钢管架怎样选用?

12. 试述网架结构的起拱、下料、拼装方法。

13. 网架施工中应考虑哪些技术问题?

14. 钢结构制作、安装有哪些质量要求?

15. 装配式混凝土结构在构件制作、运输与堆放、吊装、节点连接应注意哪些问题?

6 高层建筑主体结构工程

本章学习要求

本章重难点:高层建筑的轴线投测、垂直度和标高的控制方法,全现浇剪力墙结构施工工艺流程、现浇柱、墙、梁、预制楼板加叠合层结构施工新工艺,高处施工作业中强制性规范对安全技术的规定。

学习目标:了解高层建筑的测量、运输和主体施工中的操作工艺和基本要求,定位放线的依据和条件,高层建筑的先进施工工艺;掌握高层建筑的沉降观察、施工工艺,组合钢模板组配等的技术要求和施工特点,塔式起重机的分类、选用和基本参数,高层建筑的起重运输机械的几种组合方法和应解决的主要问题,泵送混凝土、常用脚手架应注意的技术安全问题。

6.1 高层建筑施工测量

6.1.1 测量放线定位的准备工作

(1)了解、校核设计图纸

1)了解设计图纸的总体设计、定位依据、现场定位条件

测量放线前,先看设计说明,了解工程情况及设计要求;然后看设计总平面图,了解工程位置周围建筑的关系,现场地形、地貌及拆迁情况,地下管线及建筑物,红线桩位及坐标、水准点位及高程,建筑平面形状、朝向、主要轴线间距尺寸及各夹角、±0.00绝对标高、室外道路、坡度、绿化、管线、构筑物位置标高、坐标等。通过学习总图及现场调研,应着重解决两个方面的问题:

第一,定位依据。一是根据设计总平面图现有建筑物或构筑物之间距离关系定位,要求是四廓(或中心线)规整的永久性(建)构筑物,定位依据点的具体位置必须是明确的(如墙面、勒脚、台阶);二是根据城市规划部门给定的建筑红线坐标夹角定位,这种方法必须了解掌握所标注的坐标等定位条件是否合理,标注点的位置是建筑物的外轮廓角点还是轴线交点,相邻两点的距离与图纸标注的距离是否一致等。

第二,定位条件。给定唯一确定建筑物的一个或两个点位和一个或两个边的方位作为定位条件。若缺少其中一个条件,则无法定位。若在一个点和一个边的方向定位条件之外,还有其他给定条件,则会出现定位中相互矛盾的情况。

2)了解和校核施工设计图纸

对建筑各层平、立、剖面构造大样施工详图;各轴线及细部尺寸、层高、标高;各图纸之间对应关系、尺寸等,进行全面掌握和校核,它是整个工程施工放线的依据。在学习中要特别注

意轴线尺寸及各层标高与总图中的有关部分是否对应。在看结构施工图时,要掌握轴线尺寸、层高、结构尺寸(如墙面、柱断面、梁断面和跨度、楼板厚度)。看图时要以轴线图为准,对比基础、非标准层及标准层之间的轴线关系,还要注意对照建筑图,查看两者关联部位的轴线、尺寸、标高是否对应,构造是否合理。看设备图要结合土建图一并对照学习,尤其要注意设备安装对结构工程的精度要求,如预留埋件、预留孔洞等。

3)了解设计对测量精度的要求

通过学习图纸和《高层建筑混凝土结构技术规程》(JGJ 3—2010),掌握对测量放线定位各有关精度允许偏差的要求,在测量中应按规定要求控制。

(2)了解施工现场与施工安排

根据已掌握的设计图纸情况,再到施工现场对照图纸,了解现场有关地形、地貌、建筑物、构筑物、地上地下管线、红线范围、周围环境、放线点、水准点位置等实际情况,同时了解施工现场施工总平面布置、施工准备和施工进度安排,以便安排测量工作计划或编制测量放线方案。

(3)测量仪器、钢尺、用具的检查准备

高层建筑施工所用的测量器具,必须经过专门的法定计量单位检定合格且在法定的有效期内使用。同时要对经纬仪进行水准管轴与竖轴垂直,视准轴与横轴垂直的检查校核,符合要求方可使用。

对水准仪要对水准管轴平行视准轴进行检查校核,符合要求方可使用。

高层建筑施工测量中多采用2″级(J_2)配带90°弯管配件的经纬仪,以便在窄小场地高层建筑近处即可安装进行竖向观测;标高测量常采用(S_2)水准仪。还可以根据测量精度要求,采用(J_2)激光经纬仪。它是一种现代先进的可作垂直度测量的经纬仪。此外,还有ZNL型自动天顶-天底准直仪、上海光学仪器厂生产的配有90°弯管目镜的DJ6-C6垂准经纬仪等,均可做精度要求较高垂直度控制的竖向观测。在施工测量时,要配备函数计算器、木桩、铁桩、铁钉、钢丝、丝线、线锤、长短钢尺、斧头、锯子等用具。高层建筑常用经纬仪、垂准仪,如图6.1—图6.3所示。

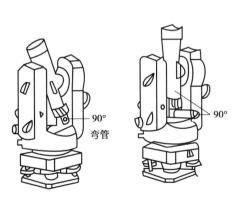 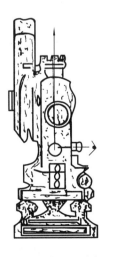 

图6.1　配有90°弯管的经纬仪　　　　图6.2　激光经纬仪　　　图6.3　天顶垂准仪

(4)对定位依据的红线桩(点)与标高依据的水准点进行校核

对城市规划部门批准给定红线桩或坐标点,现场标高水准点,在定位使用前,应先进行校核无误后,做好保护,作为现场引测的定位、标高的可靠依据,并做好明显标志。

6.1.2 高层建筑施工定位放线、轴线标高、垂直度投测

建筑物施工定位放线、标高和垂直度的投测,是高层建筑测量工作中最基本、最重要的工作内容,是一项很细微的工作,应高度重视,保证精度,杜绝错误。

(1)建筑物施工定位放线

建筑平面位置及基础开挖灰线的施放,要按照设计图纸及说明给定的依据和条件,一般按以下基本步骤进行:

1)确认定位放线依据

在施工现场,会同建设单位代表(或现场监理工程师)和设计人员对定位依据进行认真仔细地交代。如定位依据是现有建筑物或构筑物时,将对墙边、角、中线、夹角、标高等具体位置关系尺寸数据确认清楚;如定位依据是规划部门批准的红线或附近道路中心线、现场测量控制坐标点,就要在现场对照设计总平面图当面定桩位、坐标值、夹角值、标高值等。

2)测设现场建筑物平面矩形控制网

根据已给定确认的定位放线依据和条件,结合现场实际情况,按已经会审确定的基础平剖面图,在距基槽(坑)外2~5 m,测设平行于建筑物的矩形主要控制网框线桩,以便在各层施工中投测中线。

3)测定轴线控制桩

根据已经会审确定的建筑施工相应平面图,在已测定的平面控制网框线四周边线上,利用拉通长钢尺,借助经纬仪,测设建筑物各大角或各主要轴线和延长线控制桩,并复核各轴线间距的准确性。

4)测定各大角桩和轴线桩

根据已测定的各大角和轴线延长线控制桩,并根据建筑基础平面图,测定建筑物各大角、墙基中、轴线桩位,同时复核其桩间距的准确性。高层建筑均带地下室,开挖较深,基坑四周均有护壁,各大角和轴、中线桩在挖土时均被挖掉,还要将各大角和轴、中线桩,延长到四周固定的建筑物或围墙、护壁墙上,并用红油漆画出三角形明显标志,以备地下室及地坪以上各层轴、中线引测校核之用。

5)撒基槽、坑灰线

根据建筑物已测定的各大角和中(轴)线桩、按基础平面图和剖面图、大样图用麻线拉线,沿线用撒灰线轮盒撒出灰线。高层建筑多有地下室部分基坑土方采用大开挖,同时边坡采用放坡或向外留设一定宽度工作面,要考虑实际情况,基坑上口应向外放宽撒挖土灰线,作为实际基坑挖土外边灰线。

6)验线

各桩线测设完成后,通知城市规划部门、设计人员、建设单位代表(或监理工程师),会同施工单位有关工程技术人员一起,到现场对已测定平面控制网、基槽(坑)各角、轴、中线桩和灰线,进行全面检查验收,并签字认可无误后存档,方可动土开挖。

（2）建筑物基础放线

在高层建筑地下室土方施工时,地面各大角、轴、中桩、灰线已被挖掉,在地下室垫层做好后,重新在地下室或基槽垫层上,根据各大角、轴、中线在附近墙上已做好的标志位置,用经纬仪和钢尺将建筑物各外大角、轴线、边线、墙（柱）宽基础线,测设在垫层上,并用钢尺详细放出各细部轴（中）线,用墨斗弹线,并在四大角和主轴线两端,用红油漆画出三角形明显标志,经现场复查验线无误为准。应根据建筑平面控制向混凝土底板垫层上投测建筑物外轮廓轴线,经闭合校测合格后,再放出细部轴线及有关边界线。

基础外轮廓轴线尺寸允许偏差应符合表 6.1 的规定[应符合国家规程《高层建筑混凝土结构技术规程》(JGJ 3—2010)]。

表 6.1　基础外轮廓轴线尺寸允许偏差

长度 L、宽度 B/m	允许误差/mm
$L(B) \leqslant 30$ m	±5
30 m$<L(B) \leqslant 60$ m	±10
60 m$<L(B) \leqslant 90$ m	±15
90 m$<L(B) \leqslant 120$ m	±20
120 m$<L(B) \leqslant 150$ m	±25
$L(B) > 150$	±30

（3）各层标高控制

①±0.00 以下标高控制。

为了保证高层建筑总高度控制的要求,从基础施工开始就要严格注意地下室各层各部位标高控制的精确度,为地面以上各层标高和总高的控制打下可靠基础。

高层建筑在地下室基坑开挖检底修边整齐后,在四周护壁（桩）上,每方选一个平直稳定的面,用水泥砂浆沿护壁竖向抹平一条宽 100 mm 的涂白油漆带,用水准仪根据现场测设确定的±0.00 水平标高,测定各油漆带顶一个统一负值标高,并用红油漆涂上三角形标志,以此为准向下准确地测设出地下室各层各部位的负值标高线,做好红油漆标志,并注明负值标高数值,以此作为±0.00 以下各层各部位各工种施工过程中标高测定复核控制的依据。

②±0.00 以上结构的各大墙角、外墙、边柱、电梯间墙等主要明显位置,选择几处,将±0.00 水平线准确地引测画出水平线,作为竖直向楼层标高引测传递的起始线依据,用红油漆作上三角标志。

各层施工时,以此为准用钢尺沿铅直方向向上逐层量至施工层,弹出水平线标高,并用红油漆画出三角形标志,注明标高正负米数值。

各层施工时,再将水平仪安置到施工层楼面平整处,反校测由下面传递上来的各处标高水平线,要求偏差在±3 mm 以内为合格。各层标高找平时要前视后视作为校核。

③标高的竖向传递,应从首层起始标高线竖直量取,且每栋建筑应由 3 处分别向上传递。当 3 个点的标高差值小于 3 mm 时,应取其平均值,否则应重新引测。标高的允许偏差应符合表 6.2 的规定。

表 6.2 轴线逐项投测允许误差

项目	允许偏差/mm	
每层	±3	
总高	$H \leq 30$	±5
	$30 < H \leq 60$	±10
	$60 < H \leq 90$	±15
	$90 < H \leq 120$	±20
	$120 < H \leq 150$	±25
	$H > 150$	±30

(4)垂直度的控制

高层建筑层数多,高度高,对逐层轴线的向上引测传递,竖向垂直度的控制,精度要求特别重要。对逐层轴线竖向投测方法应很好选择与其相适应,以保证工程质量。常用的竖向引测方法有以下几种:

1)外测法

当施工现场周围宽阔时,可利用经纬仪安置在高层建筑物以外近处,将高层建筑四周主要轴线延长到适当平坦地方,作固定延长线轴线桩,在桩上安置调平好的经纬仪,以首层轴线为准,向上逐层进行竖向主要控制轴线校测,并进行复核达到要求后,在外侧墙面、柱上弹垂直轴(中)线,并用红油漆画出三角形明显标志,以此为准用钢尺拉直绷紧,量出其余轴线,并弹线画标志,作为各层墙、柱轴(中)线、竖向垂直度检控的依据。

2)内测法

如施工现场狭窄,建筑外延长轴线上无法安置经纬仪,可在建筑边缘或内部用垂直线原理进行竖向垂直度投测,又称为垂直准线法。

①吊线法。

使用较重的坠球,一般为 2~5 kg,吊线采用细钢丝。坠球一般为特制锥形规正,不歪斜,坠球铅直、悬吊稳定,不转动、不摆动,并防风吹动。投测时以首层±0.00 水平线为准,沿建筑物轴(中)线交点,由上层向下放坠线,将下层轴(中)线,直接向上逐层引测画(弹)线,并做好红油漆三角标志。只要认真细心操作,采用吊线法引测各铅直垂线,简单直观,操作方便,准确性较高。一般层高在 4 m 以内,每层偏差可控制在 3 mm 内。

②天顶垂直法。

天顶是指铅直指向天空正上方。天顶垂直法是用能直接测设天顶方向的仪器进行竖向投测,又称为仰视法。其具体步骤如下:

第一,根据高层建筑塔楼部分基础和各层平面图布置,从地下室底板上,选择适当有代表性,便于安置仪器的开间,距轴线外 2~3 m 处准确定测点,一般设 4~6 个点即可。用 φ10 平头短节钢筋埋入底板混凝土内固定,钢筋外露顶头刻十字线。以便仪器架设下部对中,同时也是各层竖向垂直投测对中起始点。

第二,以底板以上各层楼板,对应底板埋设的起始点,留 φ200 或 200 mm×200 mm 规整地投测孔,以便安置仪器。

第三,将仪器架设在投测点对中,然后用铅直仪器将此点通过投测到上一层楼板面上,并在投测孔板面画出十字线中点。

第四,根据从底板上投测到楼层上的点,用钢尺丈量该楼层各轴(中)线,或复核各轴(中)线。

第五,第三层楼层竖向投测时,将仪器分别架设在第二层楼板投测孔处,用竖向投测刻度十字盘,放在架好仪器的投测孔上,盘与孔上十字线对准,然后将仪器对准十字交点,再将此点投测到第三层楼板面上,用同样测法逐层投测。使底板测点通过各投测孔,一直到顶对准,竖向一条线,控制整个高层建筑竖向垂直精度。

③天底垂直法。

天底与天顶相反,天底是指铅直指向正下方,天底垂直法是用能直接测天底方向的仪器,进行竖向投测,又称俯视法。具体步骤与天顶垂直法相同,只是做法与之相反,它是将仪器架设在上层楼板投测孔上向下看,对准下层中点十字刻度盘交点,然后画出该层投测孔对应十字线,即找到该层垂直点,逐层各投测孔同样测法。

(5)沉降观测

高层建筑楼层高,质量大,群楼与塔楼错层悬殊大,对地基压力大,会产生较大的压缩沉降。为保证附近和新建建筑物安全,掌握预期计算与实际沉降的差异,在施工过程中和完工后一定期间,要求必须进行沉降观测,以保证地基基础及建筑结构的安全。

1)沉降观察的主要内容

①在施工过程中对附近相邻建筑物的观测。

高层建筑多数都有地下室,基坑开挖较深,一般7~18 m不等。要采取抽水降低地下水位,会影响附近建筑物产生不均匀下沉、位移而造成裂缝。对邻近多层或高层建筑物要设沉降观测点,事先准确地测好观测点标高,做好记录,然后根据不同施工阶段,按照需要分阶段进行观测。

②新建建筑物的沉降观测。

对新建建筑物在进行基础垫层施工时,就在垫层四周边缘易观测且明显的地方,按设计要求埋设事先加工好的观测点埋件,垫层完成后进行准确观测,做好标高记录。以后每施工一层,观测一次,做好记录。施工到±0.00位置时,按设计要求在四周外墙、角易观测处埋设永久性观测点埋件,并进行观测,做好记录,然后每施工上升一层,观测记录一次,直到交工后的一定时间内,沉降稳定后为止。

③施工塔吊底座的沉降观测。

高层建筑施工使用的塔吊,吨位和臂长均较大。塔吊基座虽经处理,但随着施工的进展,塔身逐步增高,尤其在雨季,可能会因塔基下沉、倾斜而发生事故。要根据情况及时对塔基死角进行沉降监测,检查塔基下沉和倾斜状况,以确保塔吊运转安全,工作正常。

④地基回弹检测。

一般坑基越深,挖土后基坑底面的原土向上回弹量越大,建筑物施工后其下沉越大。为了测定地基的回弹值,基坑开挖前,在拟建高层建筑的纵、横主轴线上,用钻机打直径100 mm的钻孔至基础地面以下300~500 mm处,在钻孔套管内压设特制的测量标志,并用特制的吊杆或吊锤等测定标志顶面的原始标高。当套管提出后,测量标志即留在原处,在套管提出后所形成的钻孔内装满石灰粉,以表示点位。待基坑挖至底面时,按石灰粉的位置,轻轻找出测量标志,测出其标高。然后,在浇筑混凝土基础前,再测一次标高,从而得到各点的地基回弹值。地基回弹值是研究地基土体结构和高层建筑物地基下沉的重要资料。

⑤地基分层和邻近地面的沉降监测。

这项监测是了解地基下不同深度、不同土层受力的变形情况与受压层的深度,以及了解建筑物沉降对邻近地面由近及远的不同影响。这项监测的目的和方法基本同回弹监测。

高层建筑后浇带,应根据过程沉降量稳定情况,按设计要求时间进行混凝土浇筑封闭。

2)沉降观测的要求

第一,观测精度高,测量的偏差应小于变形量的 1/20～1/10,记录要完整。

第二,各阶段的观测要按时按部位准时观测,所作记录资料要可靠。

第三,要选用较精密的水准仪。最好做到仪器固定,人员固定,以保证沉降观测质量。

3)变形测量的要求

高层建筑的变形测量要求更严格,必须认真执行《建筑变形测量规范》(JGJ 8—2016)的各项规定。

6.2　高层建筑施工的垂直运输方案

6.2.1　垂直运输机械体系的配套选择

目前国内高层建筑结构体系,一般多为现浇钢筋混凝土框架结构、框架-剪力墙结构、全剪力墙结构、框架-筒体结构和筒体结构,以及预制钢筋混凝土大板结构等。按照高层建筑吊装运输物品对象及施工人员上下流动的要求,垂直运输机械体系配套主要有以下几种组合形式:

(1)塔式起重机+人货施工电梯

塔式起重机作为构件及大宗材料的垂直运输机械,且辅以施工电梯作为施工人员流动和零星材料的运输,应根据现场施工条件及高层建筑特点,选择塔式起重机的型号、技术参数及数量,并要合理布局,以保证对建筑物提供全方位的有效服务。施工电梯一般多采用外用施工电梯。

(2)塔式起重机+混凝土泵+人货施工电梯

塔式起重机作为构件及大宗材料运输机械;混凝土泵专门用于垂直运送混凝土拌合料;人货施工电梯解决施工人员流动及零星材料的运输。这种垂直运输方案一般多适用于现浇钢筋混凝土结构体系。

(3)塔式起重机+快速提升机+人货施工电梯

塔式起重机作为构件及大宗材料垂直运输机械;快速提升机主要运送大宗散装材料、混凝土、水泥砂浆等;人货施工电梯用于人员上下流动和零星材料运输。这种垂直运输配套方案主要适用于施工现场狭窄,无法配置足够数量的塔式起重机时,可用快速提升架辅助部分垂直运输工作。

(4)井架起重机+快速提升机+人货施工电梯

井架起重机和快速提升机用于对大宗建筑材料、配构件、成品及半成品的垂直运输,多用于层数较多、施工现场狭窄的高层建筑施工。

在上述高层建筑垂直运输方案中，一般常用的机械设备包括塔式起重机、混凝土泵及泵车和外用施工电梯等。有关塔式起重机的构造、基本参数和使用中的技术问题，可参考有关塔式起重机的操作规程。

6.2.2 塔式起重机

(1)塔式起重机概述

塔式起重机是具有竖直的塔身，起重杆安装在顶部能全回转，且具有较高的有效高度和较大的工作空间，起重量大而起吊高度较高的一类吊装机械，广泛地适用于高层建筑和多层建筑垂直运输和构件吊装工程。

1)塔式起重机的分类

塔式起重机的类型较多，一般可分为轨道式塔式起重机和固定式塔式起重机两大类。

①轨道式塔式起重机。

轨道式塔式起重机是一种能在轨道上行驶的起重机，可以带负荷行走。这类轨道式塔式起重机可以分为两种形式：一种是塔身回转的下旋式轨道塔式起重机，其起重量小，起吊高度较低，一般适用于多层建筑结构安装和材料、构件的装卸作业；另一种是塔顶回转的上旋式轨道塔式起重机，其起重量较大，起吊高度较高，一般多作为高层建筑结构安装，在建筑工地上应用较为普遍。

②固定式塔式起重机。

固定式塔式起重机分为内部爬升式塔式起重机和附着式塔式起重机。内部爬升式塔式起重机是一种安装在建筑物内部(电梯井或特设开间)的结构上，借助于爬升机构能随建筑物增高而自行爬行的起重机；附着式塔式起重机是固定在拟建建筑物近旁的混凝土基础上，借助于塔顶上端的顶升机构随着建筑物增高而自行向上抬高的起重机。固定式塔式起重机起重量大、起吊高度高、服务半径大。目前，它在高层建筑和超高层建筑施工中广为应用。

在我国高层建筑中常用的国产塔式起重机主要型号有 QT4-10 型、QT4-10A 型、QTZ200型、ZT-120 型、ZT-100 型、QT-80 型、QT-80A 型、QTF80 型、Z80 型、QTZ80 型、TQ60/80 型、TQ90 型、QTP60 型等。这些塔式起重机的技术性能参见《高层建筑施工手册》。

2)塔式起重机的主要构造

塔式起重机的主要构造由金属结构、工作机构和电气系统 3 个部分组成。

(2)塔式起重机基本参数

1)工作半径

工作半径是指从塔式起重机回转中心线至吊钩中心线之间的水平距离，也称回转半径或变幅幅度。它分最大半径和最小半径两个参数。

2)起重量

起重量是指塔式起重机吊钩以下吊物及吊具的质量和。它分最小半径时最大起重量和最大半径时最小起重量两个参数。

3)起重力矩

起重力矩是指回转半径与其对应起重量的乘积。它是代表起重机起重能力的指标。

4)吊钩高度

吊钩高度是指轨道基础轨顶表面或吊车基础顶面至吊钩中心的垂直距离。

塔式起重机吊钩高度的计算如图6.4所示。计算公式为

$$H_{吊} = H_1 + H_2 + H_3 + H_4 + H_5 \qquad (6.1)$$

式中　H_1——吊索高度,一般为 $1 \sim 1.5$ m;

　　　H_2——构件高度,m;

　　　H_3——安全距离,一般为 2 m;

　　　H_4——脚手架或屋顶设置高度,m;

　　　H_5——建筑物总高度。

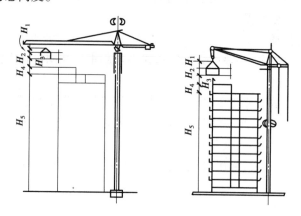

图 6.4　塔式起重机吊钩高度计算示意图

(3)塔式起重机使用中应注意的技术问题

1)基础

第一,采用轨道式塔式起重机,要特别注意轨道的布置路线,行走起吊卸车方便。基础中心线至建筑物外墙距离,要满足脚手架搭设、安全操作、施工线路架设、平衡臂或下旋式塔机尾部回转所占位置的距离要求。地基要铺平压实,要注意路基、道轨等基础技术状况,做好排水,冬季随时清扫轨道上积雪和冻冰。大风来临要将夹轨夹固钢轨,严防基础不均匀沉降、轨道倾斜。

第二,附着式塔式起重机采用固定混凝土基础,一般 C30 混凝土配Ⅱ级钢筋浇筑而成,分为整体式和分离式两种。塔基位置要适当,地基要夯实,地锚螺栓预理要准确。在建筑物深基础近边缘处,塔基下采用钻孔钢筋混凝土桩,桩底深度要超过建筑物深基护壁桩深,并可与护壁桩连接成群桩受力更好。

2)附着锚固

对固定附着式塔式起重机,当起重机接高到限定(30 ~ 50 m)高度时,就要利用锚固装置与建筑物拉结。附着装置由锚固环和撑杆组成。一般有抱箍式附着装置和拖柱式附着装置两种。锚固环用钢板或型钢焊成 U 形构件拼装。撑杆采用型钢、无缝钢管制成单杆或空间格构桁架,长度根据塔身中心线至建筑物外墙皮之间的距离确定。附着距离 4 ~ 6 m,有时可达 10 ~ 15 m。

附着装置的一般布置方式如图 6.5 所示。附着式塔式起重机构造如图 6.6 所示。

附着装置的锚固环必须安装在塔身标准节对接处。建筑物上的锚固支座,可套装在柱子上或现浇混凝土墙板、边梁处,但均要靠近楼板处,并应征求结构设计人员意见,是否需要增

加配筋或其他技术措施。在降落塔身时,拆除附着支撑要与塔身同步,严禁先拆附着杆后拆塔身。

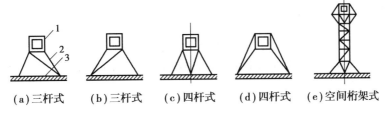

图 6.5　附着装置的布置方式

1—塔身;2—附着杆;3—已施工结构(柱子、近楼板处的墙壁)

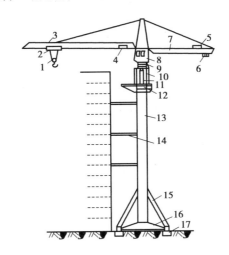

图 6.6　附着式塔式起重机

1—吊钩滑轮;2—起重小车;3—起重臂;4—小车牵引机构;5—平衡臂;6—起重卷扬机;
7—平衡重;8—驾驶室;9—旋转机构;10—顶升套架;11—顶升机构;12—工作平台;
13—塔身;14—附着架;15—撑杆;16—底座;17—锚固装置

6.2.3　外用施工电梯

外用施工电梯,也称为人货两用电梯,是安装在建筑物外部,用于运送施工人员上下及建筑器材的重要垂直运输机械,是高层建筑施工保证工期,提高劳动效率不可缺少的关键施工机械之一。

目前,国内高层建筑施工用的施工电梯主要有单笼式和双笼式两种,其载质量为 1 t,可乘12 人,重型的载质量为 2 t,可乘 24 人。

外用施工电梯分齿轮齿条驱动式和钢丝绳轮驱动式升降传动,有配平衡重和不配平衡重,单塔架式和双塔架式之分。外用施工电梯由塔架、箱笼、驱动机构、安全装置、电控系统提升接高机构组成。塔架利用附墙装置与建筑物拉结。塔架的不附着高度一般为 5 ~ 12 m,附着支撑间距一般为 3 m。

国产外用电梯起升高度多为 100 m,经过改装和引进国外施工电梯可达 200 m。

根据近年施工经验,一台施工电梯服务楼层面积约为 600 m²。运送施工人员占用时间约占 60%,运送物料时间约占 40%,运送 1 ~ 5 人及 500 kg 以下物料时间约占全部使用时间的

3/4,要解决好施工人员上下班运输高峰的时间矛盾。国产常用施工电梯技术性能可查《高层建筑施工手册》。

6.2.4 混凝土泵和泵车

混凝土泵是指在一定压力推动下,沿着软或硬管道,进行水平或竖向输送混凝土的一种机械,配以布料杆高效地进行混凝土的布料和浇筑工作。在国内外高层建筑和大体积混凝土工程广泛应用,收到良好效果。

(1)混凝土泵

混凝土泵分活塞式和挤压式两种,我国多为活塞式。活塞式又分为机械活塞式和液压活塞式,目前使用多为液压活塞式混凝土泵,它有固定式、泵车式两种。

(2)布料杆和泵车

布料杆又称布料臂,它是供铺摊浇筑运输混凝土拌合物用的一种臂架管道,分独立式和泵车式两种,要求能提高伸缩和降低回转。

混凝土泵车布料杆与混凝土泵组装在一台汽车底盘上成为混凝土泵车。它的优点是机动性好,可迅速移动浇筑部位,转场迅速、使用方便、占地小,适合地下室基础工程和群楼施工。

(3)泵送混凝土应注意的主要问题

第一,混凝土泵的产品质量、技术性能应保证施工要求。选择泵的能量时应略有富余,防止常出故障停修及输送不到位。

第二,配管要合理,布料应尽量减少管道、减少堵塞。使用压力要适度,防止爆管。

第三,商品混凝土供料,应选择好路线和运输距离,防止堵车超过规定时间造成混凝土凝固。

第四,泵送混凝土粗骨料要进行最佳连续级配,针片状颗粒含量不应大于10%。最大粒径与输送管径之比:当泵送高度50 m以下时采用1:3;泵送高度50~100 m时采用1:4;100 m以上时采用1:5。细骨料采用中砂,也应符合最佳级配。泵送混凝土流动性要好,水灰比宜采用0.4~0.6,砂率宜采用38%~45%(高强度混凝土不宜过高)。应按规定并经试配掺加适量泵送外加剂;掺加适量粉煤灰,可改善混凝土可泵性又可节约水泥用量。

高层建筑施工测量贯穿于施工全过程的始终,是各施工阶段的先行工作,是保证工程质量和工程进度及施工过程中各种配合的有机统一性的重要因素。高层建筑施工测量,一是对施工前期建筑物(构筑物)的定位放线测量;二是对高层建筑施工过程中各项施工主体的定位放线及其标高、轴线精度复核的测量;三是高层建筑施工竣工验收及其建筑物(构筑物)沉降观察的测量等。高层建筑平面布局和立面造型的多样化,工程结构和构造的复杂性,以及工程规模庞大、施工期长而引发的诸种风险因素的可变性等,都将对工程施工测量效果产生重大影响。为了保证高层建筑工程质量、施工进度及各种施工因素的有机配合,必须高度重视高层建筑施工测量。

6.3   高层建筑主体结构施工

6.3.1   现浇框架结构施工

高层建筑现浇框架结构施工可分为全现浇框架结构和全现浇框架-剪力墙结构施工。两者施工方法基本类似。

(1)模板工程

高层建筑的模板工程除了使用胶合板、工具式钢模板外,还使用了一批大型工具式模板,如大模板、滑模、爬模、台模等,更有一些使用了永久式模板,标准层的模板几乎一样,为了节省模板,高层建筑宜经常采用早拆模板体系工艺。

1)组合式模板

组合式模板是指可按设计要求组拼成梁、柱、墙、楼板模板的一种通用性很强的模板,用于现浇混凝土结构施工。

①全钢组合模板。

目前采用较多的为肋高 55~70 mm,板块宽度为 600 mm 的模板。钢模板的部件,主要由钢模板、连接件和支承件 3 个部分组成。

②钢框胶合板模板。

目前仍在采用的有肋高 75 mm 和 90 mm,板宽为 600 mm 的模板,主要由模板块、连接件和支承件 3 个部分组成。

③用于组合式模板支撑件的钢管脚手支架。

主要有扣件式钢管脚手支架、碗扣式钢管脚手架、门式支架插接式钢管脚手架、盘销式钢管脚手架,主要用于层高较大的梁、板等水平构件模板的垂直支撑。

2)早拆模板

①支撑设计。

早拆模板体系即通过合理的支承模板,将较大跨度的楼盖,通过增加支撑点缩小楼盖的跨度(≤2 m),这样混凝土达到设计强度的50%即可拆模,即早拆模板,后拆支柱,达到加快模板的周转,减少模板一次配置量,有很好的经济效益。

早拆模板体系包括模板系统和支撑系统两个部分。其中,模板系统由模板块、托梁、升降头组成,如图 6.7 所示。支撑系统可采用固定式的,也可采用其他形式,如用扣件式脚手架材料搭设。工具式支撑系统由可调钢支柱、横撑、斜撑组成,如图 6.8 所示。

早拆模板体系的关键技术是在支柱上加装早拆柱头。目前常用的早拆柱头有螺旋式、斜面自锁式、组装式和支承销板式。

早拆柱头的构造不同,拆除方式也不相同,但总的来说支托楼板模板的支托下落,使楼板模板随之下落可以拆除,而支柱仍留在原位支承模板,如图 6.9 所示。

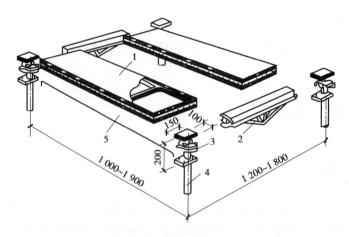

图 6.7　早拆模板体系全貌
1—模板块;2—托梁;3—升降头;4—可调支柱;5—跨度定位杆

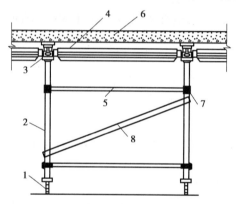

图 6.8　支撑系统示意图
1—底脚螺栓;2—支柱;3—早拆柱头;4—主梁;5—水平支撑;6—现浇楼板;7—梅花接头;8—斜撑

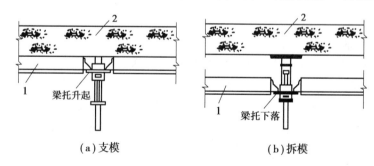

（a）支模　　　　　　　（b）拆模

图 6.9　早拆模板原理
1—楼板模板;2—现浇楼板

②支模工艺。

a.根据楼层标高初步调整好立柱的高度,并安装好早拆柱头板,将早拆柱头板托板升起并用楔片楔紧。

b.根据模板设计平面布置图,立第一根立柱。

c.将第一根模板主梁挂在第一根立柱上[图 6.10(a)]。

d.将第二根立柱及早拆柱头板与第一根模板主梁挂好,按模板设计平面布置图将立柱就位[图6.10(b)],并依次再挂上第一根模板主梁,然后用水平撑和连接件做临时固定。上下层立柱应对应,并在同一轴线上。

e.依次按照模板设计布置图完成第一个格构的立柱和模板梁的支设工作,当第一个格构完全架好后,随即安装模板块[图6.10(c)]。

f.依次架立其余的模板梁和立柱。

g.调整立柱垂直,然后用水平调整全部模板的水平度。

h.安装斜撑,将连接件逐个锁紧。

(a)立第一个根立柱,挂第一根梁　　(b)立第二根立柱　　(c)完成第一格构,随即铺模板块

图6.10　支模示意图

③拆模工艺。

a.用锤子将早拆板铁楔打下,落下板托,模板主梁随之落下。

b.逐块卸下模板块。

c.卸下模板主梁。

d.拆除水平撑及斜撑。

e.将卸下的模板块、模板主梁、悬挑梁、水平撑、斜撑等整理码好备用。

f.待楼板混凝土强度达到设计要求后,再拆除全部支撑立柱(架)。

(2)钢筋加工

高层建筑框架结构中,一般采用大直径的受力钢筋。钢筋连接主要是水平向和竖向粗直径钢筋连接,必须适应高层建筑发展的需要。目前在高层建筑钢筋连接施工中逐渐发展了电渣压力焊、机械连接等技术,大大提高了水平向和竖向粗直径钢筋的连接性能,且得到较好的经济效益。

(3)混凝土浇筑

高层建筑现浇框架结构混凝土用量大,钢筋密,铁件多,管线及预埋、预留件多,施工复杂。混凝土浇筑要与各工种密切配合,浇筑工艺及质量要求与普通钢筋混凝土工程类似。

6.3.2　现浇剪力墙结构施工

全现浇剪力墙结构体系是利用建筑物内隔墙和外墙,来承受垂直和水平荷载。内、外墙和楼板全部现浇。剪力墙结构的总高度一般不超过140 m,楼层为40层以下。

大模板施工工艺是剪力墙结构施工的有效方法。整间大模板安装拆卸方便,墙面平整,施工速度快、劳动强度低,房屋整体性好。

采用大模板施工,要求建筑结构设计标准化,大模板规格尽量少,通用性强,提高重复使用次数,减少模板摊销费用。

(1)大模板的构造

大模板由平模面板、骨架、支撑系统和配件组成。

平模面板是用 4~6 mm 钢板拼焊于骨架上,刚度好,利用次数多,表面平整,但耗钢量大,成本较高。平模面板可用多层覆膜胶合板、硬质夹心纤维板、竹胶合板材等,用螺栓与骨架连接平整,表面经树脂处理,有防水、耐磨、易脱模、质量轻,可多次周转使用,易修复等优点;也可用组合钢模板、钢、胶合板模板,进行组合拼装成大模板,此两种模板拆除后,面板仍作其他模板用,但接缝多,整体稳定性差。

(2)角模

角模分为小角模和大角模两种。小角模与平模配合使用,作为墙角与平模连接配板。大角模是每间房间用 4 块大角模组成一个房间模板,接缝在墙中间,装拆不便,很少使用。

(3)筒子模

将一个房间四面墙的模板组装成一个空间整体筒子式模板,一般称为筒子模。其稳定性好,效率高,但自重大不灵活,多用于电梯间、管道井的支模工程。

(4)大模板施工工艺

1)划分流水段

根据工程特点、平面布置、工期要求、机械吊装能力,合理划分流水段。各流水段内工程量、模板型号和数量尽可能一致,减少模板落地停放及吊装次数。

2)做好现场平面布置

现场施工总平面布置要对大模板的楼上、地面存放以及其他材料配件堆放位置,与现场吊运关系进行统筹安排。施工过程中尽量做到分流水段施工、随拆随安,或少量暂时在楼层存放。

3)大模板施工流程

大模板施工一般要求纵横要同时浇筑,以增强结构整体性和刚度。

4)大模板安装和拆模

大模板按施工总平面布置进场存放。使用前先核对型号、数量、编号,并涂刷脱模剂。

安装大模板时根据施工组织设计要求,依墙位边线放置模板,先安横墙一侧模板,再安另一侧模板,随即调整好两面模板,并安好穿墙对拉螺栓,然后安装内纵墙两面模板,调整旋紧螺栓,随后安装小角模,使纵横墙模板连成整体,墙体厚度由穿墙螺栓导管或孔位焊件控制。垂直度用 2 m 长鱼尾靠尺线锤检校正,门宽洞口应先将门宽框用螺栓与大模板固定牢。模板安好后,对每道墙模上口找直,检查扣件螺栓模板是否稳固,拼缝是否严密,检查验收合格后方可浇筑混凝土。

在混凝土强度超过 1 N/mm^2 时即可开始拆模,拆模按"先安后拆,后安先拆"的原则进行,把螺栓扣件全部拆除后,再用吊塔垂直缓慢提升拆除模板,然后转入下段安装或暂时停放在指定地点,并清理板面,涂刷脱模剂,以备再用。

(5)绑扎钢筋

全现浇剪力墙结构钢筋的绑扎,与框剪结构剪力墙钢筋绑扎基本相同,可采用现场逐根人工绑扎钢片,也可采用点焊钢筋网片。前者灵活,后者效率高。网片间的搭接长度和部位都要符合钢筋混凝土结构施工验收规范和设计规定,同时要注意上下层墙体钢筋搭接部位预留出的竖向双排钢筋均要理直,不得错位,应绑扎牢固。双排网片钢筋之间要以间距1 000 mm绑扎定位"S"筋。钢筋与模板之间间距以1 000 mm绑扎一个水泥垫块,保证钢筋位置准确和保护层厚度。

(6)混凝土浇筑

全现浇剪力墙结构混凝土常用料斗直接入模浇筑。近年来,随着高层建筑施工技术的发展,机械化工艺水平的提高,各大城市商品混凝土的出现,并采用泵送布料杆布料浇筑大大地提高了施工效率,采用泵送时必须注意混凝土配合比、外加剂、坍落度的可泵性,以及混凝土泵性能的选择、管道直径选择和铺设线路,尽可能减少弯道,防止堵管和爆管。

在浇筑混凝土前先浇筑一层50~100 mm厚与混凝土同配比的水泥砂浆等,以防止墙体烂根、麻面、露筋。墙体混凝土按前后次序分层浇灌,每层厚度不超过500 mm,捣振密实到底到位。在浇筑门窗洞口两侧混凝土时,应由门宽洞口上方下料,两侧同时浇筑,防止门宽洞口框模变位。

模板拆除后必须及时洒水养护7 d以上,或采用涂刷养护膜保湿养护的方法。

(7)楼板结构施工

全现浇剪力墙结构楼板混凝土施工方法,与现浇框架、框剪结构现浇楼板相同,不再重述。

6.4 高层建筑主体结构施工工艺简介

6.4.1 现浇柱、梁、墙和楼板结构施工工艺

(1)柱、梁、墙和楼板一次支模及一次混凝土浇灌施工工艺

1)施工顺序

柱子、剪力墙钢筋绑扎→柱子、剪力墙预埋管件敷设→柱子、剪力墙、梁、楼板支模→梁、楼板钢筋绑扎→梁、楼板预埋管件敷设→柱、墙、梁、板混凝土浇灌→混凝土养护→达到要求强度后,柱、墙、梁板模板拆除。

2)施工工艺特点

结构混凝土为一次连续浇灌,消除了梁与柱、梁与墙的混凝土施工接缝,结构整体性强。在施工工艺方面,采取一次支模和一次浇灌工艺,简化了施工工序,加快了施工速度,缩短了施工周期。

3)施工工艺要点及注意事项

因结构为一次支模后进行一次连续浇灌,故要注意采取措施加强其模板系统的整体稳定性。同时在分段浇灌时,要分层、分步和对称地先浇灌柱、墙,后浇灌梁、板混凝土,以防止模板系统发生倾斜及柱、墙模板发生变形。

当梁与柱、梁与墙的节点钢筋较密,从顶部浇灌振捣柱、墙混凝土有困难时,应在墙、柱模的一定高度位置上另设置混凝土浇灌振捣口,以防止混凝土发生离析和柱、墙出现蜂窝孔洞。

在浇灌混凝土柱、墙时,要及时处理梁、板钢筋上散落、残留的混凝土。

（2）柱、墙、梁、楼板一次支模两次浇灌施工工艺

1）施工顺序

柱子、剪力墙钢筋绑扎→柱子、剪力墙预埋管件敷设→柱子、剪力墙、梁、楼板支模→柱子、剪力墙混凝土浇灌→梁、楼板钢筋绑扎→梁、楼板预埋管件敷设→梁、楼板混凝土浇灌→混凝土养护→达到拆模强度后，柱、梁墙、板拆模。

2）施工工艺特点

在楼板模板安装完后，先浇灌墙、柱混凝土，后绑扎梁、板钢筋，这样，柱、墙混凝土浇灌操作条件较好，质量易于保证。在梁、板模板承受混凝土施工荷载时，提前浇灌的柱、墙混凝土已达到一定强度，大大增强了模板系统的整体稳定性。但两次浇灌须在柱墙顶处留施工缝，其结构整体性不如一次浇灌好。

3）施工工艺要点及注意事项

柱与墙、梁与板分开先后浇灌，在梁与柱、墙的混凝土水平施工接缝处理上，要在柱墙模顶施工缝位置处留出清理口，以便清理。接缝要清理冲刷干净，接缝处浇灌混凝土前，应先浇灌3～5 cm厚同一级或高一级标号混凝土的砂浆。

柱、墙顶水平缝位置要按规范或设计的要求预留，留置柱子施工缝时要注意留出框架梁下弯锚固钢筋的深度。

（3）柱和墙、梁、板分开施工工艺

1）施工顺序

柱、墙钢筋绑扎→柱、墙支模→柱、墙混凝土浇灌至梁底下3～5 cm→拆除墙、柱模板（留梁底以上柱头模）→支搭梁模支撑架→安装梁底模→绑扎梁钢筋→安装梁侧模及斜支撑加固→梁混凝土浇至板底下2～3 cm→拆除梁侧模→楼板支模→楼板钢筋绑扎、水电管件预埋→楼板混凝土浇灌→达到拆模强度后拆除梁、板底模。

2）施工工艺特点

采用一般柱、墙、梁、板同时支模的传统方法，无论是承重模板还是非承重模板，几乎是同时拆模，这样影响了非承重模板提前拆模和周转，加大了模板的需用量。

而此法是从模板的配置方法、构造设计和施工工艺的改进上，根据不同结构构件及部位对拆模强度的不同要求，分别进行先后拆模，达到加快模板周转、节省模板投资的目的。此法比较适合柱、墙、梁采用大块工具式组合模板，柱、梁钢筋采用整体安装，现场施工机械程度较高的情况。对柱和梁的钢筋绑扎及混凝土浇灌操作平台架子，宜做成定型整体式的，以利于机械吊安周转使用。

3）施工要点及注意事项

梁、柱无法采取单件分开支模施工，其模板系统的刚度比柱、梁、板一次支模后的模板系统整体刚度差。在柱模之间、梁模之间，要采取加强其模向防斜侧移措施，以防止在浇灌混凝土时柱、梁发生斜侧移和变形。

在常温施工时，柱混凝土拆模强度不应低于1.5 MPa，墙体拆模强度不应低于1.2 MPa。

柱模在构造上，要配制成柱头模（梁底以上柱模）和下部柱模（梁底以下柱模），然后一次组装。柱子混凝土浇灌后达到拆模强度时，应先拆下部柱模，留下柱头模（图6.11）。

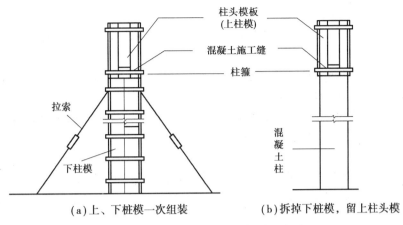

（a）上、下桩模一次组装　　　（b）拆掉下桩模，留上柱头模

图 6.11　柱模一次组装分开拆除示意图

6.4.2 现浇柱、梁、墙和楼板结构台模施工工艺

台模是由台面结构、支撑系统及调节系统组成整体式的楼板模板单元。台模施工，是以一个开间楼板结构由一个或两个模板单元组成的楼板模板系统，进行整体安整、拆除、运输的一种施工方法。

台模随其对楼板施工荷载的支撑和传递方式不同，分为支承式台模和悬吊式台模两种类型。目前应用比较广泛的为支承式台模，其台面承受上层楼板的施工荷载是通过本身的支承系统传递到下层楼板上。其施工顺序、特点及施工工艺要点如下：

（1）施工顺序

柱子、剪力墙钢筋绑扎→柱子、剪力墙支模→柱子、剪力墙混凝土浇灌→柱子、剪力墙模板拆除→梁和台模安装→台模刷隔离剂，梁、楼板钢筋绑扎及预埋管件敷设→梁、楼板混凝土浇灌→混凝土养护→拆除梁模→台模降模飞出。

（2）台模施工工艺特点

台模采取整体式安装、下降、飞出方法，其作业效率高，施工速度快，能大大降低劳动强度和改善劳动条件，减少模板散拆、散装时的配件损耗。在施工过程中不占用场地，有利于文明施工管理。其板面经过平整处理，脱模后楼板底面平整，不需要再抹灰。

其构造比较灵活，板面可采用定型钢模板、木质多次板、压缩合成板等组成。其支承系统可采用扣件式钢管、多功能门架、铝合金等不同类型管架组成。目前比较广泛应用于具有一定吊装设备能力的高层建筑施工中。

（3）台模施工工艺要点

台模拼装及安装、拆除顺序：按台模配置的规格和尺寸，安装台模支架及调节系统→安装台面连接钢楞与面板→板面刷脱模剂→在楼板安装位置处弹出台模边线→台模吊装就位→调整调节系统把台面调至设计标高位置→调整、找平台模支架立杆，用垫块垫实→铺设与墙、梁、柱交接处的周边缝模→楼板钢筋绑扎及预埋管件敷设→混凝土浇灌→混凝土养护至拆模强度→降模准备、拆除梁、柱墙连接边模→拆除支架立杆下垫块→把滚动或滑动运输装置安放在支架下→通过转动调整系统螺旋装置使台模支架落在滚、滑动装置上→将台模推出由塔吊配合吊运飞出层外。

（4）台模安拆方法及注意事项

台模就位后,升模或降模时要多人同时旋转操作调节装置,避免出现升降不均造成台模变形。

要考虑台模承受浇灌混凝土荷载后,组成台模的零部件受压缩及节点位移而产生的下沉量。升模后的台模板面要比设计标高提高 3~5 cm。

台模在升模时,首先从 4 角螺旋支腿开始同步往上调升到设计标高,然后同步上调中间各支腿螺旋,以避免台模支架或桁架产生扭曲变形。

台模脱模下降,首先下调中间支腿,使支腿架或桁架和台面产生挠度而与混凝土面脱开,然后下调 4 角支腿使台模全部脱离混凝土。如下调 4 角支腿时,台模还未能全部脱开,则先少量下调 2~3 cm 后稍摇动一下,台模便在自重作用下与混凝土脱开。这样在台模脱开后,再使整个台模平稳下落到滚、滑动装置上,然后移动出去。

（5）台模吊（飞）出方法及注意事项

台模由塔吊配合吊运飞出一般有 3 种方法:其一是前后吊索不等长斜出法。台模后端吊索比前端吊索长,在台模向外推出 1/3 段时,先挂上台模前端吊索点,则前端质量由塔吊吊住,再把台模推出 2/3 时,塔吊后端吊索挂在台模后端吊点,然后把台模全部推出,塔吊便把台模吊离建筑物。这种方法由于前后索长短的差异及吊物的偏心,台模以倾斜状态吊离,在整个台模脱离开建筑物这一瞬间,台模产生强烈的摇晃,同时后端台模上角边与楼板外边沿容易发生碰撞。此法操作简便,但不太安全。其二是调整吊索平出法(图 6.12)。此法是在后吊索接以手拉葫芦,在台模向外推出 1/3 段时,塔吊短吊索挂上台模前端吊点并稍起钩,使台模前端质量由塔吊吊住,台模呈水平状态。继续水平把台模向外推出 2/3 段露出后吊点为止,再挂上后长吊索,然后通过人工操纵连在后吊索的手拉葫芦缩短吊索长度,使后吊索收缩到与前吊索等长。在此过程中,通过塔吊协同配合动作,使台模保持水平状态,最后达到吊点中心垂直通过台模重心。台模便平稳地离开建筑物。其三是前后吊索等长斜出法(图 6.13)。即把台模向外推出 1/3 段时,台模前吊点由塔吊前吊索吊住,然后在塔吊协同配合下继续往前推出 2/3 段后吊点露出为止,使台模前部质量在塔吊支吊住情况下逐渐放下前吊索,使台模前部向前倾斜,而后部翘起顶紧楼板底,则整个台模由于倾斜而"卡"在顶板底与地面外沿之间,此时便挂好后吊索,塔吊吊钩往上提升,使台模呈水平状态,台模质量已全部由 4 根吊索均匀承受,在塔吊配合下再继续推出台模,直至台模水平离开建筑物为止。

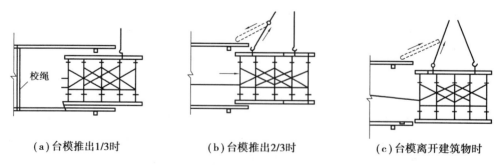

（a）台模推出 1/3 时 　　　（b）台模推出 2/3 时 　　　（c）台模离开建筑物时

图 6.12　台模调整吊索平出法示意图

台模飞出注意事项:无论采取上述任何一种台模飞出方法,台模从开始推出到终了的整个移动过程,都必须用拖拉绳(一般采用尼龙绳)将飞模后端骨架与工程结构柱墙等锚固物拴住,随着台模向外推移,特别是推移出 2/3 时慢慢放松拖拉绳,以防台模在吊点未挂上时滑出,造成安全事故。

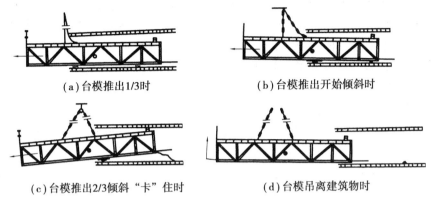

(a)台模推出1/3时　　　　　　　　　　(b)台模推出开始倾斜时

(c)台模推出2/3倾斜"卡"住时　　　　　(d)台模吊离建筑物时

图 6.13　台模前后吊索等长斜出法示意图

6.4.3　现浇柱、墙、梁预制楼板加叠合层结构施工

现浇柱、墙、梁、预制楼板加叠合层结构施工,主要有预制楼板先安装、梁后浇和梁先浇、预制楼板后安装两种施工方法,其施工工艺如下:

(1)预制楼板先装、梁后浇施工工艺

1)施工顺序

柱、墙放线→柱、墙钢筋绑扎→柱、墙模板安装→柱墙混凝土浇灌→主、次梁底模安装→主、次梁钢筋绑扎→主、次梁侧模安装→预制楼板安装→板缝支模及预制楼板竖向支撑加固→叠合层钢筋绑扎、预埋管件敷设→主、次梁及叠合层混凝土浇灌→混凝土养护达拆模强度后,模板拆除。

2)施工工艺特点

此法因叠合层、预制楼板节点与现浇梁一次浇灌,故其水平构件整体性好。

在工序上,梁模、预制楼板一次安装后进行一次浇灌,简化了传统方法中混凝土浇灌操作平台的支搭、拆除及二次浇灌等工序,缩短了施工周期。

预制楼板及其上的施工荷载是通过梁的加强支承系统承受,无须由梁、柱构件承受,柱、梁混凝土强度达到 25 ～ 30 kg/cm² 时柱模及梁侧模即可拆除,加快了模板的周转。

3)施工工艺要点及注意事项

预制楼板是直接被支承在梁侧模上或梁的支撑架上的,对梁的支承系统承载能力的设计,除要考虑本层楼板施工荷载和加强其整体稳定性外,还要考虑随着上层结构往上连续施工传来的施工荷载的作用和影响。各层支承系统的支柱在同一位置上应垂直一致,并要加设支柱通垫板以防止楼板受强剪破坏。

在预制楼板安装后和承受施工荷载前,要做好楼板的临时垂直支撑加固,以防止预制楼板产生较大挠度,造成板与板、板与梁节点在节点混凝土强度还不大时出现裂缝,或预制楼板承受其超出设计的荷载而产生裂缝。

（2）预制楼板后装施工工艺

1）施工顺序

柱、墙放线→柱墙钢筋绑扎→柱墙模板安装→柱、墙混凝土浇灌→梁底模安装→梁钢筋绑扎→梁侧模安装→支搭浇灌混凝土梁架子平台→梁混凝土浇灌→梁混凝土养护达到受压强度→拆除梁侧模→梁上抹预制楼板安装找平层→拆除混凝土浇灌架子平台→预制楼板安装→板缝支模→叠合层、梁钢筋绑扎及预埋管件敷设→叠合层、梁混凝土浇灌→混凝土养护至拆模强度后模板拆除。

2）施工工艺特点

柱、墙、梁先施工，柱、墙模及梁侧模在混凝土强度达到 $25 \sim 30 \ kg/cm^2$ 便可提前拆模，有利于加快楼板周转，节省模板投资。在楼板安装时，柱、梁混凝土已有了一定强度，与上述先装后浇工艺相比模板系统稳定性强，能节省部分稳定加固支撑材料。梁、柱、墙分开施工使混凝土浇灌施工操作简便，易于保证质量。

但是叠合层、梁与主、次梁分两次浇灌，其结构水平构件整体性不如一次浇灌好。

3）施工工艺要点及注意事项

楼板施工荷载和结构往上连续施工的上层施工荷载，是通过现浇梁和预制板传递到梁及预制板的支承架或支柱上，对梁的支承架及楼板加固支柱承载力的设计，要充分考虑到这些情况，以防止因支承架及支柱承载能力不足造成板梁裂缝事故的出现。

梁的支承架或支柱、预制楼板临时支承加固支柱，其下脚必须加垫通板，以发挥预制楼板的协同整体受荷作用。

6.5　建筑施工高处作业安全技术概述

6.5.1　基本要求

在施工组织设计或施工技术方案中，应按国家、行业相关规定并结合工程特点编制包括临边与洞口作业、攀登与悬空作业、操作平台、交叉作业及安全网搭设的安全防护技术措施等内容的高处作业安全技术措施。建筑施工高处作业前，应对安全防护设施进行检查、验收，验收合格后方可进行作业；验收可分层或分阶段进行。高处作业施工前，应对作业人员进行安全技术教育及交底，并应配备相应防护用品。高处作业施工前，应检查高处作业的安全标志、安全设施、工具、仪表、防火设施、电气设施和设备，确认其完好，方可进行施工。高处作业人员应按规定正确佩戴和使用高处作业安全防护用品、用具，并应经专人检查。

在雨、霜、雾、雪等天气进行高处作业时，应采取防滑、防冻措施，并应及时清除作业面上的水、冰、雪、霜。当遇有 6 级以上强风、浓雾、沙尘暴等恶劣气候，不得进行露天攀登与悬空高处作业。暴风雪及台风暴雨后，应对高处作业安全设施进行检查，当发现有松动、变形、损坏或脱落等现象时，应立即修理完善，维修合格后再使用。需要临时拆除或变动安全防护设施时，应采取能代替原防护设施的可靠措施，作业后应立即恢复。

6.5.2 必须严格实施的 10 个方面安全措施

(1) 临边高处作业应符合的规定

①坠落高度基准面 2 m 及以上进行临边作业,应在临空一侧设置防护栏杆,并应采用密目式安全立网或工具式栏板封闭。

②分层施工的楼梯口、楼梯平台和梯段边,应安装防护栏杆;外设楼梯口、楼梯平台和梯段边还应采用密目式安全立网封闭。

③建筑物外围边沿处,应采用密目式安全立网进行全封闭,有外脚手架的工程,密目式安全立网应设置在脚手架外侧立杆上,并与脚手杆紧密连接;没有外脚手架的工程,应采用密目式安全立网将临边全封闭。

④施工升降机、龙门架和井架物料提升机等各类垂直运输设备设施与建筑物间设置的通道平台两侧边,应设置防护栏杆、挡脚板,并应采用密目式安全立网或工具式栏板封闭。

⑤各类垂直运输接料平台口应设置高度不低于 1.80 m 的楼层防护门,并应设置防外开装置;多笼井架物料提升机通道中间,应分别设置隔离设施。

(2) 洞口作业应符合的要求

①洞口作业时,应采取防坠落措施,并应符合下列规定:

a. 当竖向洞口短边边长小于 500 mm 时,应采取封堵措施;当垂直洞口短边边长大于或等于 500 mm 时,应在临空一侧设置高度不小于 1.2 m 的防护栏杆,并应采用密目式安全立网或工具式栏板封闭,设置挡脚板;

b. 当非竖向洞口短边边长为 25 mm ~ 500 mm 时,应采用承载力满足使用要求的盖板覆盖板四周搁置应均衡,且应防止盖板移位;

c. 当非竖向洞口短边边长为 500 mm ~ 1500 mm 时,应采用盖板覆盖或防护栏杆等措施并应固定牢固;

d. 当非竖向洞口短边边长大于或等于 1500 mm 时,应在洞口作业侧设置高度不小于 1.2 m 的防护栏杆,洞口应采用安全平网封闭。

②电梯井口应设置防护门,其高度不应小于 1.5 m,防护门底端距地面高度不应大于 50 mm,并应设置挡脚板。

③在电梯施工前,电梯井道内应每隔 2 层且不大于 10 m 加设一道安全平网。电梯井内的施工层上部,应设置隔离防护设施。

④施工现场通道附近的洞口、坑、沟、槽、高处临边等危险作业处,应悬挂安全警示标志外,夜间应设灯光警示。

⑤边长不大于 500 mm 洞口所加盖板,应能承受不小于 1.1 kN/m^2 的荷载。

⑥墙面等处落地的竖向洞口、窗台高度低于 800 mm 的竖向洞口及框架结构在浇注完混凝土没有砌筑墙体时的洞口,应按临边防护要求设置防护栏杆。

(3) 防护栏杆构造要求

①临边作业的防护栏杆应由横杆、立杆及不低于 180 mm 高的挡脚板组成,并应符合下列规定:

a. 防护栏杆应为两道横杆,上杆距地面高度应为 1.2 m,下杆应在上杆和挡脚板中间设置。当防护栏杆高度大于 1.2 m 时,应增设横杆,横杆间距不应大于 600 mm;

b.防护栏杆立杆间距不应大于 2 m。

②防护栏杆立杆底端应固定牢固,并应符合下列规定:

a.当在基坑四周土体上固定时,应采用预埋或打入方式固定。当基坑周边采用板桩时,如用钢管做立杆,钢管立杆应设置在板桩外侧;

b.当采用木立杆时,预埋件应与木杆件连接牢固。

③防护栏杆杆件的规格及连接,应符合下列规定:

a.当采用钢管作为防护栏杆杆件时,横杆及栏杆立杆应采用脚手钢管,并应采用扣件、焊接、定型套管等方式进行连接固定;

b.当采用原木作为防护栏杆杆件时,杉木杆梢径不应小于 80 mm,红松、落叶松梢径不应小于 70 mm;栏杆立杆木杆梢径不应小于 70 mm,并应采用 8 号镀锌铁丝或回火铁丝进行绑扎,绑扎应牢固紧密,不得出现泻滑现象。用过的铁丝不得重复使用;

c.当采用其他型材作防护栏杆杆件时,应选用与脚手钢管材质强度相当规格的材料,并应采用螺栓、销轴或焊接等方式进行连接固定。

④栏杆立杆和横杆的设置、固定及连接,应确保防护栏杆在上下横杆和立杆任何处,均能承受任何方向的最小 1 kN 外力作用,当栏杆所处位置有发生人群拥挤、车辆冲击和物件碰撞等可能时,应加大横杆截面或加密立杆间距。

⑤防护栏杆应张挂密目式安全立网。

攀登作业所用设施和用具的结构构造应牢固可靠;作用在踏步上的荷载在踏板上的荷载不应大于 1.1 kN,当梯面上有特殊作业,重量超过上述荷载时,应按实际情况验算。不得两人同时在梯子上作业。在通道处使用梯子作业时,应有专人监护或设置围栏。脚手架操作层上不得使用梯子进行作业。单梯不得垫高使用,使用时应与水平面成 75°夹角,踏步不得缺失,其间距宜为 300 mm。当梯子需接长使用时,应有可靠的连接措施,接头不得超过 1 处。连接后梯梁的强度,不应低于单梯梯梁的强度。固定式直梯应采用金属材料制成,并符合现行国家标准的规定;梯子内侧净宽应为 400 mm ~ 600 mm,固定直梯的支撑应采用不小于 L 70×6 的角钢,埋设与焊接应牢固。直梯顶端的踏棍应与攀登的顶面齐平,并应加设 1.05 m ~ 1.5 m 高的扶手。使用固定式直梯进行攀登作业时,攀登高度宜为 5 m,且不超过 10 m。当攀登高度超过 3 m 时,宜加设护笼,超过 8 m 时,应设置梯间平台。当安装钢柱或钢结构时,应使用梯子或其他登高设施。当钢柱或钢结构接高时,应设置操作平台。当无电焊防风要求时,操作平台的防护栏杆高度不应小于 1.2 m;有电焊防风要求时,操作平台的防护栏杆高度不应小于 1.8 m。深基坑施工,应设置扶梯、入坑踏步及专用载人设备或斜道等,采用斜道时,应加设间距不大于 400 mm 的防滑条等防滑措施。严禁沿坑壁、支撑或乘运土工具上下。

(4)构件吊装和管道安装时的悬空作业应符合规定

a.钢结构吊装,构件宜在地面组装,安全设施应一并设置。吊装时,应在作业层下方设置一道水平安全网。

b.吊装钢筋混凝土屋架、梁、柱等大型构件前,应在构件上预先设置登高通道、操作立足点等安全设施。

c.在高空安装大模板、吊装第一块预制构件或单独的大中型预制构件时,应站在作业平台上操作。

d.当吊装作业利用吊车梁等构件作为水平通道时,临空面的一侧应设置连续的栏杆等护措施。当采用钢索做安全绳时,钢索的一端应采用花兰螺栓收紧;当采用钢丝绳做安全绳时,绳的自然下垂度不应大于绳长的 1/20,并控制在 100 mm 以内。

e. 钢结构安装施工宜在施工层搭设水平通道,水平通道两侧应设置防护栏杆,当利用钢梁作为水平通道时,应在钢梁一侧设置连续的安全绳,安全绳宜采用钢丝绳。

f. 严禁在未固定、无防护的构件及安装中的管道上作业或通行。

(5)模板支撑体系搭设和拆卸时的悬空作业应符合的规定

a. 模板支撑应按规定的程序进行,不得在连接件和支撑件上攀登上下,不得在上下同一垂直面上装拆模板。

b. 在 2 m 以上高处搭设与拆除柱模板及悬挑式模板时,应设置操作平台。

c. 在进行高处拆模作业时应配置登高用具或搭设支架。

(6)绑扎钢筋和预应力张拉时的悬空作业应符合的规定

a. 绑扎立柱和墙体钢筋,不得站在钢筋骨架上或攀登骨架。

b. 在 2 m 以上的高处绑扎柱钢筋时,应搭设操作平台。

c. 在高处进行预应力张拉时,应搭设有防护挡板的操作平台。

(7)混凝土浇筑与结构施工时的悬空作业应符合的规定

a. 浇筑高度 2 m 以上的混凝土结构构件时,应设置脚手架或操作平台。

b. 悬挑的混凝土梁、檐、外墙和边柱等结构施工时,应搭设脚手架或操作平台,并应设置防护栏杆,采用密目式安全立网封闭。

(8)屋面、外墙作业时应符合的规定

a. 在坡度大于 1 : 2.2 的屋面上作业,当无外脚手架时,应在屋檐边设置不低于 1.5 m 高的防护栏杆,并应采用密目式安全立网全封闭。

b. 在轻质型材等屋面上作业,应搭设临时走道板,不得在轻质型材上行走;安装压型板前,应采取在梁下支设安全平网或搭设脚手架等安全防护措施。

c. 外墙门窗作业时,应有防坠落措施,操作人员在无安全防护措施情况下,不得站立在樘子、阳台栏板上作业。

d. 外墙高处安装、不得使用座板式单人吊具。

(9)移动式操作平台应符合的规定

a. 移动式操作平台的面积不应超过 10 m,高度不应超过 5 m,高宽比不应大于 3 : 1,施工荷载不应超过 1.5 kN/m²。

b. 移动式操作平台的轮子与平台架体连接应牢固,立柱底端离地面不得超过 80 mm,行走轮和导向轮应配有制动器或刹车闸等固定措施。

c. 移动式行走轮的承载力不应小于 5 kN,行走轮制动器的制动力矩不应小于 2.5 N·m,移动式操作平台架体应保持垂直,不得弯曲变形,行走轮的制动器除在移动情况外,均应保持制动状态。

d. 移动式操作平台在移动时,操作平台上不得站人。

(10)悬挑式操作平台,应符合的规定

① 悬挑式操作平台的设置应符合下列规定:

a. 悬挑式操作平台的搁置点、拉结点、支撑点应设置在主体结构上,且应可靠连接。

b. 未经专项设计的临时设施上,不得设置悬挑式操作平台。

c.悬挑式操作平台的结构应稳定可靠,且其承载力应符合使用要求。

②悬挑式操作平台的悬挑长度不宜大于 5 m,承载力需经设计验收。

③采用斜拉方式的悬挑式操作平台应在平台两边各设置前后两道斜拉钢丝绳,每一道均应作单独受力计算和设置。

④采用支承方式的悬挑式操作平台,应在钢平台的下方设置不少于两道的斜撑,斜撑的一端应支承在钢平台主结构钢梁下,另一端支承在建筑物主体结构。

⑤采用悬臂梁式的操作平台,应采用型钢制作悬挑梁或悬挑桁架,不得使用钢管,其节点应是螺栓或焊接的刚性节点,不得采用扣件连接。当平台板上的主梁采用与主体结构预埋件焊接时,预埋件、焊缝均应经设计计算,建筑主体结构需同时满足强度要求。

⑥悬挑式操作平台安装吊运时应使用起重吊环,与建筑物连接固定时应使用承载吊环。

⑦当悬挑式操作平台安装时,钢丝绳应采用专用的卡环连接,钢丝绳卡数量应与钢丝绳直径相匹配,且不得少于 4 个。钢丝绳卡的连接方法应满足规范要求。建筑物锐角利口周围系钢丝绳处应加衬软垫物。

⑧悬挑式操作平台的外侧应略高于内侧;外侧应安装固定的防护栏杆并应设置防护挡板完全封闭。

⑨不得在悬挑式操作平台吊运、安装时上人。

思考题

1.高层建筑测量放线定位的依据和条件是什么?

2.简述高层建筑轴线、垂直度投测控制方法。

3.简述±0.00 以上标高的控制方法。

4.高层建筑为什么要进行沉降观测?沉降观测有哪些要求?

5.高层建筑施工垂直运输机械主要有哪几种组合选配? 塔式起重机选择时应考虑哪些主要问题?

6.试述泵送混凝土应注意的主要问题。

7.试述全现浇剪力墙大模板施工工艺流程。

8.高层施工在安全技术方面有哪些要求、措施和强制规定?

7 防水工程

本章学习要求

本章重难点:卷材防水屋面、涂膜防水屋面施工要点及质量标准;楼地面防水的做法及要求;地下室防水混凝土、卷材防水的施工要点;防水工程质量事故及处理方法。

学习目标:了解卷材防水屋面构造及各层作用;掌握卷材防水屋面、涂膜防水屋面的施工要点及质量标准;了解地下工程防水方案;了解地下工程卷材防水层的性能和做法;掌握外防外贴法的做法及要求;熟悉防水工程质量事故及处理方法。

7.1 屋面防水工程

屋面是建筑物顶部的围护结构,阻挡风吹日晒和雨雪对建筑物的侵蚀,须具有防水、保温、隔热等功能。不同地区、类型的建筑物对屋面有不同的要求,因而屋面的构造形式多种多样,常见的屋面基本构造如图7.1所示。在施工过程中,各种屋面施工都必须执行《屋面工程技术规程》(GB 50345—2012)中的各项规定,并力争防水工程与屋面保温节能工程的施工同时准备、同时计划和施工。

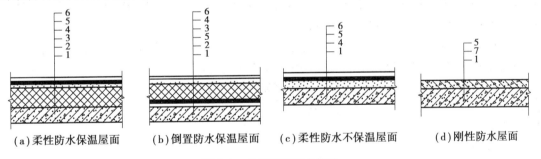

(a)柔性防水保温屋面　　(b)倒置防水保温屋面　　(c)柔性防水不保温屋面　　(d)刚性防水屋面

图7.1　常见屋面基本构造
1—结构层;2—找坡层;3—保温层;4—找平层;5—防水层;6—保护层;7—隔离层

为了满足各种建筑物使用功能的要求,不造成浪费,屋面工程技术规范中根据建筑物的类别和重要程度,将屋面防水分为两个等级,规定了不同等级的设防要求,见表7.1。

表7.1　屋面防水等级和设防要求

防水等级	建筑类别	设防要求
Ⅰ级	重要建筑和高层建筑	两道防水设防
Ⅱ级	一般建筑	一道防水设防

7.1.1 卷材防水层施工

卷材防水层施工需要把握好以下几个关键环节:第一,由于卷材防水层由多片小块卷材黏结而成,因此卷材之间的接缝是防水层的薄弱点。第二,卷材防水层需要固定在屋面基层上,一般是用胶黏剂进行粘贴。粘贴后若基层局部有较大变形,将会拉裂卷材(特别是延伸率小的卷材)。需先在基层有较大变形处空铺一段附加卷材,再铺贴整体防水层,这样可将局部的变形疏散开。第三,粘贴的防水层的基层必须干燥、无空气,否则当夏季温度升高,膨胀的空气或水蒸气会使防水层鼓泡开裂。在防水层的基层不能保证干燥的情况下应采用排气屋面。第四,屋面的节点部位大多是变形较集中的地方,最易产生开裂导致屋面渗漏。对防水的薄弱点"一头、二缝、三口、四根",即卷材收头;变形缝、分格缝;檐口、出入口、水落口;女儿墙根、烟囱根、管道根、设备根等处,施工时必须严格按照规范要求,认真做好节点处理。

卷材防水层的施工包括屋面结构基层处理、屋面找坡、找平层施工、基层处理剂施工、铺贴卷材防水层施工和保护层施工,另外,保温层的相关内容在本书第9章中介绍。

(1)屋面结构基层处理

屋面结构变形对防水层的影响很大,屋面结构层最好是整体现浇混凝土。当屋面结构层为装配式钢筋混凝土板时,应采用细石混凝土嵌缝,其强度等级不应低于C20,嵌填深度宜于板面 10～20 mm,且应振捣密实和浇水养护。为增强嵌缝的密实度,嵌缝的细石混凝土宜掺微膨胀剂。当屋面板板缝宽度大于 40 mm 或上窄下宽时,为避免嵌缝的混凝土干缩后受震动掉落,板缝内应按设计要求配置钢筋。

(2)屋面找坡、找平层施工

为了雨水迅速排走,屋面找坡应满足设计排水坡度要求,结构找坡,坡度不应小于3%;材料找坡,宜采用质量轻、吸水率低和有一定强度的材料,坡度宜为2%;檐沟、天沟纵向找坡不应小于1%,沟底水落差不得超过 200 mm。

卷材、涂膜的基层宜设找平层,找平层是粘贴防水层的基层,其施工质量直接影响防水层的质量和寿命,找平层厚度和技术要求应符合表7.2的规定。

表7.2 找平层厚度和技术要求

类别	基层种类	厚度/mm	技术要求
水泥砂浆	整体现浇混凝土板	15～20	1:2.5 水泥砂浆
	整体材料保温层	20～25	
细石混凝土找平层	装配式混凝土板	30～35	C20 混凝土,宜加钢筋网片
	板状材料保温层		C20 混凝土

找平层应留设分格缝,缝宽宜为 5～20 mm,纵横缝的间距不宜大于 6 m。屋面找平层分隔缝等部位,宜设置卷材空铺附加层,其空铺宽度不宜小于 100 mm。

找平层宜采用水泥砂浆或细石混凝土,表面应压实平整,排水坡度应符合设计要求。找平层的抹平工序应在初凝前完成,压光工序应在终凝前完成,终凝后应进行养护。找平层在基层与突出屋面结构的交接处(如女儿墙、檐口,天沟等),以及基层的转角处,找平层应做成圆弧形(也可以做成135°钝角),且应整齐平顺,圆弧半径高聚物改性沥青防水卷材为 50 mm,

合成高分子防水卷材为 20 mm。

（3）基层处理剂施工

基层处理剂的选择应与卷材的材性相容。

基层处理剂施工前基层必须干净、干燥。当基层干燥有困难时,应采用排气屋面。排气屋面施工时,排气道应纵横贯通,不得堵塞。

基层处理剂可采用喷涂法或涂刷法施工。喷涂应薄而均匀,不得有空白、麻点或气泡。在大面积喷涂之前应先用毛刷对屋面节点、周边、拐角等处先行涂刷。当基层处理剂需喷涂两遍时,第二遍应在第一遍干燥后进行。

（4）铺贴卷材防水层施工

卷材防水层施工工艺流程:节点附加增强处理→定位、弹线、试铺→铺贴卷材→收头处理、节点密封→清理、检查、修整。

1）节点的附加增强处理

在大面积铺贴之前,应先按防水节点设计做好屋面排水比较集中或易受变形影响部位的处理,如水落口、天沟、檐沟、屋面阴阳角、泛水、分格缝、板端缝等处的附加增强处理和密封处理。节点的附加增强处理如图 7.2 所示。

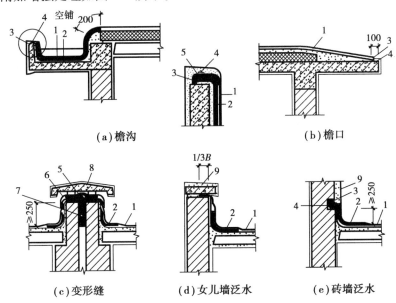

图 7.2　部分节点防水构造

1—防水层;2—附加层;3—密封材料;4—水泥钉;5—衬垫材料;6—封盖材料;
7—沥青麻丝;8—混凝土盖板;9—防水处理

2）卷材的铺设方向

卷材宜平行屋脊铺贴,上下层卷材不得相互垂直铺贴。

3）卷材与基层的粘贴方法

卷材的铺贴一般采用实铺法。当卷材防水层上有重物覆盖或基层变形较大时,第一层应采用空铺法、点黏法或条黏法,但距屋面周边 800 mm 内应满贴,卷材与卷材之间应满贴。空铺法即卷材与基层仅在四周一定宽度内黏结,其余部分不黏结的施工方法。条黏法是卷材与基层采用条状黏结的施工方法。

每幅卷材与基层黏结面不应少于两条,每条宽度不少于 150 mm。点黏法是卷材与基层采用点状黏结的施工方法。每平方米应不少于 5 个黏结点,每点面积为 100 mm×100 mm。

4)卷材的搭接

卷材搭接缝应符合下列规定:平行屋脊的卷材搭接缝应顺流水方向,卷材搭接宽度应符合表 7.3 的规定;相邻两幅卷材短边搭接缝应错开,且不得小于 500 mm;上下层卷材长边搭接缝应错开,且不得小于幅宽的 1/3。

表 7.3　卷材搭接宽度

卷材类别		搭接宽度/mm
合成高分子防水卷材	胶黏剂	80
	胶黏带	50
	单焊缝	60,有效焊接宽度不小于 25
	双焊缝	80,有效焊接宽度 10×2+空腔宽
高聚物改性沥青防水卷材	胶黏剂	100
	自粘	80

5)防水层铺设顺序

铺设多跨或高低跨屋面防水层时,应按先高后低,先远后近的顺序施工,铺设同一跨时,应由屋面最低标高处向上铺贴。

6)卷材防水层施工

第一,高聚物改性沥青卷材防水层施工。施工方法可采用热熔法、冷粘法和自粘法,一般常用热熔法。

冷粘法是采用与卷材配套的专用冷胶黏剂粘铺卷材而无须加热的施工方法。胶黏剂涂刷应均匀,不应露底、堆积;应控制胶黏剂涂刷与卷材铺贴的间隔时间;卷材下面的空气应排尽,并应辊压黏牢固;卷材铺贴应平整顺直,搭接尺寸应准确,不得扭曲、皱折;接缝口应用密封材料封严,宽度不应小于 10 mm。

热熔法是以专用的加热机具(火焰加热器)将热熔型卷材底面的热熔胶加热熔化而使卷材与基层或卷材与卷材之间进行黏结,利用熔化的卷材在冷却后的凝固力来实现卷材与基层或者卷材之间有效粘贴的施工方法。热熔法铺贴卷材应符合下列规定:火焰加热器加热卷材应均匀,不得加热不足或烧穿卷材;卷材表面热熔后应立即滚铺,卷材下面的空气应排尽,并应辊压粘贴牢固;卷材接缝部位应溢出热熔的改性沥青胶,溢出的改性沥青胶宽度宜为 8 mm;铺贴的卷材应平整顺直,搭接尺寸应准确,不得扭曲、皱折;厚度小于 3 mm 的高聚物改性沥青防水卷材,严禁采用热熔法施工。另外,热熔法不得用于地下密闭空间、通风不畅空间、易燃材料附近的防水工程。

自粘法是采用带有自粘胶的防水卷材,不用热施工,也不需涂胶结材料,只需撕去自粘胶底面隔离纸即可实现卷材与基层或卷材与卷材之间粘贴的方法。自粘法铺贴卷材应符合下列规定:铺贴卷材时,应将自粘胶底面的隔离纸全部撕净;卷材下面的空气应排尽,并应辊压粘贴牢固;铺贴的卷材应平整顺直,搭接尺寸应准确,不得扭曲、皱折;接缝口应用密封材料封严,宽度不应小于 10 mm;低温施工时,接缝部位宜采用热风加热,并应随即粘贴牢固。

第二,合成高分子卷材防水层施工。合成高分子防水卷材可采用冷粘法、自粘法、焊接法和机械固定法,一般常用冷粘法。

冷粘法和自粘法施工要求与高聚物改性沥青卷材防水层施工相同。焊接法是用半自动化温控热熔焊机、手持温控热熔焊枪,或专用焊条对所铺卷材的接缝进行焊接铺设的施工方法。焊接法铺贴卷材应符合下列规定:焊接前卷材应铺设平整、顺直,搭接尺寸应准确,不得扭曲、皱折;卷材焊接缝的结合面应干净、干燥,不得有水滴、油污及附着物;焊接时应先焊长边搭接缝,后焊短边搭接缝;控制加热温度和时间,焊接缝不得有漏焊、跳焊、焊焦或焊接不牢现象;焊接时不得损害非焊接部位的卷材。机械固定法是使用专用螺钉、垫片、压条及其他配件,将合成高分子卷材固定在基层上但其接缝应用焊接法或冷粘法进行的方法。

当屋面坡度大于25%时,卷材应采取满粘和钉压固定措施。

7)防水层收头处理

防水层的收头,如檐口、泛水等处,应用水泥钉钉压,并用密封材料封严。女儿墙的砖砌体立面部分和压顶上部应作防水处理,对较低的女儿墙,卷材应全部覆盖立面,并伸入压顶下墙厚的1/3处。

(5)保护层施工

除彩砂卷材、铝箔面卷材等本身具有保护层的卷材外,卷材防水屋面均应另做保护层。保护层应在卷材铺贴经检验合格,并将防水层表面清扫干净后进行。

用块体材料做保护层时,宜设置分格缝,分格缝纵横间距不应大于10 m,分格缝宽度宜为20 mm;用水泥砂浆做保护层时,表面应抹平压光,并应设表面分格缝,分格面积宜为1 m;用细石混凝土做保护层时,混凝土应振捣密实,表面应抹平压光,分格缝纵横间距不应大于6 m,分格缝的宽度宜为10～20 mm。

块体材料、水泥砂浆或细石混凝土保护层与女儿墙和山墙之间,应预留宽度为30 mm的缝隙,缝内宜填塞聚苯乙烯泡沫塑料,并应用密封材料嵌填密实。

7.1.2 涂膜防水层施工

涂膜防水层主要适用于防水等级为Ⅰ级、Ⅱ级的屋面防水,也可用作屋面多道防水设防中的一道防水层。涂膜防水材料主要有高聚物改性沥青防水涂料、聚合物水泥防水涂料、合成高分子防水涂料以及密封材料,具体性能详见有关材料产品说明,本书重点介绍涂膜防水屋面的施工。

7.1.2.1 涂抹防水细部构造

(1)天沟、檐沟的涂膜防水层

天沟、檐沟与屋面交接处的附加层宜空铺,空铺的宽度为200～300 mm(图7.3)。屋面设有保温层时,天沟、檐沟处宜铺设保温层。檐口处涂膜防水层的收头,应用防水涂料多遍涂刷或密封材料封严(图7.4)。

(2)泛水处的涂膜防水层

泛水处的涂膜宜直接涂刷至女儿墙的压顶下,收头处理应用防水涂料多遍涂刷封严,压顶应作防水处理(图7.5)。

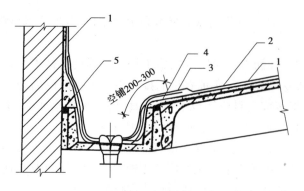

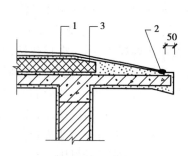

图 7.3　天沟、檐沟构造
1—涂膜防水层;2—找平层;3—有胎体增强材料的加层;
4—空铺附加层;5—密封材料

图 7.4　檐口构造
1—涂膜或密封材料防水层;
2—密封材料;3—保温层

(3)变形缝的涂膜防水层

变形缝内应嵌填泡沫塑料或沥青油麻丝,其上放衬垫材料,并用卷材封盖,顶部应加扣混凝土盖板或金属盖板(图 7.6)。

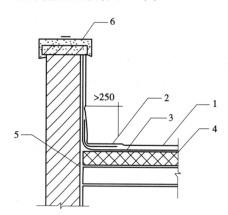

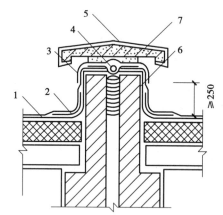

图 7.5　泛水构造
1—涂膜防水层;2—有胎增强材料的附加层;
3—找平层;4—保温层;
5—密封材料;6—防水处理

图 7.6　变形缝构造
1—涂膜防水层;2—有胎体增强材料的附加层;
3—卷材封盖;4—衬垫材料;5—混凝土盖板;
6—沥青麻丝;7—水泥砂浆

7.1.2.2　涂膜防水屋面的施工

涂膜防水屋面的施工过程与卷材防水屋面基本相同,只是防水层是防水涂膜的涂布。其施工工艺为基层表面清理→喷涂基层处理剂→节点部位附加增强处理→涂布防水涂料及铺贴胎体增强材料→清理、检查、修理→保护层施工。

为满足防水层耐用年限的要求,每道涂膜防水层最小厚度应满足表 7.4 的要求。

表 7.4　每道涂膜防水层最小厚度/mm

防水等级	合成高分子防水涂膜	高聚物改性沥青防水涂膜	聚合物水泥防水涂膜
Ⅰ 级	1.5	2.0	1.5
Ⅱ 级	2.0	3.0	2.0

为加强防水层的防水效果、提高适应变形的能力,涂层中可夹胎体增强材料,形成一布二涂、一布四涂、二布三涂、二布六涂、多布多涂等防水构造。胎体增强材料宜采用聚酯无纺布或化纤无纺布;胎体增强材料长边搭接宽度不应小于50 mm,短边搭接宽度不应小于70 mm;上下层胎体增强材料的长边搭接缝应错开,且不得小于幅宽的1/3;上下层胎体增强材料不得相互垂直铺设。

防水涂料应多遍涂布,并应待前一遍涂布的涂料干燥成膜后,再涂布后一遍涂料,且前后两遍涂料的涂布方向应相互垂直。涂膜间夹铺胎体增强材料时,宜边涂布边铺胎体;胎体应铺贴平整,应排除气泡,并应与涂料黏结牢固。在胎体上涂布涂料时,应使涂料浸透胎体,并应覆盖完全,不得有胎体外露现象。最上面的涂膜厚度不应小于1.0 mm。

屋面转角及立面的涂层应薄涂多遍,不得有流淌、堆积现象。涂膜防水层的收头应用防水涂料多遍涂刷并用密封材料封严。

防水涂膜严禁在雨天、雪天施工;五级风及其以上时不得施工。

涂膜防水屋面的保护层做法见卷材防水屋面。

7.2 地下防水工程

地下工程受地形条件的限制,地下水一般很难降到地下工程底部标高以下。地下工程防水质量将直接影响地下工程的寿命,必须在施工中认真对待,确保地下防水工程的质量。结合地下工程不同要求和我国地下工程实际,按不同渗漏水量的指标将地下工程防水划分为4个等级,见表7.5。

表7.5 地下工程防水等级标准

防水等级	标准
一级	不允许渗水,结构表面无湿渍
二级	不允许漏水,结构表面可有少量湿渍; 房屋建筑地下工程:总湿渍面积不应大于总防水面积(包括顶板、墙面、地面)的1/1 000,任意100 m² 防水面积上的湿渍不超过两处,单个湿渍的最大面积不大于0.1 m²; 其他地下工程:总湿渍面积不应大于总防水面积的2/1 000,任意100 m² 防水面积上的湿渍不超过3处,单个湿渍的最大面积不大于0.2 m²,其中,隧道工程平均渗水量不大于0.05 L/(m²·d),任意100 m² 防水面积上的渗水量不大于0.15 L/(m²·d)
三级	有少量漏水点,不得有线流和漏泥沙; 任意100 m² 防水面积上的漏水或湿渍点数不超过7处,单个漏水点的最大漏水量不大于2.5 L/d,单个湿渍的最大面积不大于0.3 m²
四级	有漏水点,不得有线流和漏泥沙; 整个工程平均漏水量不大于2 L/(m²·d),任意100 m² 防水面积上的平均漏水量不大于4 L/(m²·d)

在地下工程施工前,一般应事先确定工程的防水方案。地下工程的防水方案,大致可分

为防水混凝土结构自防水方案、设防水层方案和"防排结合"方案。在地下工程施工中，一般应采用"防、排、截、堵相结合，刚柔相济、因地制宜，综合治理"的原则，并根据建筑功能及使用要求，结合工程所处的自然条件、工程结构形式、施工工艺等因素合理地确定防水方案。

7.2.1 防水混凝土结构

防水混凝土是依靠提高混凝土本身的密实性和改变其内部微结构来达到防水要求的，它既是防水层，又是承重或维护结构。防水混凝土具有防水可靠、耐久性好、成本较低、施工方便、工期短及修补较易等优点。防水混凝土适用于抗渗等级不小于 P6 的地下混凝土结构，不适用于环境温度高于 80 ℃ 的地下工程。处于侵蚀性介质中，防水混凝土的耐侵蚀性要求应符合现行规范的有关规定。

(1)对材料的要求

水泥：宜采用普通硅酸盐水泥或硅酸盐水泥，采用其他品种水泥时应经试验确定；在受侵蚀性介质作用时，应按介质的性质选用相应的水泥品种；不得使用过期或受潮结块的水泥，并不得将不同品种或强度等级的水泥混合使用。

砂、石：砂宜选用中粗砂，含泥量不应大于 3.0%，泥块含量不宜大于 1.0%；不宜使用海砂，在没有使用河砂的条件时，应对海砂进行处理后才能使用，且控制氯离子含量不得大于 0.06%；碎石或卵石的粒径宜为 5~40 mm，含泥量不应大于 1.0%，泥块含量不应大于 0.5%；对长期处于潮湿环境的重要结构混凝土用砂、石，应进行碱活性检验。

防水混凝土根据工程需要掺入引气剂、减水剂、密实剂等外加剂，所用外加剂应符合现行国家标准《混凝土外加剂应用技术规范》(GB 50119—2013)的质量规定；掺加引气剂或引气型减水剂的混凝土，其含气量宜控制在 3%~5%；考虑外加剂对硬化混凝土收缩性能的影响；严禁使用对人体产生危害、对环境产生污染的外加剂；其掺量和品种应按外加剂产品说明并经试验确定。

防水混凝土可掺入一定数量矿物掺合料，但应符合以下要求：粉煤灰的级别不应低于 Ⅱ 级，烧失量不应大于 5%；硅粉的比表面积不应小于 15 000 m^2/kg，SiO_2 含量不应小于 85%；粒化高炉矿渣粉的品质要求应符合现行国家标准《用于水泥和混凝土中的粒化高炉矿渣粉》(GB/T 18046—2017)的有关规定。

(2)配合比设计

防水混凝土的配合比是防水混凝土的关键技术。防水混凝土的配合比应由试验室通过试配来确定，试配要求的抗渗水压值应比设计值提高 0.2 MPa。

配合比各项技术参数的范围如下：

第一，混凝土胶凝材料总量不宜小于 320 kg/m^3，其中，水泥用量不宜小于 260 kg/m^3，粉煤灰掺量宜为胶凝材料总量的 20%~30%，硅粉的掺量宜为胶凝材料总量的 2%~5%。

第二，水胶比不得大于 0.50，有侵蚀性介质时水胶比不宜大于 0.45。

第三，砂率宜为 35%~40%，泵送时可增至 45%。

第四，灰砂比宜为 1∶1.5~1∶2.5。

第五，混凝土拌合物的氯离子含量不应超过胶凝材料总量的 0.1%；混凝土中各类材料的总碱量即 Na_2O 当量不得大于 3 kg/m^3。

(3)防水混凝土施工

防水混凝土施工时,必须严格按质量配合比准确称量配料,水泥、掺合料、水、外加剂的每盘计量偏差不应大于±2%,累计计量偏差不应大于±1%,粗、细骨料的每盘计量偏差不应大于±3%,累计计量偏差不应大于±2%。防水混凝土采用预拌混凝土时,入泵坍落度宜控制在120~160 mm,坍落度每小时损失不应大于20 mm,坍落度总损失值不应大于40 mm。混凝土在浇筑地点的坍落度,每工作班至少检查两次,其允许偏差应符合以下规定:规定坍落度≤40 mm,允许偏差±10 mm;规定坍落度50~90 mm,允许偏差±15 mm;规定坍落度>90 mm,允许偏差±20 mm;泵送混凝土入泵时的坍落度,所需坍落度≤10 0mm,允许偏差±20 mm;所需坍落度>100 mm,允许偏差±30 mm。当防水混凝土拌合物在运输后出现离析,必须进行二次搅拌。当坍落度损失后不能满足施工要求时,应加入原水胶比的水泥浆或掺加同品种的减水剂进行搅拌,严禁直接加水。

用于防水混凝土的模板应拼缝严密、支撑牢固。防水混凝土应分层连续浇筑,分层厚度不得大于500 mm,应采用机械振捣,避免漏振、欠振和超振;应连续浇筑,不宜留设施工缝,如因施工组织或其他原因必须留设施工缝时,注意不应留设在剪力最大处或底板与侧墙交接处,应留在高出底板表面不小于300 mm的墙体上,拱(板)墙结合的水平施工缝,宜留在拱(板)墙接缝线以下150~300 mm处。墙体上有预留孔洞时,施工缝距孔洞边缘不应小于300 mm。必须留设垂直施工缝时,应避开地下水和裂隙水较多的地段,宜留在结构的变形缝处。

水平施工缝的构造可按图7.7所示选用。

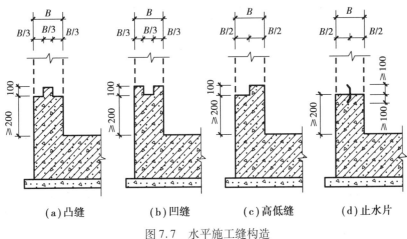

(a)凸缝   (b)凹缝   (c)高低缝   (d)止水片

图7.7　水平施工缝构造

防水混凝土终凝后应立即进行养护,使混凝土表面保持湿润,养护时间不得少于14 d。

7.2.2　卷材防水层

卷材防水层是用防水卷材和与其配套的胶结材料胶合而成的一种多层或单层防水层,适用于受侵蚀性介质或受振动作用的地下工程主体迎水面的铺贴。地下工程卷材防水层应采用高聚物改性沥青防水卷材和合成高分子防水卷材。所选用的基层处理剂、胶黏剂、密封材料等配套材料,均应与铺贴的卷材材性相容。

地下工程一般把卷材防水层设置在建筑结构的外侧(迎水面),称为外防水。外防水有两种方法:外防外贴法和外防内贴法(图7.8)。

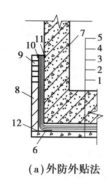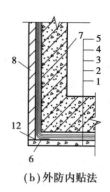

（a）外防外贴法 （b）外防内贴法

图 7.8 地下防水结构卷材防水层铺贴

1—垫层；2—找平层；3—卷材防水层；4—保护层；5—底板；6—卷材加强层；7—防水结构墙体；
8—永久性保护层；9—临时保护墙；10—临时固定木条；11—永久性木条；12—干油毡

1）外防外贴法

施工时，先铺贴底板卷材，四周留出卷材接头，然后浇筑防水结构的底板和墙身混凝土，待侧模拆除后，再铺四周防水层，最后砌筑保护墙。卷材铺贴如图 7.8（a）所示。外防外贴法一般施工程序如下：

①浇筑垫层。

②在垫层上砌筑永久性保护墙，墙下铺一层干油毡。墙高≥底板结构厚+200～500 mm。

③在永久性保护墙上接砌临时保护墙，墙高 150 mm×（卷材层数+1）。

④在永久性保护墙上抹 1∶3 水泥砂浆找平层，阴阳角应做成圆弧或 45°坡角，其尺寸应根据卷材品种确定；在临时保护墙上抹石灰砂浆找平层，并刷石灰浆。

⑤待找平层基本干燥后，即在其上满涂基层处理剂。

⑥铺贴立面和平面卷材防水层，并在转角处、变形缝、施工缝、穿墙管等部位铺贴卷材加强层，加强层宽度不应小于 500 mm。铺贴双层卷材时，上下两层和相邻两幅卷材的接缝应错开 1/3～1/2 幅宽，且两层卷材不得相互垂直铺贴。防水卷材的搭接宽度应符合现行规范要求。在永久性保护墙和垫层上将卷材防水层黏结牢固，在临时保护墙上将卷材防水层临时贴附，并分层临时固定在保护墙最上端。

⑦在卷材面上做保护层。顶板的细石混凝土保护层厚度：机械回填时不宜小于 70 mm，人工回填时不宜小于 50 mm；底板的细石混凝土保护层厚度不应小于 50 mm；侧墙宜采用软质保护材料或铺抹 20 mm 厚 1∶2.5 水泥砂浆。

⑧底板及墙体混凝土施工。

⑨在需防水结构外墙抹水泥砂浆找平层。

⑩拆除临时保护墙，清除砂浆，将卷材逐层揭开，清除表面浮灰和污物。同时，在已做好的找平层上涂刷基层处理剂，将卷材分层错槎搭接向上铺贴。铺贴好后，及时做好防水层保护结构。

2）外防内贴法

外防内贴法是先在地下构筑物四周砌好保护墙，然后在墙面与底板铺贴防水层，再浇筑地下构筑物的混凝土。卷材铺贴如图 7.8（b）所示。

外防内贴法施工程序如下：

①在混凝土垫层上砌永久性保护墙，并以 1∶3 水泥砂浆做好垫层及永久性保护墙的找

平层,并在保护墙下干铺一层油毡。

②找平层干燥后随即涂刷基层处理剂,待基层处理剂干燥后铺贴卷材防水层。铺贴卷材时应先铺立面,后铺平面;先铺转角,后铺大面。

③卷材防水层做好后即应做好保护层。立面可按外贴法所述抹水泥砂浆,平面可抹水泥砂浆或浇筑一层 50 mm 厚的细石混凝土。

外防外贴法的优点:防水层绝大部分在结构外表面,防水层较少受结构沉降变形影响;由于是后贴立面防水层,因此浇捣结构混凝土时不易损坏防水层,只需注意保护底板与留槎部位的防水层即可,施工后即可进行试水且易修补。缺点:工期长,施工烦琐,卷材接头不易保护好。外防内贴法的优点:底板与墙体防水层可一次铺贴完成,不留接槎,施工工序简便,工期较短,施工占地面积较小。但由于卷材防水层立面铺贴于保护墙上,与主体防水结构不构成一个整体,因此在建筑物不均匀沉降时,防水结构主体与保护墙发生相对位移,对防水层影响较大。竣工后如发生渗漏,修补较困难。工程中一般都采用外防外贴法,只有当施工现场和条件受限制时,才采用外防内贴法施工。

7.2.3 涂料防水层

涂料防水层适用于受侵蚀性介质作用或受振动作用的地下工程。涂料分为有机防水涂料和无机防水涂料。有机防水涂料宜用于主体结构的迎水面,无机防水涂料宜用于主体结构的迎水面或背水面。有机防水涂料应采用反应型、水乳型、聚合物水泥等涂料;无机防水涂料应采用掺外加剂、掺合料的水泥基防水涂料或水泥基渗透结晶型防水涂料。

涂料涂刷前应先在基面上涂一层与涂料相容的基层处理剂。涂料应分层涂刷或喷涂,涂层应均匀,涂刷应待前遍涂层干燥成膜后进行。每遍涂刷时应交替改变涂层的涂刷方向,同层涂膜的先后搭压宽度宜为 30 ~ 50 mm。涂料防水层的甩槎处接槎宽度不应小于 100 m,接涂前应将其甩槎表面处理干净。采用有机防水涂料时,基层阴阳角处应做成圆弧,阴角直径宜大于 50 mm,阳角直径宜大于 10 mm,在转角处、变形缝、施工缝、穿墙管等部位应增加胎体增强材料和增涂防水涂料,宽度不应小于 500 mm。胎体增强材料的搭接宽度不应小于 100 mm。上下两层和相邻两幅胎体的接缝应错开 1/3 幅宽,且上下两层胎体不得相互垂直铺贴。涂料防水层完工并经验收合格后应及时做保护层。具体做法同卷材防水保护层做法。

7.3 楼地面防水工程

楼地面防水工程的主要部位是厨卫间防水,由于厨卫间一般面积较小,穿越楼地面管道多,做卷材防水需剪口和接缝较多而比较困难,因此宜采用涂膜防水。根据工程要求可选用高、中、低档的防水涂膜材料。无论哪个部位,选哪种材料,所有楼地面防水工程施工时,必须严格执行《建筑地面工程施工质量验收规范》(GB 50209—2010)中的各项规定。

7.3.1 常用防水涂料

(1)聚氨酯防水涂料
聚氨酯防水涂料是双组分化学反应固化型弹性防水涂料,多以甲、乙双组形式使用。甲组分是聚氨基甲酸酯预聚物,乙组分是交联剂、促进剂、增韧剂、增黏剂、防霉剂和填充剂等混合加工而成。甲、乙组分按一定的比例混合搅拌均匀,涂布固化后形成弹性整体防水层,冷作法施工。

(2)氯丁胶乳沥青防水涂料

氯丁胶乳沥青防水涂料是以氯丁橡胶乳液和乳化沥青混合制成的水乳型防水涂料。该涂料基本无毒,不易燃,不污染环境。施工时配以加筋布铺贴,形成抗裂性较强的弹塑性整体防水层,冷作法施工。

(3)硅橡胶防水涂料

硅橡胶防水涂料是以硅橡胶乳液及其他乳液的复合物为主要基料,掺入无机填料及助剂配制成的乳液防水涂料,兼有涂膜防水和渗透性防水材料两者的优点,具有良好的防水性、渗透性、成膜性、弹性和耐高低温性。硅橡胶分 1 号和 2 号两种型号,1 号涂料用于底层和表层,2 号涂料的固体含量高,用于中间涂层作加强层。

7.3.2 防水构造和节点做法

选择可靠的防水构造,认真做好排水坡度和防水节点的施工是保证厨卫间防水质量的关键。

厨卫间的防水层应做在楼地面面层下面,防水层应从地上延伸到墙面,高出地上 250 mm。当墙体为轻质隔墙时,底部需做 C20 混凝土墙高出地面≥200 mm。

厨卫间的渗漏点,一般发生在地漏周边、立管周边、洁具处和墙根等部位。在这些节点处,应采取多道防线、增加柔性接头、排防结合的防水方案。通过局部增加附加层、嵌填柔性密封材料和局部加大泄水坡度等方法,防止渗漏。常用的防水构造和节点做法如图 7.9 所示。

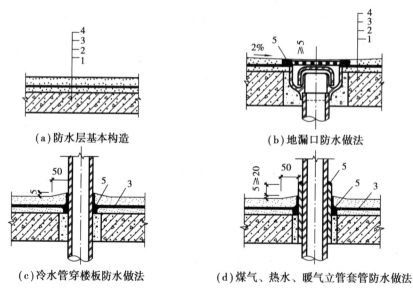

(a)防水层基本构造   (b)地漏口防水做法

(c)冷水管穿楼板防水做法   (d)煤气、热水、暖气立管套管防水做法

图 7.9 楼地面防水及节点构造

1—结构层;2—找平层;3—防水层;4—面层;5—密封材料

7.3.3 基层要求

第一,现浇混凝土楼面必须振捣密实,随抹压光,形成一道自身防水层。

第二,现浇楼板的孔洞,一般采用芯模留孔的方法施工,也可采用手持金刚石薄壁钻机钻孔,此方法可提高成孔和灌缝的工效。

穿楼板的管道孔洞、套管周围缝隙用掺膨胀剂的豆石混凝土浇灌严实抹平,孔洞较大的应吊底模浇灌,禁用碎砖、石块堵填。

第三,所有管件、地漏或排水口等部位,必须就位正确,安装牢固。

第四,在结构层上做1:3水泥砂浆找平层厚20 mm,要求必须平整坚实,表面平整度用2 m长直尺检查,最大间隙不应大于3 mm。基层有裂缝或凹坑,用1:3水泥砂浆或水泥胶腻子修补平滑,基层所有转角做成半径为10 mm均匀一致的平滑小圆角。

第五,防水层施工前,基层的干燥程度必须达到防水涂料对含水率的要求,并应将基层表面的凸起物、砂浆等铲平清除干净,尤其应注意阴阳角、管道根部和地漏等部位的清理。

7.3.4 楼地面防水施工

(1)施工流程

1)聚氨酯防水涂膜施工流程

聚氨酯防水涂膜施工流程:涂膜材料配制→涂布底胶→细部附加层施工→涂膜施工。

2)氯丁胶乳沥青防水涂料施工流程

氯丁胶乳沥青防水涂料防水层一般按一布四涂施工。加筋布可用聚酯纤维无纺布或玻璃纤维布。工艺流程:细部附加层施工→第一道涂膜(实干)→第二道涂膜,铺贴加筋布(实干)→第三道涂膜(表干)→第四道涂膜。

3)硅橡胶防水涂料施工流程

硅橡胶涂料防水层施工工艺:细部附加层施工→第一道涂膜(表干)→第二道涂膜(实干)→第三道涂膜(表干)→第四道涂膜。

防水层施工过程中,严禁踩踏未干防水层。防水层施工完毕后,应注意保护,未固化前不得上人和放置物品,固化后,不得用硬物触碰和受重压。

(2)蓄水试验

防水层施工完毕实干后,进行蓄水试验,蓄水高度应达找坡最高点水位20 mm以上,蓄水时间不少于24 h。如发现渗漏修补后再做蓄水试验,不渗漏方为合格。

(3)面层施工

蓄水试验合格后,应及时进行面层施工,应确保地面坡度2%,地漏处坡度3% ~5%,并注意保护已做好的防水层和楼面管道根部,不得碰损移位。预留管口要封堵,严防杂物落入管道。面层施工完毕再做蓄水试验,方法同第一次。

(4)安全措施

防水涂料多属易燃品,应分类储存在干燥、通风和远离火源的地方,专人看管,仓库及施工现场必须配备灭火器材,严禁烟火。

有毒性防水涂料,施工现场必须通风良好,必要时进行强力通风。操作人员应戴口罩和防护手套,禁用二甲苯直接洗手。

施工现场移动照明应采用36 V低压照明。

思考题

1. 屋面防水等级如何划分？各防水等级的屋面设防要求如何规定？
2. 卷材防水屋面中,对找平层施工质量有何要求？找平层的分格缝应如何设置？
3. 屋面卷材应怎样铺贴？有哪些铺贴方法？
4. 涂膜防水屋面中,对涂膜厚度有何规定？
5. 地下工程防水方案有哪几种？如何选择？
6. 简述地下防水工程中外防外贴法和外防内贴法的工艺流程及铺贴方法。
7. 简述楼地面防水工程中采用涂膜防水的操作要点。
8. 卫生间楼地面防水层施工完毕后,怎样检验其防水效果？

8 装饰工程

本章学习要求

本章重难点：一般抹灰、饰面板(砖)的施工工艺及质量控制措施；涂料工程施工；铝合金门窗安装施工；解决室内装饰中危害身体健康,污染的途径。

学习目标：了解一般抹灰的组成、作用和做法,掌握抹灰工程的质量标准及检验方法；了解饰面板(砖)的种类,掌握饰面板(砖)的主要镶贴方法；了解吊顶、门窗的构成和安装方法；了解涂饰、裱糊工程的类型、性能和施工工艺及质量控制措施；了解室内装饰污染的种类及防治方法。

8.1 抹灰工程

8.1.1 抹灰工程的分类

(1)抹灰层的组成

为了保证抹灰层质量,抹灰必须分层操作。抹灰层的组成可分为底层(基层)、中层和面层,如图8.1所示。底层主要起与基层黏结作用,并对基层进行初步找平；中层主要起找平作用,弥补底层因收缩出现的裂纹；面层起装饰作用和保护墙体的作用。

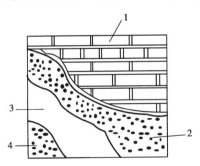

图8.1 抹灰层的组成
1—基层；2—底层；3—中层；4—面层

(2)抹灰工程的分类

抹灰工程分为室内抹灰和室外抹灰两类。一般先做室外抹灰,后做室内抹灰。在工期比较紧,同时工作面允许的条件下,室内外抹灰可同时进行。

室外抹灰以从上到下施工为好。室内抹灰顺序可从上到下,也可从下到上施工。室内抹灰有两种做法：一种是先做地面,后做墙面和顶棚；另一种是先做顶棚、墙面,后做地面。

抹灰工程按照面层使用材料不同分为一般抹灰和装饰抹灰两种。根据生产方式的不同分为现场拌制抹灰砂浆和预拌抹灰砂浆。一般抹灰可以用石灰砂浆、水泥砂浆、水泥石灰砂浆、纸筋石灰浆、麻刀石灰浆、玻璃丝灰浆、石灰膏砂浆、聚合物水泥砂浆、水泥珍珠岩砂浆、素水泥浆、107胶水泥浆等材料做面层;装饰抹灰有水刷石、水磨石、斩假石、干黏石、假面砖、拉条灰、拉毛灰、撒毛灰、喷砂、喷涂、滚涂、弹涂、仿石等材料做面层。一般抹灰按质量要求可以分为:①普通抹灰:其做法是一层底层和一层面层(或者不分层,一遍成活),要求分层赶平、修整、表面压光。②中级抹灰:其做法是一底层、一中层和一面层(或一底层、一面层),要求阳角找方,设置标筋,分层赶平、修整,表面赶光、洁净等。③高级抹灰:其做法是一底层、数层中层和一面层,要求阴阳角找方,设置标筋,分层赶平,修整,表面压光,颜色均匀,清晰无抹纹、美观等。

装饰抹灰的种类较多,其底层做法与一般抹灰基本相同(均采用1∶3的水泥砂浆打底),仅面层材料及做法不同。装饰抹灰常用的面层做法有水刷石、水磨石、干黏石、斩假石、聚合水泥砂浆喷滚弹涂装饰等。

(3)一般抹灰的厚度和质量要求

一般抹灰平均总厚度:板条、空心砖、现浇混凝土顶棚不超过15 mm,预制混凝土顶棚不超过18 mm,金属网顶不超过20 mm;内墙普通抹灰不超过18 mm,中级抹灰不超过20 mm,高级抹灰不超过25 mm;外墙抹灰不超过20 mm;勒脚及凸出墙面部分不大于25 mm;石墙抹灰厚度不超过35 mm。涂抹水泥砂浆每遍厚度宜为5~7 mm;涂抹石灰砂浆和混合砂浆每遍厚度宜为5~9 mm。面层抹灰经赶平压实后的厚度,麻刀石灰不得大于3 mm;纸筋石灰、石膏灰不得大于2 mm。

一般抹灰的质量要求详见规范和操作规程有关规定。

8.1.2　一般抹灰的施工

一般抹灰的施工工序分为基层处理、贴灰饼、冲筋、抹底层、抹中层、抹面层等。

(1)基层处理

对砖墙面,应清除污泥、多余的灰浆,清理干净后浇水湿润墙面;对混凝土墙面,应清除松石、浮砂并补平,光滑平面应凿毛、清除油污,并在抹灰前浇水湿润墙面;对板条墙面,则条与条之间应有8~10 mm的间隙,顶棚则要求加钉长350~450 mm的麻束,间距为400 mm,使抹灰层与基层黏结牢固,不出现空鼓、开裂。

(2)贴灰饼、冲筋

在抹灰前用靠尺线锤、设置灰饼、冲筋。在离阴角10~20 cm处分别做若干直径5 cm左右的灰饼,距离2 m左右,厚度由墙面的平整和垂直度决定。待灰饼稍干后在上下灰饼之间抹上一条宽约10 cm,厚度与上下灰饼一样的灰埂,作为冲筋。

(3)底、中层抹灰

当标筋稍干后,使用刷子蘸水将墙面湿润,防止基层吸去砂浆中的水分,造成抹灰层与基层黏结不牢固而脱落。待基层有7~8成干时,紧接着抹底层。

(4)面层抹灰

当底层(中层)5~6成干时,便可进行面层抹灰,要求纵横涂抹两遍,最后用钢抹子压光,不留抹痕。

(5)抹灰材料质量要求

抹灰用的石灰膏应用块状生石灰淋制。淋制时必须用孔径不大于 3 mm×3 mm 的筛过滤,储存于沉淀池中。熟化时间在常温下不少于 15 d,用于罩面的石灰膏不少于 30 d。石灰膏内不得含有其他杂质和未熟化的颗粒。抹灰用的沙子应过筛,不能有杂物在内。抹灰用的膨胀珍珠岩,宜用中级粗细粒径混合级配,堆积密度为 80 ~ 150 kg/m³。纸筋应浸透、捣烂、洁净,罩面纸筋宜机碾磨细;稻草、麦秸、麻刀要坚韧、干燥、无杂质,长度不大于 30 mm,并经石灰水浸泡处理;掺入砂浆内的颜料,要能耐碱耐光。

8.1.3 装饰抹灰施工

(1)水刷石施工

先在已经硬化且粗糙的地中层面上浇水湿润,再薄薄地刮一层素水泥浆(水灰比 0.37 ~ 0.40),随即抹上稠度为 15 ~ 7 cm、厚度为 8 ~ 12 mm 的水泥石子浆,分遍拍干压实,石子要分布均匀,紧密,稍收水后,用铁抹子将表面抹平压实,凝结前可用刷子蘸水自上而下洗掉表面的水泥浆直至石子外露,再用清水将石子上的水泥浆刷洗干净,如有掉粒应及时补上。最后达到石子清晰、分布均匀、色泽一致。

(2)水磨石施工

水磨石的施工是在中层砂浆终凝后洒水湿润,然后刮素水泥浆一层,按设计要求镶嵌铜条,如图 8.2 所示。随后将不同色彩水泥石子浆(水泥∶石子=1∶1~1∶2.5)填入分格中,抹平压实,稍比嵌条高 1 ~ 2 mm,待其凝固后,开始用磨石机洒水磨,磨石由粗到细分 3 遍进行,每次磨后如有砂眼,用同色水泥浆或石子填补,直至磨到表面光滑,石子和嵌条露出为止。最后,表面用草酸水溶液擦洗,让石子全部显露,然后用清水洗净拖干,打蜡。

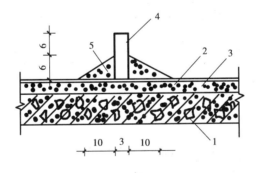

图 8.2　水磨石施工

1—钢筋混凝土基层;2—素水泥浆;3—水泥砂浆底层;4—嵌条(铜条、铝条、玻璃条);5—素水泥

(3)干黏石施工

在已硬化的底层刷一道水泥素浆(水灰比 0.4 ~ 0.5),随即涂抹水泥砂浆或聚合物水泥砂浆黏结层,厚 6 mm,然后将配有不同颜色(或同色的)的粒径为 4 ~ 6 mm 的石子,甩粘在黏结层上,随即用滚子或铁抹子将石子拍平压实,石子嵌入砂浆的深度不小于粒径的 1/2。待水泥砂浆有一定强度后,便立即洒水养护,要求石粒黏结牢固,分布均匀,外露高度一致,颜色一致。

(4)斩假石施工

先用 1∶3 的水泥砂浆打底(厚 12 mm),并将表面划毛,养护 24 d 后,嵌好分格条。在干燥的底层洒水湿润,并薄刮一层水泥浆,紧接着抹罩面层(厚 11 mm,1∶1.25 水泥石子浆),

后用毛刷带水顺剁纹方向轻刷一遍,浇水养护 2 ~ 3 d,用剁斧将面层由上往下斩成平行齐直剁纹,剁时方向要一致,剁纹要均匀,两遍成活。

(5)聚合水泥砂浆喷滚弹涂装饰施工

1)喷涂

先用厚 10 ~ 12 mm 的 1∶3 水泥砂浆做底层,用抹子抹干,干后喷 1∶3 的 107 胶水溶液一遍,接着喷涂厚度为 4 mm 的 1∶2 水泥砂浆(另外水泥质量 10% ~ 20% 的 107 胶和 1% ~ 5% 的颜料)罩面,要求 3 遍成活,颜色一致。

2)滚涂

底层灰用木抹子搓平,搓细,洒水湿润,用稀 107 胶黏结贴分格条;涂抹厚 3 mm 带色的聚合物水泥砂浆,彩色砂浆均匀一致;用刻有各种花纹的橡胶泡沫塑料滚子跟着表面施滚涂拉,滚出所需图案。滚完 24 h 后,喷甲基硅醇钠憎水剂。滚涂方法分为干滚和随滚随浇水的湿涂。

3)弹涂

将厚 12 mm 的 1∶3 水泥砂浆底层用大抹子搓平,再贴米厘条。弹涂时,用长木把毛刷(或用喷浆机)刷涂一遍底色浆,后将色浆倒入手动或电动筒形弹力器内,将色浆弹涂在已刷了底色浆的墙面上,甩成直径 1 ~ 3 mm 相互交错的圆状浆孔。第一遍色点覆盖面积 70%,浆点不得流淌;第二遍再覆盖剩余的 30%,可以由几种颜色组成。最后喷聚乙烯醇缩丁醛或甲基硅醇钠憎水剂一遍。彩色弹涂饰面砂浆配合比见表 8.1,彩色弹涂水泥颜料配合比见表 8.2。

表 8.1　彩色弹涂饰面砂浆配合比

项目	水泥	颜料	水	胶
刷底色浆	普通硅酸盐水泥 100	适量	90	20
刷底色浆	白水泥 100	适量	80	13
弹花点	普通硅酸盐水泥 100	适量	55	14
弹花点	白水泥 100	适量	45	10

注:1. 弹点浆可加入水泥质量 3% ~ 5% 的颜料,配合比为水泥∶石英粉(或细砂)∶水∶107 胶 = 85∶15∶38∶10。

　　2. 根据气温,加水量可适当调整。

　　3. 普通硅酸盐水泥的标号应不低于 32.5 级。

　　4. 表中配合比为质量比。

表 8.2　彩色弹涂水泥颜料配合比

墙面颜色	白水泥(普通水泥)	氧化铁黄	氧化铁红	氧化铁黑	铬绿
橘黄	1	0.015	0.015	—	—
淡黄	1	0.05	—	—	—
淡红	1	—	0.05	—	—
深红	(1)	—	0.1	—	—
紫红	(1)	—	0.1	0.05	—
果绿	1	0.03	—	—	0.06
深绿	(1)	—	—	—	0.12

8.2 饰面工程

8.2.1 材料的种类及要求

(1)天然石饰面板

常用的天然石饰面板有大理石和花岗石饰面板。要求表面平整、边缘整齐,棱角不得损坏,表面不得有隐伤、风化等缺陷,并应具有产品合格证。选材时应使饰面色调和谐、纹理自然、对称、均匀,做到浑然一体,并注意把纹理、色彩最好的饰面板用于主要的部位,以提高装饰效果。

(2)人造石饰面板

人造石饰面板主要有预制水磨石饰面板、水刷石饰面板、人造大理石饰面板。要求几何尺寸准确,表面平整、边缘整齐、棱角不得有损坏,面层石粒均匀、色彩协调,无气孔、裂纹、刻痕和露筋等缺陷。

(3)饰面砖

常用的饰面砖有釉面瓷砖、面砖等。要求表面光洁、质地坚固,尺寸、色泽一致,不得有暗痕和裂纹,性能指标均应符合现行国家标准的规定。釉面瓷砖有白色、彩色、印花、图案等多个品种。面砖有毛面和釉面两种,颜色有米黄、深黄、乳白、淡蓝等多种。

(4)饰面墙板

随着建筑工业化的发展,结构与装饰合一是装饰装修工程的发展方向。饰面墙板就是将墙板制作与饰面结合,一次成型,从而进一步扩大了装饰装修工程的内容,加速了装饰装修工程的进度。

(5)金属饰面板

金属饰面板有铝合金板、镀锌板、彩色压型钢板、不锈钢板和铜板等多种。金属板饰面典雅庄重,质感丰富。尤其是铝合金板墙面价格便宜,易于加工成型,具有高强、轻质、经久耐用,便于运输和施工,表面光亮,可反射太阳光及防火、防潮、耐腐蚀的特点,是一种高档的建筑装饰,装饰效果别具一格,应用较广。

8.2.2 饰面板(砖)工程施工

饰面工程就是将人造的、天然的块料镶贴于基层表面形成装饰层。块料的种类很多,可分为饰面砖,如釉面砖、外墙面砖、陶瓷锦砖;天然石饰面板,如大理石、花岗岩等;人造石饰面板,如预制水磨石、水刷石、人造大理石、玻璃幕墙等。

(1)墙面饰面施工

墙面的饰面工程一般用1:3水泥砂浆做底层,随做随手划毛,打完底后找规矩,即可进行饰面的安装。

1)大理石、花岗岩墙面安装

大理石、花岗岩饰块的安装分为小规格板(边长小于40 cm)的粘贴法和大规格板的安装法两种。

小规格块材的粘贴法是待底层砂浆凝固后,将底层洒水淋湿,在已湿润的板材背面抹 2 ~ 3 mm 厚的水泥砂浆粘贴,用木槌轻敲粘牢,并用靠尺和水平尺找平。

大规格板材的安装法是先将大理石、花岗石板的四角钻好牛鼻子孔,并将板面清扫干净,用铜丝或铁丝把板与结构面上已预埋好的钢筋骨架绑扎固定,离墙面留 2 cm 的空隙,再用托线板及水平尺靠直靠平,板与板交接的 4 个角平整,水平缝揳入木楔控制厚度,板的上下口用石膏临时固定,较大的板材要加支撑,两侧及底部缝用麻丝或石膏堵严。板材安装可由最下一行的中间开始,也可以从一端向另一端安装。每安装完一行后,用 1∶2.5 水泥砂浆(稠度为 8 ~ 12 cm)分层灌注,砂浆每层灌注高度为 15 ~ 20 cm,并插钎捣实,初凝后再往上灌注,灌注时还要注意不断校正,直至距上口 5 ~ 10 cm 停止,将上口临时固定。在安装上一行板材时,将石膏剔掉,缝隙清理干净,紧接着安装一行板材,这样依次由下往上逐行绑扎、固定、校正、灌浆。全部板安装粘贴完,应将板面全部清理干净,并按板材的颜色调制水泥色浆嵌缝,边嵌边擦净,要求缝隙密实,颜色一致,最后上蜡打亮。

2)外墙面砖安装

首先将墙面打扫干净,洒水湿润,用 1∶3 水泥砂浆打底找平,厚 12 mm,随手划毛,并养护 3 ~ 4 d 后可以镶贴面砖。镶贴前先在墙面底层找好规矩,弹出水平和垂直控制线,定出水平标准和皮数,要求最上一块为整砖。同时,对面砖应挑选,规格颜色要一致,选好后放入水中浸泡 2 ~ 3 h,取出阴干备用。弹好控制线后,用废面砖抹上混合砂浆贴灰饼,定出标准,灰饼间距 1.5 m 左右,阴角处要两面挂直。贴前先用水淋湿底层,放好垫尺并找平,作为贴第一皮面砖的依据。贴瓷砖时,在砖背面涂抹砂浆,砂浆配合比:釉石砖为 1∶0.15∶0.3 的水泥石灰砂浆或 1∶1.5 ~ 2 的水泥砂浆;外墙面砖为 1∶0.2∶2 的水泥石灰砂浆另加水泥质量 3% 的 107 胶,砂浆稠度为 6 ~ 8 cm,砂浆厚度为 5 ~ 6 mm;灰缝的宽度不超过 1.5 mm,灰缝加釉面砖的厚度为 7 ~ 10 mm,外墙面砖厚为 12 ~ 15 mm。贴好后应进行检查,污垢用浓度为 10% 的盐酸刷洗,最后用清水清洗干净。

3)陶瓷锦砖饰面施工

陶瓷锦砖又名马赛克。先将基层墙面用 1∶3 的水泥砂浆做好底层,找平、划毛,厚度为 10 ~ 12 mm。镶贴前按每张锦砖大小,弹水平线和垂直线,水平线要求每张锦砖一道,垂直线可以每 2 ~ 3 张锦砖一道。阳角及墙垛柱应测量放线,从上到下作标志。镶贴前浇水湿润底层在墙面刷 1∶5 的 107 胶溶液一遍并刷水泥砂浆一道,再抹 2 ~ 3 mm 水泥纸筋浆或 1∶1 水泥砂浆,用刮尺和抹子抹平。镶贴时,将锦砖铺在木板上,底面朝上,细缝灌细砂(或刷白水泥浆),洁净并湿润表面,再在底面上薄薄地涂一层 1∶0.3 水泥纸浆灰,然后逐张将锦砖按垫尺上口沿线由下往上粘贴,灰缝应对齐,宽度不超过 1.5 mm,粘贴牢固、平整。待砂浆初凝后,将护面纸湿润并揭掉。检查灰缝是否平直,有无脱落。经检查合格,待嵌缝砂浆硬化后,用稀盐酸溶液刷洗,清水洗净,棉纱擦干。

(2)地面饰面施工

1)大理石地面施工

大理石板材地面施工,比起墙面安装要容易简单些。首先在房间四面墙上找出水平线,并在四边取中,在地面标高处拉十字线,紧接刷一层水泥浆,在十字线交接处,铺上 1∶4 的干硬性水泥砂浆厚度 3 cm,用已吸透水并阴干的大理石板先进行试铺;合格后,再揭开大理石(花岗岩)板,翻松底层砂浆,浇水,再撒一层干水泥拌匀,然后按规矩正式镶铺。厕所、浴室及厨房地面要找好泛水,以防积水。铺贴后的板缝先用水泥浆灌板厚的 2/3 高度,再用调配的水泥色浆抹严,然后用干锯末擦亮,再铺上锯末、草席或塑料布保护。

2)陶瓷锦砖地面施工

先在地面上找规矩和弹好泛水线;刷水泥浆一遍;按地面标高用 1:3 干硬性水泥砂浆作灰饼、冲筋、抹砂浆、刮平;撒一层干水泥,并适当洒水,铺陶瓷锦砖,具体做法与墙面做法相同。

3)防止地面砖空鼓的措施

①基层必须认真清扫干净,并洒水充分湿润,湿润时间一般为 24 h,且无积水现象,以保证垫层与基层结合良好。

②选好的面砖应用清水浸泡 2 h 以上,泡至面砖吸足水分和不冒气泡为止,待表面干后方可使用,以保证其与砂浆良好地粘贴在一起。

③在湿润的基层上刷素水泥浆,素水泥浆应搅拌均匀,涂刷均匀。严禁用撒干水泥面后再洒水扫浆的做法,因为使用这种方法水泥拌和不均匀,不能控制水灰比,会影响黏结效果。

④用 1:2 干硬性水泥砂浆做垫层时,应与刷素水泥浆一起随刷随铺,并用木抹子搓平,厚度均匀一致,基厚度为 15 mm,砂浆不宜一次铺得过厚,以防面砖放上后,砂浆底部不易压实,引起局部空鼓。

⑤试铺面砖过程中,如发现垫层厚薄不一或有不平处,应揭开面砖,添加或去掉多余的砂浆,再用橡皮锤敲实面砖,使面砖表面低于设计标高 5 mm 左右。

⑥揭开干铺的面砖,将基背面均匀抹一层用强度等级 32.5 普通硅酸盐水泥配制的砂浆,厚度为 5 mm 左右。抹浆时,面砖中心部略厚于四周,边缘的水泥砂浆应抹成约 10 mm 宽的坡面。

⑦将抹浆后的面砖平放于垫层上,双手稍用力按压,随即用橡皮锤轻轻敲击,使之与基层黏结牢固,用橡皮锤敲击时,如听声音发现有缺浆处,应揭下面砖,添抹水泥砂浆粘贴。

⑧面砖铺完 24 h 后,应洒水养护 1~2 次,以补充水泥砂浆在硬化过程中所需的水分,保证面砖与砂浆粘贴牢固。灌缝前应将面砖清扫干净,把面砖上和缝内松散砂浆用开刀清除掉。灌缝应分几次进行,用长把刮板往缝内刮浆,务必使水泥浆填满缝子和部分边角。

8.2.3 饰面工程质量验收

饰面工程质量验收时,应检查所用材料、规格、颜色、图案及粘贴方法是否符合设计要求,且质量的允许偏差是否符合饰面工程质量标准。

饰面工程质量标准及检验方法详见施工规范和操作规程的有关规定。

8.3 涂料、刷浆与裱糊工程

涂料和刷浆是把液体料用刷子或者其他方法涂刷在木材面、金属面或抹灰面上,与基体黏结并形成完整且坚韧的一层薄膜,以此保护基体表层不受侵蚀及美化建筑物。裱糊同样起这样的作用。

8.3.1 涂料工程施工

(1)涂料品种及其组成

1)涂料品种

在装饰工程中常用的涂料品种包括各种油脂漆、天然树脂漆、合成树脂漆和乳液涂料等。本节重点介绍水性涂料、乳液型涂料(包括油性涂料)、清漆及美术涂饰等涂料工程的施工。

2)涂料的组成及作用

涂料主要由黏结剂、溶剂和辅助材料组成。黏结剂常用的有桐油、梓油、亚麻油、树脂等。黏结剂是主要的成膜物质,且将其他成分黏结成一个整体,并在干燥后形成坚韧的保护膜。颜料为次要成膜物质,不仅增加涂膜机械强度,提高耐久性、稳定性,还能赋予涂膜多彩绚丽的外观。辅助材料和溶剂为辅助成膜物质,可以调整涂料的稠度,满足施工要求,增加涂料的渗透能力,改善黏结性能,还可以加速成膜过程,提高质量。常用的溶剂有松香水、酒精、丙酮、催干剂、增塑剂、稳定剂等。

(2)涂料工程施工

1)施工准备

涂料工程施工前,应对施涂基体或基层作处理,要求基体或基底必须干燥,其含水率为:混凝土和抹灰面施涂溶剂型涂料时,含水率不大于8%;施涂水性和乳液涂料时,含水率不大于10%;施涂木料制品时,含水率不大于12%。

在施涂前,应使用腻子将基底刮平,坚实固牢,不得粉化、起皮和裂纹。外墙、厨房、浴室、厕所及木地(楼)板表面需要使用涂料部位应使用耐水性能好的腻子。

涂料工程所用的涂料和半成品(包括施涂现场配制的),均应有品名、种类、颜色、制作时间、储存有效期、使用说明和产品合格证。

外墙涂料应选择使用具有耐碱和耐光性能的颜料。

2)施工程序及方法

涂料工程的施工分为基层处理、打底子、刮腻子、磨光、涂刷油漆等工序。

①基层处理。为了保证涂膜与基层黏结牢固,应清除木材面表面的灰尘、污垢、毛刺、砂浆;金属表面的灰尘、油渍、鳞皮、锈斑、焊渣、毛刺应清除干净;抹灰面灰尘、污垢、砂浆流痕、浮粒点要应清除,并用砂纸打磨光滑。

②打底子。在处理好的基层表面上,刷底层油一遍,薄厚一致。目的在于使基层表面有均匀吸收色料的能力,保证涂料面的色泽一致。

③刮腻子、磨光。腻子是由涂料、填料(大白粉、石膏粉)、水等拌制而成。腻子应具有良好的塑性和易涂性。刮腻子主要使表面平整,刮涂后坚实牢固,干燥后用砂纸打磨,直至表面光滑平整为止。所用的腻子,应根据基层、底层和面层涂料不同而配套使用。

④涂料涂刷。涂刷涂料要注意底层和面层的颜色一致,方法一致,操作工序得当。涂料的涂刷方法有刷涂法、喷涂法、擦涂法、揩涂法、滚涂法、高压无气喷涂法等。采用的方法与所用的涂料性质有关。

刷涂法是人工用刷子蘸涂料刷于基层表面,横刷竖顺,反复涂刷,涂刷顺序一般从里往外,从上往下,从左到右,达到均匀平滑、色泽一致为止。

喷涂法是利用喷枪借压缩空气的气流,将涂料从喷枪的喷嘴中喷成雾状散布到基层表面上,喷射时每层往返进行,横竖交错,一次不能喷得太厚,要分几次喷涂达到厚而不流淌。喷枪均匀移动,离物体表面掌握在 20～30 cm,喷速为 10～18 m/min,气压为 0.3～0.4 MPa。

擦涂法用纱布包棉花团蘸油漆在物体表面上顺木纹擦涂几遍,停 10～15 min,待漆膜稍干后,再在大面积处打圈揩涂,直到均匀发亮。

揩涂法是用布或蚕丝捏成团浸油漆,揩涂物体表面,来回左右前后滚动,反复揩擦以达到均匀亮泽。

滚涂法采用人造皮毛、橡皮或泡沫塑料制成的滚筒,滚筒直径为 40 mm,长度为 170～250 mm。滚筒刻有需要的花纹。滚筒滚上油漆后,在轻微压力下在物体表面来回滚动,速度不宜过快,待滚筒上油漆基本用完,再垂直方向滚动,使其赶平、涂布均匀。

涂刷涂料施工环境应洁净,通风良好,涂料干燥过程中应防止雨淋、尘土沾污和热空气侵袭。水性和乳液涂料施涂时的环境湿度应按产品说明的湿度控制。冬期室内施涂涂料时,应在采暖条件下进行,室温保持均衡,不得突然变化。

混凝土及抹灰内墙顶棚、混凝土及抹灰外墙、木材表面等基层涂料施工的主要工序,详见有关操作规程规定的工序。

(3)涂料工程施工质量

涂料工程施工,必须保证工程施工质量。施工前应充分做好施涂的准备工作,按设计要求正确选择涂料品种、颜色、图案、施涂方法及操作程序。在施涂溶剂型涂料时,后一遍涂料必须在前一遍涂料干燥后进行。施涂水性和乳液涂料时,后一遍涂料必须在前一遍涂料表面干后进行。每一遍涂料应施涂均匀、颜色一致,各层结合牢固等。涂料工程完成后,应进行检查验收,并注意成品保护。

对涂料工程施工质量的检查,应严格按涂料质量检查标准验收,并确定相应的质量等级。

8.3.2 刷浆工程施工

刷浆是用水质涂料(以水为溶剂)喷刷在抹灰层或结构表面上。刷浆工程分为室内刷浆和室外刷浆。按质量要求刷浆分为高级、中级和普通刷浆三级。

常用的刷浆材料有石灰浆、水泥浆、大白浆和可赛银浆;水溶性乙烯醇类涂料有聚乙烯醇水玻璃涂料(106 胶)、聚乙烯醇缩甲醛涂料(107 胶),主要用于室内;无机涂料有 JH80-1 无机建筑涂料、JH80-2 硅溶液无机建筑涂料、乙丙乳液涂料等。

刷浆工程的基体或基层必须干燥。刷浆前应将基层表面的灰尘、污垢、溅沫和砂浆流痕清除干净。表面的缝隙应用腻子填补齐平。

室外刷浆分段进行时,应以分格缝、墙的阴角处或水落管等为分界线,同一墙面应用相同的材料和配合比,浆料必须搅拌均匀。每遍涂刷层不应过厚,要均匀,颜色一致。

8.3.3 裱糊工程

裱糊是我国历史悠久的一种传统装饰工艺。常用的裱糊材料有纸基塑料壁纸和玻璃纤维墙布。按外观分为印花、压花、浮雕、低发泡和高发泡等;按施工方法有现场刷胶裱糊和背面预涂压纸胶直接铺贴两种。

(1)裱糊工程施工程序

裱糊工程施工程序一般分为基层处理、刷底胶、弹线、裁纸、闷水、刷胶、裱糊等工序。

1）基层处理

裱糊工程基层（或基体）必须干燥，要求含水率为：对混凝土和抹灰层不大于8%；对木制品不大于12%。基层（或基体）表面坚实、平滑；飞刺、麻点、砂浆和裂缝应清除；阴阳角顺直；表面污垢、尘土要清理干净；泛碱部位宜用9%的稀醋酸中和、清洗等。

2）刷底胶

为了避免基层吸水过快，裱糊前应用1∶1的107胶水溶液作底胶涂刷基层表面。

3）弹线

为了保证粘贴壁纸花纹、图案线条连接顺当，在基层表面底胶干燥后，应弹垂直线和水平线作为裱糊的基准线。

4）裁纸

弹好线后应根据墙面尺寸，壁纸和墙布品种、图案、颜色、规格进行选配分类，拼花裁切。图案花纹应对齐、裁边要平直整齐。然后编号平放待用。

5）闷水及刷胶

准备裱糊的壁纸背面刷清水或放入清水中浸泡3 min，使其充分吸水后，抖掉明水、阴干后再裱糊。复合壁纸不得浸水。

裱糊时应先在基层表面刷一遍黏结剂，并在壁纸背面均匀地涂刷一层薄的胶黏剂。

6）壁纸粘贴

将纸幅垂直对准基准线粘贴，花纹图案拼缝严密，不允许搭接，并用刮板由高往低刮平粘牢。粘贴后，壁纸不能有气泡、空鼓、翘皮、皱褶、污斑等。

（2）裱糊工程的质量规定

①壁纸、墙布必须粘贴牢固，表面色泽一致，不得有气泡、空鼓、裂缝、翘边、皱折和污斑，斜视时无胶痕。

②表面平整，无波纹起伏。壁纸、墙布与挂镜线、贴脸板和踢脚板紧接，不得有缝隙。

③各幅拼接按横平竖直，拼接处花纹、图案吻合，不离缝、不搭接，距墙面1.5 m处正视，不显拼缝。

④阴阳转角垂直，棱角分明，阴角处搭接顺光，阳角处无接缝。

⑤壁纸、墙布边缘平直整齐，不得有边毛、飞刺。

⑥不得有漏贴、补贴和脱层等缺陷。

8.4　特殊装饰工程

8.4.1　轻钢、木龙骨隔断装饰工程施工

隔断工程由骨架和罩面板组成。骨架主要是轻钢龙骨和木龙骨两类；罩面板多采用纸面石膏板、胶合板、纤维板及石膏增强空心板等组成。

隔断工程施工的基本程序是：首先根据设计或用户要求定位放线；安装沿顶和滚地龙骨，龙骨可采用轻钢或木龙骨；安装配件和附件，包括电器管线、各类开关和插座等；在镶贴饰面板前，应检查或调整龙骨、配件和附件等是否完备、位置是否准确和牢固；罩面板安装，如安装

石膏板,用自攻螺钉或水泥粘贴剂将其固定在龙骨上;如使用胶合板或纤维板安装,其基层表面应用油纸油毡防潮,铺设平整、搭接严密、固定牢靠;安装踢脚板等基本工序。如图8.3所示为轻钢、木龙骨隔断装饰工程的基本构造。

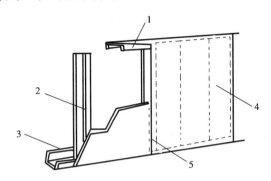

图8.3 轻钢龙骨装饰隔断构造

1—天龙骨;2—竖龙骨;3—地龙骨;4—装饰面;5—嵌缝

　　对隔断装饰工程应保证其施工质量,每道工序都应认真检查,质量不合格应返工处理。龙骨和罩面施工的质量标准及其检查方法,详见有关操作规程。

8.4.2 天棚装饰工程施工

(1)天棚装饰工程及其作用

吊顶装饰工程主要是在楼板、屋架下弦或屋面板的下面进行的装饰工程。吊顶一般分为两种:一种是以屋面板、楼板为基层,在下表面直接进行装饰;另一种是以屋面板、楼板或屋架下弦为支承点,用龙骨架做基层进行装饰。

天棚是现代装饰的主要组成部分。它的作用如下:

1)美化居住空间

天棚装饰能为人们创造良好的生活、工作和休息环境,其装饰效果会影响整个建筑物空间的直接装饰效果。天棚装饰选用的结构方式、材料和施工工艺不同,所产生的空间形状、线型、质感、色彩和灯光的效果不同,带给人们轻快、豁朗,温馨舒适感觉的程度也不尽相同。

2)增加室内的使用功能

吊顶装饰起着反射和吸收声音的作用,使音乐声变得柔和真实,还能隔音、保温,以及满足某些特殊功能的要求。

(2)天棚装饰工程的种类

天棚装饰工程的种类较多,一般常用的天棚装饰工程分为以下几种:

1)无吊顶天棚装饰工程

①光面天棚装饰工程。

在结构表面上抹灰,表面涂刷石灰浆天棚、大白浆天棚、色浆天棚、可赛银天棚、油漆天棚、涂料天棚等。

②毛面天棚装饰工程。

喷涂珍珠岩涂料天棚、彩砂天棚、毛面涂料天棚。

③裱糊天棚装饰工程。

在天棚上裱糊各种壁纸、锦缎和高级织物的天棚等。

④粘贴装饰天棚工程。

在天棚表面层上粘贴石膏板、钙塑板的天棚等。

2)有吊顶天棚装饰工程

①钢龙骨天棚。

包括轻钢龙骨石膏板天棚、轻钢龙骨石棉吸音板天棚、V形轻钢龙骨钙塑板天棚、BD型轻钢龙骨铝合金装饰板天棚、型钢龙骨钢化玻璃天棚、中空玻璃采光天棚等。

②铝合金龙骨天棚。

包括铝栅假天棚、铝片天棚、中空玻璃采光天棚、矿棉板天棚、化纤钙塑板天棚、石膏板天棚、有机玻璃反光天棚等。

③木龙骨天棚。

穿孔吸音板天棚、胶合板贴塑天棚、木夹板贴丝绒天棚、木夹板贴防火胶合板天棚、仿铝合金天棚、塑料板镶铝条天棚、纤维板天棚、钙塑装饰板天棚等。

(3)天棚装饰的选择和吊顶天棚材料

1)天棚装饰的选择

选择天棚装饰种类应满足房间综合装饰效果的要求;应具有一定时代风格,能体现现代人的精神状态和情操;天棚装饰要与其他部分的装饰协调、统一、整体性强,彩色、质地和明暗的处理力求效果良好;天棚装饰要满足使用功能,要具有良好的采光和声学效果;天棚装饰工程不宜过于繁杂和豪华,尽量简洁,施工方便,材料易取,防火安全可靠等。

2)吊顶天棚的装饰材料

吊顶天棚的装饰材料主要分为龙骨和装饰板材两部分。龙骨有木龙骨、铝合金龙骨、轻钢龙骨和型钢龙骨等;装饰板材有木质装饰板材、塑料装饰板材、非金属装饰吸声板材和金属装饰板材等。

(4)吊顶装饰施工

1)吊顶装饰天棚的施工程序

按设计要求在现浇或预制板缝中埋设埋件或吊筋;沿墙四周弹出水平控制线;主龙骨下料,焊接吊杆和安装主龙骨,并校正固定;中小龙骨下料、安装、固定;对全部龙骨安装进行质量检查;安装罩面板、勾缝或按压条、刷油漆或喷涂料、清理洁净等。

2)吊顶装饰天棚的施工质量

吊顶装饰天棚的施工质量应注意以下几个方面的问题:

①沿墙四周弹出水平控制线,其水平偏差不允许超过5 mm。

②安装主龙骨应起拱。金属龙骨起拱高度不小于房间短向跨度的1/200。

③吊杆应有足够的强度;板材的接缝处必须安装在此龙骨上,罩面板不得有漏透、翘角现象等。吊顶罩面板工程质量的允许偏差详见有关操作规程。

8.5 门窗工程

门和窗是建筑物不可缺少的围护构件。门主要是为室内外和房间之间的交通联系而设立的,同时兼顾通风、采光和分隔空间的作用。窗主要是为了采光、通风、观望而设的。门窗是建筑造型的重要组成部分,它的形状、尺寸、比例、排列对建筑内外造型美观影响极大,常作为重要的装饰物体。

一般门和窗要具有保温、隔声、防渗风、防漏雨的功能。对于门窗来讲,在保证其主要功能和经济条件的前提下,要求门窗坚固、耐久、灵活,便于清洗擦拭、维修,便于满足使用功能。

8.5.1　木门窗安装

(1)门窗框安装

木门窗安装前应校正规方。按设计标高和平面位置,在砌墙过程中安装。立框时,要拉水平通线,垂直方向要用线锤找直吊正,保证同一标高的门窗在同一水平线上,上下各层门窗框要对齐,并用临时支撑固定。如需要先砌墙后安装门窗框,砌门窗墙洞口时,应留出门窗框走头的缺口,并预埋木砖,安装门窗框并调整就位后,再封砌缺口。

(2)门窗扇安装

门窗扇一般是在抹灰工程完工后安装。在安装前要检查门窗框和扇的质量及尺寸,特别是门窗框偏歪,变形或扇扭曲,尺寸不符应校正后才能安装。

安装时应根据框的裁口尺寸,并考虑留缝宽度,在门窗扇上画线,再进行锯正,修创。

风缝大小为:门窗扇的对口处及扇与框间为1.2~2.5 mm;厂房双扇大门扇对口处为2~5 mm。门扇与地面间的空隙为:外门4~5 mm;内门为6~8 mm;卫生间为1~2 mm;厂房大门为10~20 mm。安装门窗小五金应避开木节或已填补的木节处。小五金位置应正确,铰链距门窗上、下端宜取立挺高度的1/10,并避开上下冒头。木门窗虽然加工方便、价格低廉,但木材耗量大,不利于我国的资源开发政策,应尽量少采用。

8.5.2　铝合金门窗安装

铝合金门窗采用铝合金型材制作而成。铝合金门常采用地弹门、平开门等。门扇数有单扇、双扇、四扇等,门上面可带上亮,门侧可带侧亮。铝合金窗常采用平开窗、固定窗、推拉窗等。窗上、下可带上亮、下亮。另外,还有卷闸门窗、防盗窗、百叶窗等品种。门框高度比洞口高度小2.5 mm,宽度比洞口宽度小50 mm;窗框高度、宽度均比洞口高度、宽度小50 mm。

铝合金门窗的型材一般在工厂加工制作成箱运到工地,在施工现场组装。组装好的铝合金门窗首先要检查品种、规格、开启方向及组合杆件、附件,还要对外形尺寸、平整度进行检查校正,完全合格方可安装。安装前要检查门窗洞口尺寸与门窗框四周的空隙为35~40 mm,空隙不够或者过大,都必须将洞口修整好再行安装。

铝合金门窗框的安装程序:检查实测预留门窗洞口→进行墙面抹灰→按尺寸下料(实测尺寸减去空隙)→组装门窗框→安装立柱→刷防腐涂料→安装门窗框→嵌填四周灰缝→安装门窗扇→安玻璃→检查校正→镶嵌密封膏、密封条等。铝合金门窗组合示意图如图8.4所示;安装节点大样图如图8.5所示。

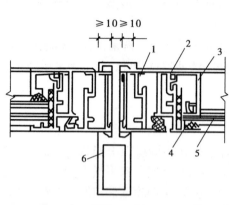

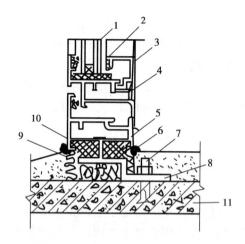

图 8.4　铝合金门窗组合示意图
1—外框;2—内扇;3—压条;4—橡胶条;
5—玻璃条;6—组合杆件

图 8.5　铝合金门窗安装节点大样图
1—玻璃;2—橡胶条;3—压条;4—内扇;
5—外框;6—密封膏;7—砂浆;8—地脚;
9—软填料;10—塑料垫;11—膨胀螺栓

(1)画线定位

根据设计图纸和土建施工所提供的洞口中心线及水平标高,在门窗洞口墙体上弹出门窗框位置线。放线时应注意:同一立面的门窗在水平与垂直方向应做到整齐一致,对预留洞口尺寸偏差较大的部位,应采取妥善措施进行处理。根据设计,门窗可立于墙的中心线部位,也可将门窗立于内侧,使门窗框表面与内饰面齐平,但在实际工程中将门窗立于洞口中心线的做法较为普遍,因为这样做便于室内装饰的收口处理(特别是在有内窗台板时)。门的安装须注意室内地面的标高,地弹簧的表面应与地面饰面的标高一致。

(2)防腐处理

①门窗框四周外表面的防腐处理设计有要求时,按设计要求处理。如果设计没有要求,可涂刷防腐涂料或粘贴塑料薄膜进行保护,以免水泥砂浆直接与铝合金门窗表面接触,产生电化学反应,腐蚀铝合金门窗。

②安装铝合金门窗时,如果采用连接铁件固定,连接铁件、固定件等安装用金属零件最好用不锈钢件,否则必须进行防腐处理,以免产生电化学反应,腐蚀铝合金门窗。

③按照弹线位置将门窗框立于洞内,调整正、侧面垂直度,水平度和对角线合格后,用对拔木楔做临时固定。木楔应垫在边、横框能够受力的部位,以防止铝合金框料被挤压而变形。

(3)门窗框固定

①当墙体上预埋有铁件时,可直接把铝合金门窗的铁脚与墙体上的预埋铁件焊牢,焊接处需作防锈处理。

②当墙体上没有预埋铁件时,可用金属膨胀螺栓或塑料膨胀螺栓将铝合金门窗的铁脚固定到墙上。

③当墙体上没有预埋铁件时,也可用电钻在墙上打 80 mm 深、直径为 6 mm 的孔,用 L 形 80 mm×50 mm 的 $\phi6$ mm 钢筋。在长的一端粘涂 108 胶水泥浆,然后打入孔中。待 108 胶水泥浆终凝后,再将铝合金门窗的铁脚与埋置的 $\phi6$ mm 钢筋焊牢。

④如果属于自由门的弹簧安装,应在地面预留洞口,在门扇与地弹簧安装尺寸调整准确

后,要浇筑 C25 细石混凝土固定。

⑤铝合金门边框和中竖框,应埋入地面以下 20~50 mm;组合窗框间立柱上、下端,应各嵌入框顶和框底墙体(或梁)内 25 mm 以上;转角处的主要立柱嵌固长度应在 35 mm 以上。

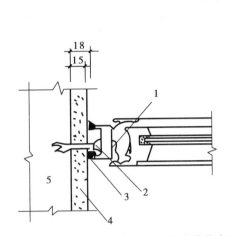

图 8.6 不带副框涂色镀锌钢板门窗安装节点图
1—塑料盖;2—膨胀螺钉;3—密封膏;
4—水泥砂浆;5—墙体

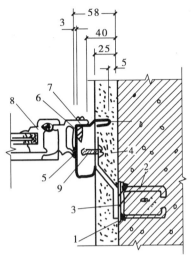

图 8.7 带副框涂色镀锌钢板门窗安装节点图
1—预埋钢板;2—φ10 圆铁;3—连接件;4—水泥砂浆;
5—密封膏;6—垫片;7—自攻螺钉;8—副框;9—自攻螺钉

(4)门窗扇安装

①门窗扇和门窗玻璃应在洞口墙体表面装饰完工验收后安装。

②推拉门窗在门窗框安装固定后,将配好玻璃的门窗扇整体安入框内滑槽,调整好与扇的缝隙即可。

③平开门窗在框与扇格架组装上墙,安装固定好后再安玻璃,即先调整好框与扇的缝隙,再将玻璃安入扇并调整好位置,再镶嵌密封条及密封胶。

④玻璃就位后,应及时用胶条固定。型材镶嵌玻璃的凹槽内,一般有以下 3 种做法:

a. 先用橡胶条挤紧,然后在胶条上面注入硅酮系列密封胶。

b. 先用 1 cm 左右长的橡胶块,将玻璃挤住,然后注入硅酮系列密封胶。注胶应使用胶枪,要注得均匀、光滑,注入深度不宜小于 5 mm。

c. 用橡胶压条封缝、挤紧,表面不再注胶。

⑤地弹簧门应在门框及地弹簧主机安装固定后再安门扇。先将玻璃嵌入门扇格架并一起入框就位,调整好框扇缝隙,再填嵌门扇玻璃的密封条及密封胶。

⑥铝合金门窗完工前,应将型材表面的塑料胶纸撕掉。如果发现塑料胶纸在型材表面留有胶痕和其他污物,可用单面刀片刮除擦拭干净,也可用香皂水清洗干净。

8.5.3 塑料门窗安装

塑料门窗采用硬聚氯乙烯(PVC)型材。常用的有平开门、推拉门、平开窗、固定窗、推拉窗等。

塑料门窗的安装流程如下:

（1）洞口要求

应测出各窗洞口中线，并应逐一作标记。对同类型的门窗洞口，上下、左右方向位置偏差应符合表8.3的要求。门窗的构造尺寸应考虑预留洞口与待安装门、窗框的伸缩缝间隙及墙体饰面材料的厚度。

表8.3　同类型的门窗洞口位置偏差

位置	中心线位置偏差	左右位置相对偏差	
		建筑高度 $H<30$ m	建筑高度 $H\geqslant30$ m
同一垂直位置	10	15	20
同一水平位置	10	15	20

（2）补贴保护膜

安装前，塑钢门窗扇及分格杆件宜做封闭型保护。门、窗框应采用三面保护，框与墙体连接面不应有保护层。保护膜脱落的，应补贴保护膜。

（3）框上找中线

应根据设计图纸确定门窗框的安装位置及门扇的开启方向。当门窗框装入洞口时，其上下框中线应与洞口中线对齐。

（4）框进洞口

应根据设计图纸确定门窗框的安装位置及门扇的开启方向。当门窗框装入洞口时，其上下框中线应与洞口中线对齐；门窗的上下框四角及中横梃的对称位置用木楔或垫块塞紧做临时固定。

（5）调整定位

安装时，应先固定上框的一个点，然后调整门框的水平度、垂直度和直角度，并应用木楔临时定位。

（6）门窗框固定、盖工艺孔帽及密封处理

①当门窗框与墙体间采用固定片固定时，应使用单向固定片，固定片应双向交叉安装。与外保温墙体固定的边框固定片，宜朝向室内。固定片与窗框连接应采用十字槽盘头自钻自攻螺钉直接钻入固定，不得直接锤击钉入或仅靠卡紧方式固定。

②当门窗框与墙体间采用膨胀螺栓直接固定时，应按膨胀螺栓规格先在窗框上打好基孔。安装膨胀螺栓时，应在伸缩缝中膨胀螺栓位置两边加支撑块。

③固定片或膨胀螺栓的位置应距门窗端角、中竖梃、中横梃150~200 mm，固定片或膨胀螺栓之间的间距应符合设计要求，并不得大于600 mm。不得将固定片直接装在中横梃、中竖梃的端头上。平开门安装铰链的相应位置宜安装固定片或采用直接固定法固定。

（7）打聚氨酯发泡胶

窗框与洞口之间的伸缩缝内应采用聚氨酯发泡胶填充，发泡胶填充应均匀、密实。打胶前，框与墙体间伸缩缝外侧应用挡板盖住；打胶后，应及时拆下挡板，并在10~15 min内将溢出泡沫向框内压平。

（8）洞口抹灰

当外侧抹灰时，应做出披水坡度。采用片材将抹灰层与窗框临时隔开，溜槽宽度及深度宜为 5 ~ 8 mm。抹灰面超出窗框,但厚度不影响窗扇的开启,并不得盖住排水孔。

(9)打密封胶

打密封胶前应将窗框表面清理干净,打胶部位两侧的窗框及墙面均用遮蔽条遮盖严密,密封胶的打注应饱满,表面应平整、光滑,刮胶缝的余胶不得重复使用。密封胶抹平后,应立即揭去两侧的遮蔽条。

(10)装玻璃(或门、窗扇)

玻璃应平整、安装牢固,不得有松动现象。安装好的玻璃不得直接接触型材,应在玻璃四边垫上不同作用的垫块。中空玻璃的垫块宽度应与中空玻璃的厚度相匹配。

(11)表面清理及去掉保护膜

在所有工程完工后及装修工程验收前去掉保护膜。

8.6 室内装饰的污染

人们十分关注室内装饰质量,更关注室内装饰不当带来危害身体健康的因素。这里间接危害身体健康的主要因素有光污染、热污染、空气污染和放射性污染等,并提出减轻和消除室内污染的建议和具体措施。

8.6.1 光污染

目前,在建筑物的装饰中,常用的玻璃幕墙、釉面瓷砖、磨光大理石以及装饰中的各种彩色光源,都有可能成为光污染源。

医学研究者们发现:人们长期处在超标的或不协调的光辐射下,会出现头晕、目眩、失眠、心悸等精神衰弱症状。

为减轻住房内的光污染,建议采用以下一些措施:

①玻璃幕墙采用有色玻璃或挂上窗帘。

②卧室不宜采用彩色灯光。人们在夜间醒来,少不了要开灯,这时的灯光尽管只是短暂的,但会使人体分泌的黑色素无法增加,或使酶的分泌量锐减,久而久之,会造成睡眠不正常。卧室的灯光配置,宜光线暗淡,装在吊顶的凹槽内,使灯光对人体不产生直接照射。

8.6.2 热污染

在工业生产和人口密集的城市中,造成空气和水的温度逐年呈上升趋势,使热污染不断增长,一些致病细菌得以滋生、泛滥,从而引起各种疾病的流行,危害人们的身体健康。

地温是热污染的一个因素,如含有氡气的温泉就属于热污染源。

为克服热污染,建议采取以下一些措施:

①新建工业生产的布局宜在离城市远一点的郊区。

②保持房屋之间的间距。

③配植一定的树木,以绿化环境,树木多能改变气温,而草坪只能增加美观。

④温泉是人们在工作之余休闲的好去处,但在利用温泉之前,一定要检测它的氡气释放量是否超标。

⑤矿泉水是时兴的一种饮用水,在开采时,应检测它的氡气释放量是否超标。

8.6.3 空气污染

在室内装饰中,大多数的室内装饰装修都存在有害、有毒的气体含量超标,其污染源来自油漆和涂料中含有的过量的苯和甲醛。

(1)苯是芳香的"杀手"

在进行房屋装饰时,少不了要用油漆、含油质涂料、稀释剂、添加剂等,而这些材料的含苯量都较高。就苯的特性而言,它是具有特殊芳香气味的液体,无色、易燃、有毒,但易于挥发,如果人在短时间内吸入高浓度的甲苯、二甲苯,会出现头晕、恶心、乏力等症状,重者会导致呼吸衰竭直到死亡。

(2)甲醛对人体的危害

甲醛无色,是一种具有强烈刺激性气味的可燃性气体。医学界的研究报道:人们若接触高浓度的甲醛,时间长了会中毒。"轻度者,会使人的身体虚弱、免疫功能下降;严重时,可能诱发鼻腔、咽喉、皮肤和消化道的癌症"。

(3)对苯和甲醛的防护措施

①苯容易挥发,待油漆或涂料干燥后,打开门窗,通风两个月后,再住进去。

②若室内装饰使用复合地板、复合板作内墙裙,以及室内其他装饰用的复合板,在选购前,先看检查报告,要求甲醛释放量低于 40 mg/100 g,最好在 2 mg/100 g 以下。

③对复合板,除看检查报告外,最好采用仪器实地检测,以免房间在装饰后,因甲醛的含量超标而造成拆除的损失。

8.6.4 氡污染

氡(^{222}Rn)是一种无色、无气味的放射性气体,它具有与铀(^{238}U)成连锁衰变的特性,是有名的气体混合物,一般不与其他化学元素化合,只与离子或电子有机地合成笼状化合物。

氡在大气中比其他气体耐高温高压。

氡可溶在 γ 射线里或溶于普通的冷水里。

医学界研究报道:人们长时间地呼吸超标的氡气,会使人的口部、鼻喉部和肺部产生悬浮微胶粒的沉淀,从而诱发肺气肿、肺纤维状病变、肺癌和上呼吸道癌等疾病。

(1)氡的源头和衰变后的产物

氡的直接源头是镭(^{226}Ra),镭的直接源头是钍(^{232}Th),钍的直接源头是铀(^{238}U);氡(^{222}Rn)衰变后的次级粒子(后代)有钋(^{218}Po)和铅(^{206}Pb)等,它们衰变后的次级粒子次序如下:

铀(^{238}U)$\xrightarrow{2.7×10^5 \text{年}}$经 γ 衰变成钍(^{232}Th)$\xrightarrow{8.3×10^4 \text{年}}$经 γ 衰变成镭(^{226}Ra)$\xrightarrow{1\ 620 \text{年}}$经 α 衰变成氡(^{222}Rn)$\xrightarrow{3.8\text{ d}}$经 α 衰变成钋(^{218}Po)$\xrightarrow{3\text{ min}}$经 α 衰变成铅(^{214}Pb)$\xrightarrow{26.8\text{ min}}$经 β 衰变成铋(^{214}Bi)$\xrightarrow{19.8\text{ min}}$经 β 衰变成钋(^{214}Po)$\xrightarrow{0.2\text{ ms}}$经 α 衰变成铅(^{210}Pb)$\xrightarrow{22 \text{年}}$经 β 衰变成铋(^{210}Bi)$\xrightarrow{5.0\text{ d}}$经 β 衰变成钋(^{210}Po)$\xrightarrow{138.4\text{ d}}$经 α 衰变成铅(^{206}Pb),这时就稳定了。

从上述衰变过程可知:由镭(^{226}Ra)衰变成氡(^{222}Rn)需要经过 1 620 年,从氡(^{222}Rn)经过衰变直到稳定的铅(^{206}Pb),要经过 22.4 年。一幢新建的房屋,其使用寿命为 60~70 年,如果装饰好,等到氡(^{222}Rn)衰变成稳定的铅(^{206}Pb),需要 22.4 年,约占房屋使用寿命的 1/3。所以要采取措施进行防护。

(2)室内氡气从何而来

室内氡气,主要通过以下几个方面产生:

①含有铀元素和镭元素的地下岩层,由镭衰变而成的氡气能透过几米厚的土壤释放出来。

②室内装饰用的坚硬石块,如嵌入墙内的且凸出墙的含有镭元素的石砖;做地面中内墙裙的含有镭元素的花岗石、人造大理石、瓷砖等。

③从事放射医疗工作的污染场所。

④未开发的且含有镭元素的岩洞。

⑤开凿含有镭元素的隧道、地下铁道而释放出的氡气。

⑥在含有镭元素的建筑物的地基上开挖基槽,可能释放出氡气。

⑦有水污染的氡气源头如温泉、矿泉等地使氡气进入室内,等等。

(3)对氡进行防护的建议

①选择含镭量低的或不含镭的装饰石材、瓷砖,以及不含氡的复合地板。进料前,先对所需的各种建筑材料进行检测,检测其含镭量和含氡量是否超标。

②对室内的空气含氡浓度进行检测,确定是否超标。

③对已建成且装饰好的房屋,若释放的氡超标,则应采取一些措施降低氡的放射率,如在墙面、楼地面涂以专用的防氡涂料。

④适当加强室内通风,以降低室内空气中氡的浓度。

⑤由于氡易溶于普通冷水,故可在室内经常放一盆清水,以吸收室内空气中的氡。

⑥健康者不宜做氡泉浴疗养。对进入氡泉浴治疗室的医务人员,一要加强通风;二要控制作业时间;三要配备个人防护用品。

以上仅介绍光污染、热污染、空气污染和放射性污染在装饰中对身体健康的危害,还有更多的污染有待研究。

思考题

1.抹灰工程有哪些种类?

2.对抹灰材料的质量有什么要求?

3.内墙抹灰工程的施工工艺有哪些?

4.试述大理石、花岗岩镶面的施工方法。

5.试述涂料施工的程序及方法。

6.裱糊工程有哪些施工程序?

7.简述铝合金门窗的安装程序。

8.室内装饰危害身体健康的污染有哪些?

9.为什么说室内装饰污染气体和氡的污染最危险?

9 建筑保温节能工程

本章学习要求

本章重难点:屋面膨胀珍珠岩保温、屋面现浇水泥蛭石保温、EPS 板薄沫灰外墙外保温、EPS 板薄沫抹灰外墙外保温的材料要求、工艺流程、操作方法和施工技术问题处理。

学习目标:了解建筑保温节能工程施工的部位、各种保温材料性能、屋面保温和墙面保温的做法;掌握屋面和墙体保温节能工程施工各种做法的材料要求、工艺流程和操作方法,如屋面硬质聚氨酯泡沫塑料、屋面饰面聚苯板保温、EPS 板现浇混凝土外墙外保温、胶粉 EPS 颗粒墙体保温。

9.1 屋面保温节能工程施工

保温节能屋面的种类一般分现浇类和保温板类两种。

现浇类保温节能常见的有现浇膨胀珍珠岩保温屋面和现浇水泥蛭石保温屋面。保温板保温节能有硬质聚氨酯泡沫塑料保温屋面、饰面聚苯板保温屋面和水泥聚苯板保温屋面。

9.1.1 现浇膨胀珍珠岩保温屋面施工

(1)材料要求

用作保温隔热层的用料按体积配合比一般采用 1∶12(水泥∶膨胀珍珠岩)。现浇膨胀珍珠岩保温屋面用料规格及用料配合比见表 9.1。

表 9.1 现浇膨胀珍珠岩保温屋面用料规格及用料配合比

用料体积比		热导率 /[W·(m·K)$^{-1}$]	密度 /(kg·m^{-3})	抗压强度 /MPa
水泥 (42.5 级)	膨胀珍珠岩 (密度:120~160 kg/m^3)			
1	6	0.121	548	1.65
1	8	0.085	610	1.95
1	10	0.080	389	1.15
1	12	0.074	360	1.05
1	14	0.071	351	1.00
1	16	0.064	315	0.85

（2）施工工艺流程

拌和水泥珍珠岩浆→铺设水泥珍珠岩石浆→铺设找平层→屋面养护。

（3）施工操作方法要点

1）拌和水泥珍珠岩浆

水泥和珍珠岩按设计规定的配合比用搅拌机或人工干拌均匀,再加水拌和。水灰比不宜过高,否则珍珠岩将由于体轻上浮而发生离析。灰浆稠度以外观松散,手捏成团不散,挤不出灰浆或只能挤出极少量灰浆为宜。

2）铺设水泥珍珠岩浆

根据设计对屋面坡度和不同部位厚度要求,先将屋面各控制点处的保温层铺好,然后根据已铺好的控制点的厚度拉线控制保温层的虚铺厚度。铺设厚度与设计厚度的百分比称为压缩率,一般采用130%左右,而后进行大面积铺设。铺设后可用木夯轻轻夯实,以铺设厚度夯至设计厚度为控制标准。

3）铺设找平层

珍珠岩灰浆浇捣夯实后,由于其表面粗糙,于铺设防水卷材不利,因此,必须再做1∶3水泥砂浆找平层一层,厚度为7~10 mm。可在保温层做好后2~3 d再做找平层。整个保温隔热层包括找平层在内,抗压强度可达1 MPa以上。

4）屋面养护

由于珍珠岩灰浆含水量较少且水分散发较快,因此保温层应在浇捣完毕一周以内浇水养护。在夏季,保温层施工完毕10 d后,即可完全干燥,铺设卷材。

9.1.2 现浇水泥蛭石保温屋面施工

（1）材料要求

现浇水泥蛭石保温屋面所用材料主要有水泥和蛭石。其中,水泥的强度等级应不低于32.5级,一般选用42.5级普通硅酸盐水泥;膨胀蛭石可选用5~20 mm的大颗粒级配。水泥与膨胀蛭石的体积比一般为1∶12。水灰比一般为1∶2.4~2.6（质量数）。现场检查方法是:将拌好的水泥蛭石用手紧捏成团不散,并稍有水泥浆滴下。

（2）施工工艺流程

拌和水泥蛭石浆→设置分仓缝→铺设水泥蛭石浆→铺设找平层。

（3）施工操作方法要点

1）拌和水泥蛭石浆

水泥蛭石浆一般采用人工拌和的方式。拌和时,先将一定数量的水和水泥调成水泥净浆,然后用小桶将水泥浆均匀地泼在膨胀蛭石上,随泼随拌,拌和均匀。膨胀蛭石用量按下式计算:

$$Q = 150h$$

式中　　Q——100 m² 隔热保温层中膨胀蛭石的用量,m³;

　　　　h——隔热保温层的设计厚度,m。

2）设置分仓缝

铺设屋面保温隔热层时,应设置分仓缝,以控制温度应力对屋面的影响。分仓施工时,每仓宽度宜为700~900 mm。一般采用木板分隔,也可采用特制的钢筋尺控制宽度和铺设厚度。

3）铺设水泥蛭石浆

膨胀蛭石吸水较快,施工时宜将原材料运至铺设地点,随拌随铺,以确保水灰比准确和施工质量。铺设厚度一般为设计厚度的130%（不包括找平层）,应尽量使膨胀蛭石颗粒的层理平面与铺设平面平行,铺后应用木拍板拍实抹平至设计厚度。

4）铺设找平层

水泥蛭石砂浆压实抹平后,应立即抹找平层,不得分两个阶段施工。找平层砂浆配合比为:42.5 级水泥:粗砂:细砂＝1:2:1,稠度为 70～80。

找平层抹好后,一般可不必洒水养护。

9.1.3　硬质聚氨酯泡沫塑料保温屋面施工

（1）材料要求

硬质聚氨酯泡沫塑料是把含有羟基的聚醚或聚酯树脂与异氰酸酯反应构成聚氨酯主体,并由异氰酸酯与水反应生成的二氧化碳作为发泡剂,或用低沸点的氟氢化烷烃作为发泡剂,生产出内部具有无数小气孔的一种塑料制品。

在保温屋面施工时,将液体聚氨酯组合料直接喷涂在屋面板上,使硬质聚氨酯泡沫塑料固化后与基层形成无拼接缝的整体保温层。

（2）施工工艺流程

施工准备→屋面找坡→接缝喷涂→保护层施工。

（3）施工操作方法和要点

1）施工准备

直接喷涂硬质聚氨酯泡沫塑料保温屋面,必须待屋面其他工程全部完工后方可进行。穿过屋面的管道、设备或预埋件,应在直接喷涂前安装好。待喷涂的基层表面应牢固、平整、干燥,无油污、尘土和杂物。

2）屋面坡度要求

建筑找坡的屋面（坡度 1%～3%）及檐口、檐沟、天沟的基层排水坡度必须符合设计要求。结构找坡的屋面檐口、檐沟、天沟的纵向排水坡度不宜小于5%。

一般基层上用1:3 水泥砂浆找坡,也可利用水泥砂浆保护层找坡。在装配式屋面上,为避免结构变形将硬质聚氨酯泡沫塑料层拉裂,应沿屋面板的端缝铺设一层宽为 300 mm 的油毡条,然后直接喷涂硬质聚氨酯泡沫塑料层。

3）接缝喷涂要求

一个作业面应分遍喷涂完成,每遍厚度不宜大于 15 mm;当日的作业面应当日连续地喷涂施工完毕。屋面与突出屋面结构的连接处（泛水处）,喷涂在立面上的硬质聚氨酯泡沫塑料层高度不宜小于 250 mm。

4）喷涂时边缘尺寸要求

直接喷涂硬质聚氨酯泡沫塑料的边缘尺寸界限要求如下:

①檐口:喷涂到距檐口边缘 100 mm 处。

②檐沟:现浇整体檐沟喷涂到檐沟内侧立面与檐沟底面交接处。

③预制装配式檐沟:其沟内两侧立面和底面均要喷涂,并与屋面的硬质聚氨酯泡沫塑料

层连接成一体。

④天沟:内侧 3 个面均要喷涂,并与屋面的硬质聚氨酯泡沫塑料层连接成一体。

⑤水落口:喷涂到水落口周围内边缘处。

5)保护层要求

硬质聚氨酯泡沫塑料保温层面上应做水泥砂浆保护层。施工时,水泥砂浆保护层应分格,分格面积小于或等于 9 m²,分格缝可用防腐木条,其宽度不大于 15 mm。

9.1.4 饰面聚苯板保温屋面施工

(1)材料要求

饰面聚苯板是用聚苯乙烯泡沫塑料做保温层,底部用 BP 胶黏剂与屋面基层黏结牢固,顶部抹用 ST 水泥拌制的水泥砂浆,形成硬质表面,并作为找平层,然后进行上层防水屋面施工。

(2)施工工艺流程

基层清理→铺设聚苯板→铺设找平层。

(3)施工操作方法和要点

1)基层清理

饰面聚苯板铺设前,应先将屋面隔气层清理干净。

2)铺设聚苯板

铺设聚苯保温板时,先用料铲或刮刀将膏状 BP 胶黏剂均匀地涂抹在隔气层上,厚度控制在 10 mm 以内,再用碌子找平,然后将聚苯板满贴其上。

铺板时,应用手压揉拍打,使板与基层黏结牢固,缝隙内用 BP 胶黏剂塞实抹平,所有接缝处需用胶黏剂贴一条 100 mm 宽的浸胶耐碱玻璃纤维布,以增强保温层的整体性。

BP 胶黏剂与水的质量配合比为 1:0.6,用料槽搅拌,并控制每次的拌合料在 40 min 内用完。

3)铺设找平层

ST 水泥砂浆找平层,其厚度一般为 20 mm,可在饰面聚苯板铺贴 4 h 后进行。施工时,先将水泥(包括 BP 胶黏剂)、细砂和水按 1:2:0.5 的配合比,(均采用质量比)倒入搅拌机中,拌和 5 min 后,出料应尽快使用。

找平层施工时,要一次抹平压光,施工人员应站在跳板上操作,以防压裂饰面聚苯板,分仓缝按 60 mm 设置,缝宽 20 mm,缝内填塞防水油膏。完工后 7 d 内必须浇水养护,以防裂缝产生。

9.1.5 水泥聚苯板保温屋面施工

(1)材料要求

水泥聚苯板是由聚苯乙烯泡沫塑料下脚料及回收的旧包装破碎的颗粒,加入适量水泥、EC 起泡剂和 EC 胶黏剂,经成形养护而成的板材。

(2)施工工艺流程

基层准备→铺设保温板材→铺设水泥砂浆找平层。

(3)施工操作方法和要点

1)基层准备

铺设水泥聚苯板前,宜于隔汽层上均匀涂刷界面处理剂,其配合比为1∶1(水∶TY胶黏剂)。

2)铺设保温板材

铺板施工时,先于界面处理剂上铺10 mm厚1∶3水泥砂浆结合层,然后将保温板材平稳地铺在其上。板与板间自然接铺,对缝或错缝铺砌均可,缝隙用砂浆填塞。为防止大面积屋面热胀冷缩引起开裂,施工时按不大于700 m² 的面积断开,并做通气槽和通气孔,以确保质量。

3)铺设水泥砂浆找平层

水泥聚苯板上抹水泥砂浆找平层,是板材铺设0.5 d后,在板面适量洒水湿润,再在其上刷界面处理剂,其配合比为1∶2.5。第一遍厚8~10 mm,用刮杆摊平,木抹压实;第二遍在24 h后抹灰,厚度为15~20 mm。找平层分格缝(纵横间距)按60 mm设置,缝宽20 mm,缝内填塞防水油膏。完工后7 d内必须浇水养护,以防裂缝产生。

9.2 墙体保温节能工程施工

本节主要介绍EPS板薄抹灰外墙外保温节能施工法、胶粉EPS颗粒保温浆料外墙外保温节能施工法、EPS板现浇混凝土外墙外保温节能施工法。

9.2.1 EPS板薄抹灰外墙外保温节能施工法

EPS板薄抹灰外墙外保温节能施工将EPS板用胶黏剂固定在墙体基层上(或再用锚栓加以固定),在EPS板面做薄抹面层,中间满铺玻璃纤网,如图9.1所示。EPS板薄抹灰外墙外保温节能施工法从里到外的顺序为:外墙基层→脱黏剂→EPS板→玻纤网→薄抹灰层→饰面涂层→锚栓钉牢。

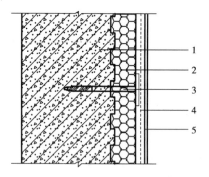

图9.1 EPS板现浇混凝土外墙外保温构造
1—现浇混凝土外墙;2—EPS板;3—锚栓;4—抗裂砂浆薄抹面层;5—饰面层

(1)材料要求

①水泥聚苯乙烯(EPS)板简称苯板,常用规格为600 mm×1 200 mm(标准型)或600 mm×

900 mm,厚度根据设计而定。

②胶黏剂简称胶浆,由黏苯板干粉和抹面干粉料制成。前者用于黏结苯板,后者用于抹面。

③锚栓应用不锈钢或经表面防锈处理的金属制成,配塑料套管和圆盘;或用带圆盘的塑料钉及膨胀套管,采用聚乙烯制成,圆盘直径不小于 50 mm,有效锚固深度不小于 25 mm。

④耐碱网络布应符合《耐碱玻璃纤维网布》(JC/T 841—2007)。

⑤密封膏。用聚氨酯建筑密封膏,其技术性能指标应符合《聚氨酯建筑密封膏》(JC/T 482—2022)的规定。

⑥其他材料。聚乙烯圆棒材料或条(用于填塞伸缩缝,做密封膏的背衬材料),其直径按缝宽的 1.3 倍选用。

⑦饰面材料。外墙保温抗裂腻子、建筑涂料、饰面涂料、饰面砖等。

(2)施工工艺流程

基层处理→测量放线→配制胶黏剂→拉基准线→粘贴翻包玻纤网络布→粘贴 EPS 板→安装锚固件→打磨、修理→配制抹面胶浆→铺玻纤网络布、抹面→修整、验收→嵌密封膏→外饰面施工。

(3)施工操作方法和要求

1)基层处理

墙体上的油污、浮尘、污垢、脱模剂、浆渣应彻底清除干净;表面空鼓、疏松、松动部位应剔除,凸出部位应铲平,坑洼及平整度不符合要求之处,应用 1∶3 水泥砂浆修补、找平;保持基层干燥、干净、坚实、平整。

2)拉基准线

根据设计和外保温技术要求,在墙面弹出保温层底标高位置线、门窗水平、垂直控制线及伸缩缝、装饰线等。在外墙转角、窗口等部位按全高挂好垂直基准线,并在每个楼层适当位置拉水平线,以控制 EPS 板的垂直度和平整度。

3)配制胶黏剂

根据产品使用说明书,安排专人配制,准确计量粉剂和胶剂,采用电动搅拌器充分搅拌均匀,使其达到要求的稠度。胶黏剂应随用随拌,并在 24 h 内用完,避免风吹日晒,水分蒸发过快。

4)粘贴翻包网格布

翻包网仅铺设于门窗洞口四周及变形缝两侧等部位,用作防裂的补充措施。施工时,在洞口周边的基层上涂抹一定宽度的脱黏剂,再将裁好的网格布的端部约 100 mm 压入胶黏剂内,剩余部分甩出备用。翻包处理搭接长度应不少于 60 mm。

5)粘贴 EPS 板

①将板先切割成要求尺寸,并对墙面进行预排列,当使用非标准尺寸板时,应采用电热丝切割器或壁纸刀进行裁剪加工。

②板用框点法粘贴,先用钢抹子沿 EPS 板四周涂抹宽 50 mm、厚 10 mm 的条状胶黏剂,并在板中均匀布置 8 个胶点(对标准板),胶点直径 100 mm、厚 10 mm、中心距 200 mm,涂胶面积不小于 EPS 板面积的 40%。粘贴时,应自下而上沿水平方向横向铺贴,竖缝应逐行错缝 1/2 板长,墙角处应相互错开并互锁,板与板之间应靠严。

③粘贴时,板采取滑动就位,轻揉、均匀挤压,使板与基层充分黏结,表面与挂线相符,不得捶打使板面凹陷,并随时用 2 m 靠尺和托线板检查其平整度,控制误差在 1 mm 以内。板缝间隙大于 2 mm 应用聚苯板条填实后磨平,拼缝高差不得大于 1.5 mm。门窗洞口四角处板不得拼接,应采用整块板套制成 L 形(图9.2)。

6)安装锚固件

用钻孔机(冲击钻或电锤)在板和基层上打孔,孔径应与锚杆、塑料套管直径相配,孔深为 25～50 mm,钉入膨胀螺栓使塑料圆盘紧压在 EPS 板上,钉头和钉帽不能凸出板面。锚固件宜固定在板的接缝四角,呈 T 字形排列,每平方米不少于 3 个,在阳角洞口周边、檐口下适当加密,如图9.2所示。

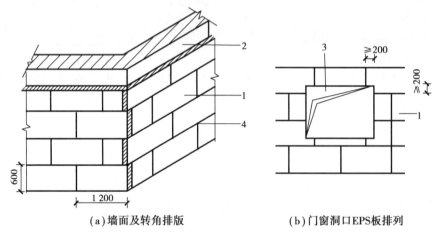

(a)墙面及转角排版　　　　(b)门窗洞口EPS板排列

图 9.2　EPS 板粘贴排版图
1—EPS 板;2—基层墙体;3—门窗洞口;4—锚固体

7)打磨、修理

EPS 板安装完毕应静置24 h后方可进行打磨、修平,以防板滑动,影响黏结强度。打磨应以轻柔的圆周运动磨平板面,同时检查黏结牢固情况、板间接缝高差、板面平整和阴阳角垂直度等项目,不符合要求应进行修理。

8)配制抹面胶浆

方法要求同胶黏剂配制。

9)铺设网格布、抹面

应先检查板面,要求平整、干燥、干净。按工作面的要求剪裁网格布,并应留出搭接长度。网格布铺设一般采用"二道抹面胶接法",分底层和面层两遍,即先用钢抹子在板面均匀涂抹一层面积略大于一块网格布的抹面胶浆,厚约1.6 mm,并随即将网格布自中间向四周用抹子抹平,将网格面平整压入胶浆内撵紧、撵平,不使网格外露。待浆液稍干且不沾手后,接着抹第二道抹面胶浆约厚1 mm,使网格全被覆盖,并找平表面,使其光滑、洁净、接搓平整。标准网宜连续铺设,如需断开时,搭接长度应不小于100 mm。遇到门窗洞口时,应在洞口四角处沿45°方向补贴一块标准网布。

10)翻包、增强部位做法

将翻包部位的 EPS 板的端面及距板端100 mm范围内的板面均匀抹一道厚约 2 mm 的抹面胶浆,将甩出部分的网格布沿端面翻转,立即用抹子将其压入抹面胶浆中,至无网格布外露。在外墙转角两侧标准网双向互相翻包,绕过转角200 mm以上。在门窗洞口沿45°方向增设一道长300 mm、宽200 mm的网格布,门窗洞口四角内膀增设一道与门窗洞口等宽的标准网。

11)嵌密封膏

嵌填变形缝密封膏时,先用胶带保护相邻墙面,将1.3倍缝宽的聚乙烯棒填满变形缝腔体,然后分两次填塞密封膏凹进保护层外表面5 mm。

12)保护层养护

保护层施工完成24 h后,应喷水养护3 d,保持墙面潮湿,同时防止受撞击、震动。

13)外饰面施工

外饰面可选用涂料、贴面砖、干挂石材等形成饰面层,起保护和装饰作用。施工前应将胶浆面层修整,再按常规方法做饰面层。

14)质量要求

质量控制与检验应符合《外墙外保温工程技术规程》(JGJ 144—2019)的规定。

9.2.2 胶粉EPS颗粒保温浆料外墙外保温节能施工法

胶粉EPS颗粒保温浆料外墙外保温,是用经过破碎的EPS颗粒轻骨料与保温粉料,在现场加水搅拌均匀成浆料后,抹在经涂抹界面砂浆的墙面上形成保温层,其表面涂抹抗裂砂浆,内满铺玻纤网,外表面刷(喷)涂料或贴面砖做饰面层,如图9.3所示。

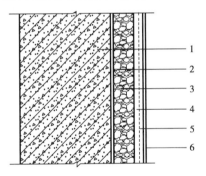

图9.3 胶粉EPS颗粒保温材料外墙外保温构造

1—基层;2—界面砂浆;3—胶粉EPS颗粒保温浆料;4—抗裂砂浆薄抹面层;5—玻纤网;6—饰面层

从里往外的顺次为:外墙基层→界面砂浆→胶粉EPS颗粒保温浆料→抗裂砂浆薄抹面层→玻纤网→饰面层。

(1)材料要求

①水泥采用42.5级普通硅酸盐水泥,并有出厂合格证及复验试验检查合格单。

②砂采用中砂,细度模数为2.3～3.0。

③聚苯颗粒堆积密度为12～21 kg/m^3,粒度为90%。

④胶粉料用硅酸盐复合保温胶粉料(或ZL胶粉料)。

⑤界面剂应符合《建筑用界面处理剂应用技术规程》(DBJ/T01-40-98)的规定。

⑥耐碱网格布用孔径4 mm×4 mm(普通型)。

⑦弹性底涂料用在抗裂砂浆层上,形成一层防水、透气的高弹性涂层。

⑧柔性腻子的技术性能要求:柔韧性要求卷曲无裂缝。

（2）施工工艺流程

基层处理(或加射钉或锚固胀栓)→配制、涂抹界面砂浆→吊垂直、套方、弹控制线→贴灰饼、抹冲筋、做口→抹胶粉聚苯颗粒保温浆料、找平(或先抹胶粉聚苯颗粒浆料至距保温层表面 20 mm 处,绑扎六角钢丝网,再抹 20 mm 厚胶粉聚苯颗粒保温浆料、找平)→检查平整度、垂直度,晾干→画分格线,开色带,分格槽及门窗滴水槽→抹抗裂砂浆、铺贴网格布→首层墙阳角安装金属护角、抹第二遍抗裂砂浆,压入第二层网格布→抗裂防护层检查、验收→涂刷防水弹性底涂料→刮柔性腻子→保温层施工整体检查、验收→饰面层施工。本工艺流程采用保温层厚度不大于 60 mm;当保温层厚度大于 60 mm 时,则增加或用括号内流程。

（3）施工操作方法和要点

1）基层处理

与 EPS 板薄抹灰外墙外保温基层处理相同。

2）配制、涂抹界面砂浆

界面砂浆质量配合比为 1∶1∶1(水泥∶中砂∶界面剂)。采用强制式砂浆搅拌机搅拌,要求均匀,使其呈浆状。在基层上用扫帚或用滚刷均匀涂(滚)满界面砂浆,厚度为 3～4 mm,使其呈毛面,半小时后即可抹保温浆料。

3）吊垂直、套方、弹控制线

在顶部或底部墙面打膨胀螺栓或射钉,作为墙面挂铁丝的垂挂点,用经纬仪打点,用紧线器安装钢垂线,用水准仪找水平基准点,弹出垂直和水平控制线并套方。

4）贴灰饼、抹冲筋、做口

根据垂直和水平控制线拉通线,弹厚度控制线,按设计厚度用与保温层相同的浆料做标准厚度灰饼、冲筋,并做口。

5）抹胶粉聚苯颗粒保温浆料

①浆料由胶粉与聚苯颗粒组成,两种材料分袋包装,使用时按比例加水搅拌成混合均匀的浆料。拌制宜采用强制式搅拌机进行,加料顺序为:先将 35 kg 水倒入搅拌机内,然后倒入 1 袋 25 kg 胶粉搅拌 3～4 min,再倒入 1 袋 200 L 聚苯颗粒继续搅拌 3 min 至均匀呈稠浆糊状为止。浆料应随拌随用,并应在 4 h 内用完,回收的落地灰也应在 4 h 内回罐搅拌后用完。当气温高于 20 ℃时,应适当遮盖,以防水分蒸发,影响黏结强度。

②保温层厚度一般不宜超过 100 mm,通常为 30～80 mm。抹浆料时宜分遍进行,每遍厚度不宜超过 20 mm,每遍间隔时间应在 24 h 以上,待表面不黏手时,再抹下遍。第一遍抹灰厚度宜略大于第二遍,并应压实,最后一遍应找平。当保温层厚度超过 60 mm,应在距保温表层 20 mm 处增加一层金属六角网,应用预埋钉上的镀锌铁丝绑紧,以增强保温层与结构连接的整体性。施工过程中应随时进行平整度、垂直度的检查与控制。

6）抹抗裂砂浆、铺贴网格布、涂刷弹性底涂料

①抹抗裂砂浆应在抹胶粉 EPS 颗粒施工完毕 24 h 后,待其固化干燥后进行涂抹。抗裂砂浆质量配合比为:抗裂剂∶水泥∶中砂=1∶1∶3。拌制时先加入抗裂剂、砂拌匀后再加入水 3 min 即成,并应在 2 h 内用完。抹时应均匀抹在硬化的保温浆料面上,厚度为 3～4 mm。抹完后立即将剪裁好的网格布平整铺贴在砂浆层上,用抹子压入砂浆内使之不露网线,在下端应留出 50～70 mm。

②在抹下一层时,下层网片应插入上层留出的网片内,使上片压下片,搭接宽度应大于50 mm,抹时先压入一侧,抹一些抗裂砂浆后,再压入另一侧。严禁干搭接,应确保网片铺贴平整、无皱褶、凹凸,砂浆饱满度应达到100%,找平压实,横向搭接也留出50~70 mm。钢抹子压平网格布后,用绒毛滚子均匀涂刷一道弹性底涂料,不得遗漏。

7)刮柔性腻子

与抗裂砂浆共同组成墙体的防水屏障,防止饰面层出现龟裂。第一遍应竖向披刮腻子,刮满后应完全覆盖网格布,待干透后应打磨一遍,清除浮灰后再横向运行刮第二遍腻子。干透后打磨光滑,使墙面保持平整、光滑、洁净,两遍腻子厚度为5 mm为宜。

8)设分格条、窗洞口细部处理

大面积外保温层应按要求每隔15 m设置分格条,在抹完保温浆料后,按要求弹好分格线,然后用壁纸刀沿弹好的分格线划出凹槽,宽度不大于分格条10 mm,深度不大于分格条5 mm,用抗裂砂浆抹平凹槽,再将分格条镶入找平,抹去分格条浮浆即成。也可不在分格缝内镶分格条,而在缝内嵌聚乙烯圆棒填满变形分格缝腔体,然后分两次填塞密封膏,在抗裂砂浆层中附加300 mm宽网格布一层加强。窗洞口处保温层需重点处理,窗下口与四周缝隙内用聚苯板条嵌缝,周边采用与窗框相容的密封膏填实密封。

9)外墙饰面施工

可选用涂料、面砖(或干挂石材)等饰面材料,一般1~3层楼用饰面砖,2~4层楼以上用外墙涂料,在保温系统最外层形成饰面层,起保护和装饰作用。在粘贴面砖时,应在抗裂层中用金属网代替网格布作为抗裂防护层的增强骨架层,并将金属网与墙上预埋射钉上的铁丝绑紧。当保温层上干挂石材时,应在墙上预埋轻型钢隐框,并进行保温层施工。面砖或涂料施工前,均应先在防护层上抹刮柔性防水腻子并用细砂纸磨平,再做饰面施工,均同常规方法。

9.2.3　EPS板现浇混凝土外墙外保温节能施工法

EPS板现浇混凝土外墙外保温是将EPS板置于外墙外模内侧,并安设锚栓作为辅助固定件。浇筑混凝土后,墙体与EPS板以及锚栓结合为一体。在EPS板内表面(与现浇混凝土接触的表面)沿水平方向开有矩形齿槽,内外表面均满涂界面砂浆,以增加黏结力。在EPS板外表面抹抗裂砂浆并嵌埋玻纤网,以构成薄抹面层,其外表面用涂料饰面,如图9.4所示。从里往外的顺序:现浇筑外墙基层→EPS板→用螺栓栓锚牢固→抗裂砂浆薄抹面层→饰面层。

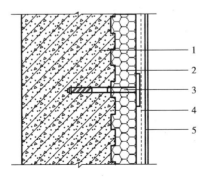

图9.4　EPS板现浇混凝土外墙外保温构造
1—现浇混凝土外墙;2—EPS板;3—锚栓;4—抗裂砂浆薄抹面层;5—饰面层

(1)材料要求

①EPS板用60 mm厚背面带凹槽的板,槽深10 mm,槽宽100 mm,四面开成企口。

②膨胀螺栓用ϕ10,长为110 mm的镀锌(铬)螺杆配制膨胀管和$D=70$ mm圆盘。

③其他材料与9.2.1节的要求一样。

(2)施工工艺流程

绑扎外墙钢筋→装EPS板→上膨胀螺栓→支外墙模板→浇筑混凝土→养护、拆模→洞口、缺口修补→做墙面分格缝→局部粘贴网格布加强→抹第一遍聚苯抗裂砂浆、压贴网格布→抹第二遍聚苯抗裂砂浆面层。

(3)施工操作方法和要点

1)绑扎外墙钢筋

将外墙钢筋的位置、标高调整到位,要求绑扎成形的钢筋垂直、平整,外表面不得有翘曲现象。

2)装EPS板

应先按设计的楼层高度、立面形状等进行排板。板的拼装顺序为先装阴、阳角,经吊正垂直后,再从一侧向另一侧进行,无须留出门窗洞口,待装修时,再将门窗洞口割开。板有浅槽的面朝向钢筋外侧,两者之间通过水泥垫块保证墙体混凝土保护层的厚度;板缝之间使用专用黏结胶黏结,先在已立好的企口处均匀涂胶,再在欲安装板的企口处涂胶,稍干后将两块板企口黏合在一起。

3)上膨胀螺栓

在拼装好的EPS板面上按设计尺寸弹线,标出膨胀螺栓位置(每块板不少于5个)。板拼缝处必须布置螺栓。安装螺栓应预先拧入胀管,可用钢钎旋转(或用电烙铁)穿孔,然后将胀管插入孔内,用铁丝一头扎紧胀管尾部,一头绑扎固定在墙体钢筋网片上。板安装完毕应经检查验收后再装外模板。

4)支外墙模板

宜采用钢制大模板,安装时轻靠在EPS板上,在对拉螺栓位置上用钢钎穿孔,然后穿套管和对拉螺栓,上紧模板,固定好位置。

5)浇筑混凝土

为保护外保温层上的企口不被损坏和污染,应用镀锌铁皮做成槽盖,扣在外模板和EPS保温板上部。混凝土用输送泵车浇筑,采取分层浇筑,分层振捣,泵管应避免对准保温板下料,混凝土一次浇筑高度控制在50 cm左右,振捣棒严禁碰撞保温板。墙体混凝土达到40%强度即可拆模。

6)洞口、缺口修补

模板拆除后留下的洞口、缺口及穿墙螺栓孔,应用干硬性砂浆捻实填补至墙厚,在保温层部位则用保温砂浆填补、找平至保温层表面。门窗洞口的凹槽用100 mm×100 mm的EPS板片填补,其他洞口、缺口可用聚苯胶黏聚苯板填补。

7)做墙面分格缝

墙面保温分格缝可按设计施工图划分,分格缝宽度一般为12～20 mm、深度为8～10 mm,当最后一遍聚苯砂浆抹完后,在其表面弹出分格缝线,用无齿锯沿线按深度要求锯出分格缝,在缝内嵌入分格条,做到顺直、平整、牢固。分格条须将两侧的网格布丝头压入缝内,再用聚苯胶将分格条两侧填满、粘牢、抹平。

8)抹聚苯抗裂砂浆

抹前应清除板表面污物、浮尘,板接缝不平处应用粗砂纸磨平,如有缺损应用保温浆料或聚苯板修补;局部找平时,厚度不得大于 10 mm,特殊部位须用网格布加强,如建筑物的首层、外门窗口阳角、檐口、阴阳角、变形缝及所有洞口的角部等,除首层须整层表面设网加强外,其余均在角部、缺口端部局部设网格布加强。聚苯抗裂砂浆材料,多由 EPS 板生产厂供应,砂浆中加入一种高强短纤维,在现场按使用说明书提供的配合比,加水将砂浆拌和即可使用。抹面时抹第一遍砂浆厚度约 3 mm,要求摊铺均匀,厚薄一致,待稍干,接着摊铺网格布,用抹子摊平压入砂浆中,不露网线,并做到不出现皱褶;遇边、遇缝要反包过去,反包宽度应大于或等于 60 mm。网格布搭接长度一般为 60～80 mm。待第一遍抗裂砂浆初步干硬后,才可抹第二遍约 3 mm 厚的抗裂砂浆,使网格布全被盖住。第二遍抗裂砂浆的表面处理有两种方式:一是在表面直接刷(喷)涂料,砂浆表面要压光;二是在表面做块材饰面,砂浆表面要搓毛。加强网格布应在抹第一遍抗裂砂浆施工,用聚苯胶进行铺贴。

9.2.4 喷涂硬泡聚氨酯外墙外保温

喷涂硬泡聚氨酯外墙外保温是由界面层、硬泡聚氨酯保温层、抗裂砂浆玻纤网抹面层、柔性腻子防水层和饰面层组成,如图 9.5 所示。

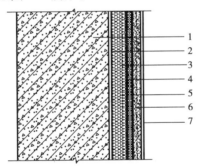

图 9.5　喷涂硬泡聚氨酯外墙外保温构造
1—基层;2—界面层;3—硬泡聚氨酯保温层;4—保温浆料找平层;
5—抗裂砂浆玻纤网薄抹面层;6—柔性腻子防水层;7—饰面层

硬泡聚氨酯材料经现场拌和后喷涂在基层上形成保温层,抗裂砂浆层中应满铺玻纤布。从里到外的顺序为:栓基层→界面层→硬泡聚氨酯保温层→保温浆料找平→抗裂砂浆玻纤网薄抹面层→柔性腻子防水层→饰面层。

(1)材料要求

①硬泡聚氨酯由双组分聚氨酯通过高压无气喷涂聚氨酯泡沫塑料发泡机现场发泡成型硬化而成。

②其他材料如水泥、中砂、界面剂、胶粉料、聚苯颗粒料浆、聚合物抗裂砂浆、耐碱玻纤网格布、柔性腻子等材料应符合规范要求。

(2)施工工艺流程

基层处理→门窗等防护→吊垂线、套方、作控制标志→涂刷界面剂(胶浆)找平扫毛→喷涂硬泡聚氨酯保温层→涂刷界面层→抹聚合物抗裂砂浆铺压耐碱玻纤网格布→刮柔性抗裂腻子→做饰面层。

(3)施工操作方法和要点

1)基层处理、门窗等防护

基层处理与 EPS 板薄抹灰外墙外保温基层处理相同。门窗用胶带将塑料薄膜粘贴在门窗上易污染部位。

2)吊垂线、套方、作控制标志

在墙面挂垂线、套方,设外墙保温层控制标志,用保温层相同材料或用聚苯板贴在墙面上做灰饼、抹冲筋,作为控制厚度、平整度的标准。

3)涂刷界面剂

聚氨酯界面剂与水泥按 1∶0.5(质量比),用砂浆搅拌机或手提搅拌器搅拌均匀,并应在 2 h 内用完。涂刷时,用细羊毛刷滚筒在基层表面均匀滚涂(或用喷涂器喷涂、毛刷刷涂)界面砂浆,找平刷毛,不得有漏涂、少涂或露底现象,并养护 24 h,也可在基层涂刷聚氨酯底漆代替界面层。

4)喷涂硬泡聚氨酯保温层

①将两个输料泵分别插入 A、B 料筒内,开动喷涂发泡机,并调试设备气压、温度,达到喷涂雾化要求后,即可开始喷涂施工。

②喷枪头与作业面的距离应保持 300~500 mm,不得超过 1.0 m,应采取自上而下、自左而右顺序喷涂,移动速度要均匀,一般喷涂 30 mm 厚,宜分 3 遍进行,第一遍喷 5~10 mm 厚,间隔 1 min 后,再进行下两遍喷涂,上一层喷涂的硬泡聚氨酯表面不沾手时,才可喷涂下一层,最后一遍操作时应达到冲筋厚度,采用大杠搓平。喷涂后的保温层表面平整度允许偏差应不大于 4 mm。

③喷涂 24 h 后,用平板砂光机进行整体打磨,使表面平整度和垂直度符合要求。打磨后使保温层表面保持干燥、干净。喷涂后,保温层应充分熟化 3~4 d,再进行下道工序施工。

5)涂刷界面剂、抹聚合物抗裂砂浆

①为增加保温层与聚合物砂浆的黏结并找平保温层,应先均匀涂刷聚氨酯界面剂一层,厚约 2 mm,并使成毛面,稍干后,抹聚合物抗裂砂浆底层。抗裂砂浆是由砂浆干粉与水按 4∶1 质量比配制,用电动搅拌机搅拌 3 min,静置 5 min 后搅拌均匀即可使用,并应在 2 h 内用完。抹面厚度为 1~2 mm,粘贴耐碱网格布,涂刷胶浆的面积应略大于耐碱网格布长度,网格布的凹面朝向墙面,自中央向四周展平,将网格布压入胶浆内,不得有皱褶、空鼓和翘边,然后抹一层聚合物水泥砂(胶)浆,厚度为 2~3 mm,网线不得外露。

②玻纤网格布铺设周边搭接长度不得小于 50 mm,在切断部位应采用补网搭接。在外墙的阴阳角转折处应增设一道 400 mm 长,每边不少于 200 mm 的网格布,同时墙面网格布严禁在该处断开或搭接;在窗洞四角要增设一道沿 45°角方向 300 mm×200 mm 加强网格布,在洞口内阴角部位增设一道 400 mm、每边不少于 200 mm 与门窗膀等宽的网格布。在阳台、女儿墙、凸出墙面的装饰线等细部构造的端部及转角处均匀设置附加网格布加强。

③如果饰面层为涂料,则室外自然地面+2.0 m 范围内的墙面,应铺贴双层网格布,两层网格布之间抹面胶浆必须饱满,门窗洞口等阳角处应做护角加强。饰面层为面砖时,室外自然地面+2.0 m 范围以内的墙面阳角应以钢丝网代替网格布。钢丝网应与埋在墙上的膨胀螺栓可靠连接,并双向绕角相互搭接,搭接宽度不得小于 200 mm。

6)刮柔性腻子、做饰面层

饰面前对保护层局部干缩裂缝,应刮柔性腻子修补平整。饰面层多为刷喷涂料或粘贴面砖,在做涂料或贴面砖时再用刮板在墙面满刮柔性腻子,分两遍完成,第一遍进行满刮并修补、找平局部坑洼部位,单遍不超过 1.5 mm;第二遍进行满刮墙面,直至平整,待腻子表干后用砂纸打磨,使其形成一个平整、光洁、细腻的墙面,即可按常规方法做饰面层。

9.3　建筑保温节能工程施工技术问题处理

建筑保温节能工程施工技术问题处理包括屋面和墙面节能工程技术问题的处理和检查方法技术问题的处理。

9.3.1　屋面保温节能施工质量技术问题处理

屋面保温节能施工质量问题技术问题处理,包括屋面节能工程检查方法的处理和屋面节能工程质量技术问题的处理。

(1)屋面节能工程检查方法的处理

屋面节能工程施工中,应及时对屋面基层、保温隔热层、保护层、防水层、面层等材料和构造进行检查。其主要检查内容包括:

①基层应按照施工图和规范对基层的各项要求检查,并做好隐蔽记录。

②保温层的敷设方式、厚度,板材缝隙填充质量。

③层面热桥部位应按规范逐项检查,并填写质量表。

④隔汽层的检查方法与③相同。

一般层面基层施工完毕,才进行屋面保温隔热工程的施工。应先检查屋面基层的施工质量。常见的屋面保温材料包括松散保温材料、现浇保温材料、喷涂保温材料、板材、块材等,为避免保温隔热层受潮、浸泡或受损,屋面保温隔热层施工完成后,应及时进行找平层和防水层的施工。

(2)屋面主控项目节能工程质量技术问题的处理

①用于屋面节能工程的保温隔热材料,可通过观察、尺量检查及核查质量证明文件等方法进行检查,应确保其品种、规格符合设计要求和相关标准的规定。

②屋面节能工程使用的保温隔热材料,可通过核查其质量证明文件及进场复验报告的方法检查,以保证其导热系数、密度、抗压强度或压缩强度、燃烧性能符合设计要求。

③屋面节能工程使用的保温隔热材料,可采取随机抽样送检,核查复验报告等方法,在材料进场时,对其导热系数、密度、抗压强度或压缩强度、燃烧性能进行复验。

④屋面保温隔热层的敷设方式、厚度、缝隙填充质量及屋面热桥部位的保温隔热做法,可采取观察、尺量检查等方法,使其符合设计要求和有关标准的规定。

⑤屋面的通风隔热架空层,其架空高度、安装方式、通风口位置及尺寸应符合设计及有关标准要求,架空层内不得有杂物。架空面层应完整,不得有断裂和露筋等缺陷。可采用观察、尺量检查等方法进行检查。

⑥采光屋面的传热系数、遮阳系数、可见光透射比、气密性应符合设计要求。节点的构造

做法、采光屋面可开启部位应符合设计和相关标准的要求。可采取核查质量证明文件、观察检查等方法进行检查。

⑦采光屋面的安装应牢固,坡度正确,封闭严密,嵌缝处不得渗漏。可采取观察、尺量检查、淋水检查,核查隐蔽工程验收记录等方法进行控制。

⑧屋面的隔气层位置应符合设计要求,隔气层应完整、严密。可通过对照设计观察检查、核查隐蔽工程验收记录等方法进行检查。

(3)屋面一般节能工程质量技术问题的处理

①屋面保温隔热层应按施工方案施工,并应符合下列规定:

a.松散材料应分层敷设,按要求压实,表面平整、坡向正确。

b.现场采用喷、浇、抹等工艺施工的保温层,其配合比应计量准确,搅拌均匀、分层连续施工,表面平整,坡向正确。

c.板材应粘贴牢固、缝隙严密、平整。其检查方法是观察、尺量、称重。

②金属板保温夹芯屋面应铺装牢固、接口严密、表面洁净、坡向正确。可通过观察、尺量检查和核查隐蔽工程验收记录的方法进行检查。

③坡屋面、内架空屋面当采用敷设于屋面内侧的保温材料做保温隔热层时,保温隔热层应有防潮措施,其表面应有保护层,保护层的做法应符合设计要求。可通过观察检查和核查隐蔽工程验收记录的方法进行检查。

9.3.2 墙体保温节能施工质量技术问题处理

①EPS板薄抹灰外墙外保温节能施工时,注意解决以下施工质量技术问题:

a.EPS板平整度应严加控制,尤其注意在板缝处,要从严控制。

b.门窗四角处的EPS板,应从整块板切出洞口,不得在该处留水平缝和竖缝,也不得拼接,以免产生薄弱环节。

c.EPS板接缝应紧密、平齐,不得在板侧面涂抹黏结胶浆或挤入黏结胶浆,以免引起开裂。

d.全部抹面胶浆和网格布铺设完毕后,至少静置养护24 h后方可进行下道工序施工。在寒冷和潮湿的气候下,应适当延长养护时间。

②胶粉EPS颗粒保温浆料外墙外保温节能施工时,注意解决以下施工质量技术问题:

a.抹保温浆料应保证设计厚度,分遍操作,第一遍要注意压实,最后一遍要抹平。配好的保温浆料应在4 h内用完,严禁使用过时的浆料。

b.抗裂砂浆抹完后,严禁在此层上抹水泥砂浆腰线和门窗口套等。

c.首层外保温墙应铺双层网格布,并在外保温墙阳角部位双层网格布中间加设高2 m的专用金属护角,使对首层的墙体起保护加强作用。其余各层阴阳角、门窗口角应用网格布包裹增强,包角网格布单边宽度应不小于150 mm。

d.饰面采用贴面砖,应采用与抗裂砂浆层相容的专用面砖黏结剂和专用面砖勾缝材料,以确保面砖黏结质量。

③EPS板现浇混凝土外墙外保温节能施工时,注意解决以下施工质量技术问题:

a.EPS板安装时,应防止焊接火花落在板面上,烧坏保温板;刮大风和下雨天,不宜安装保温板;保温板安装应与模板安装同步进行,以确保板的平整度、垂直度和混凝土的保护厚度符合要求。

b.在变形缝、分格缝、各种洞口的边缘,应用聚苯胶将缝隙堵严,以防进水冻胀,使保温体系遭受破坏。

c.门窗框的四周与 EPS 板之间必须留 5 mm 缝隙,用具有弹性的封口胶封严,以防止出现渗水通道,使保温层受到破坏。

思考题

1.屋面保温节能工程施工有哪几种方法?

2.外墙保温节能工程施工有哪几种方法?

3.现浇膨胀珍珠岩保温屋面施工的材料要求、施工工艺流程和施工操作方法分别是什么?

4.现浇水泥蛭石保温屋面施工的材料要求、施工工艺流程和施工操作方法分别是什么?

5.硬质聚氨酯泡沫塑料保温屋面施工的材料要求、施工工艺流程和施工操作方法分别是什么?

6.饰面聚苯板保温屋面施工的材料要求、施工工艺流程和施工操作方法分别是什么?

7.EPS 板薄抹灰外墙外保温节能施工的材料要求、施工工艺流程和施工操作方法分别是什么?

8.胶粉 EPS 颗粒保温浆料外墙外保温节能施工的材料要求、施工工艺流程和施工操作方法分别是什么?

9.EPS 板现浇混凝土外墙外保温节能施工的材料要求、施工工艺流程和施工操作方法分别是什么? 施工时,应注意解决哪些施工质量技术问题?

10.EPS 板薄抹灰外墙外保温节能施工时应注意解决哪些施工质量技术问题?

11.胶粉 EPS 颗粒保温浆料外墙外保温节能施工时,应注意解决哪些施工质量技术问题?

10 绿色施工

10.1 绿色施工目标

绿色施工的宗旨是四节一环保(节能、节地、节水、节材和环境保护),体现在模施工中,同样是以最大限度地节约资源和减少对环境的负面影响为目的。在保证工程质量、施工安全的基础上,通过科学管理和技术进步来实现。

(1)绿色施工的原则与意义

①最大限度地节约资源和能源,减少污染,保证施工安全,减少施工活动对环境造成的不利影响,实现与自然和社会的和谐发展是我们的责任。

②贯彻落实节地、节能、节水、节材和保护环境的技术经济政策,建设资源节约型、环境友好型社会,通过采用先进的技术措施和管理,最大限度地节约资源,提高能源利用率,减少施工活动对环境造成的不利影响。

③施工企业建立绿色施工管理,实施绿色施工是贯彻落实科学发展观的具体体现;是建设可持续发展的重大战略性工作;是建设节约型社会、发展循环经济的必然要求;是实现节能减排目标的重要环节,对造福子孙后代具有长远的重要意义。

(2)绿色施工过程要求

①建设活动中污染防治:要求防止水土流失,控制施工噪声、强光、废烟废气、污废水等,减少施工过程对环境的破坏。

②建筑废弃物管理:按要求制订并实施废弃物管理计划,计划中明确结构和回收材料的机会、采用的回收方法、合法的可回收物品运输和加工单位,还应该有针对性地提到减少材料使用的问题、材料的重复使用,避免浪费。

③再生材料运用:要求使用含有再生成分的材料。

④含有可回收成分材料的使用:回收材料成分要求达到30%以上,使用范围达到总建筑面积的50%。

⑤施工过程和入住前室内空气质量管理:要求在施工过程中实施室内空气质量管理,材料使用环保材料。

(3)绿色施工目标

1)总则

积极响应"创办文明城市"的口号,以绿色施工为宗旨,在工程施工过程中,最大限度地保护环境和减少污染,防止扰民,节约资源(节能、节地、节水、节材)。在工程施工中,在确保工期的前提下,贯彻环保优先为原则、以资源的高效利用为核心的指导思想,追求环保、高效、低耗,统筹兼顾,实现环保(生态)、经济、社会综合效益最大化的绿色施工模式。

2)节约用地

合理确定临时设施位置,临时设施占地面积有效利用率大于90%。

3)节约用材

①材料损耗率比定额损耗率降低30%。

②施工废弃物回收率占施工废弃物总量的60%。

③临设、围挡材料的可重复使用率达到70%。

4)节约用水

对现场机具、设备、车辆冲洗、喷洒路面、绿化浇灌等用水,建立雨水收集设备,优先采用非传统水源,尽量不使用市政自来水。

5)环境保护

环境目标及阐述见表10.1。

表10.1　环境目标及阐述

序号	环境目标	环境目标阐述
1	噪声	噪声排放达标,符合《建筑施工场界噪声限值》规定
2	粉尘	控制粉尘及气体排放,不超过法律、法规的限定数值
3	固体废弃物	减少固体废弃物的产生,合理回收可利用建筑垃圾
4	污水	生产及生活污水排放达标,符合《污水综合排放标准》(GB 8978—1996)规定
5	资源	控制水电、纸张、材料等资源消耗,施工垃圾分类处理,尽量回收利用
6	6 个100%	施工现场100%标准化围蔽;工地砂土100%覆盖; 工地路面100%硬化;拆除工程100%洒水降尘; 出工地车辆100%冲净车轮车身;暂不开发的场地100%绿化

10.2　绿色施工过程污染防治方案

(1)施工过程污染防治目标

①防止水土流失,保护表层土堆储备以便再利用。

②防止雨水排放或冲击使受体造成沉积。

③防止扬尘和颗粒物造成大气污染。

(2)土壤保护控制

对施工现场和生活区不同的区域100%硬化,道路和加工场地均采用150 mm厚C15混凝土;不能硬化的地方种植草皮或覆盖等,以保证现场没有裸露的地表土,防止水土流失。

在基坑四周等适当位置设置排水沟及相应的滤网和沉淀池来沉积雨水中的泥土,定时清理,防止流失。

沉淀池、隔油池、化粪池等不发生堵塞、渗漏、溢出等现象。及时清掏各类池内沉淀物,并委托有资质的单位清运。

对有毒有害废弃物如电池、墨盒、油漆、涂料等回收后交有资质的单位处理,不能作为建筑垃圾外运,避免污染土壤和地下水。

施工后恢复施工活动破坏的植被(一般指临时占地内)。与当地园林、环保部门或当地植物研究机构进行合作,在先前开发地区种植当地或其他合适的植物,以恢复剩余空地地貌或科学绿化,补救施工活动中人为破坏植被和地貌造成的土壤侵蚀。

(3)大气污染物控制

大气污染物分为扬尘和废气。

1)扬尘控制措施

①现场场地扬尘控制。

施工现场道路必须全部硬化,坚实、平坦、清洁、畅通,钢筋加工棚、木工棚、材料存放地面、道路等均采用混凝土硬化,并做到每天清扫,经常洒水降尘。凡能进入大型运输车辆的工地,在出入口处设置冲洗车辆的设备及相关的排水设施,使退出工地的车辆不带泥土。

运土方、渣土车辆由专人用苫布密封,全部覆盖,以防止遗洒。建筑垃圾清除必须采用容器吊运,严禁用电梯井或在楼层上向地面抛撒施工垃圾。现场垃圾要分拣分放,及时清运,并洒水降尘。清运建筑垃圾要办理准运手续。

施工现场混凝土浇筑,必须使用商品混凝土,禁止现场搅拌混凝土。

砌筑、抹灰砂浆在现场搅拌必须在搅拌设备上安装除尘装置,散装水泥罐做围挡,防止粉尘飞扬。

②材料堆放、储运引起的扬尘控制方法。

a.对粉尘性松散材料,在转运过程中全部覆盖,作业人员戴防尘口罩,搬运时禁止野蛮作业,造成粉尘污染。

b.对砂、灰料堆场,按施工总平面布置堆放在规定的场所,按气候环境变化采取加盖措施,防止风引起扬尘。

c.水泥和其他易飞扬的颗粒物、粉状物在库内保存或严密遮盖,运输和卸运时要防止遗洒、飞扬。

③对作业活动的扬尘控制方法。

a.工人清理建筑垃圾时,首先必须将较大部分装袋,然后洒水,防止扬尘,清扫人员戴防尘口罩。施工现场建筑垃圾设专门的垃圾存放棚,以免产生扬尘,同时根据垃圾数量随时清运出施工现场,运垃圾的专用车每次装完后,用苫布盖好,避免途中遗洒和运输过程中造成扬尘。

b.在涂料施工基层打磨过程中,作业人员在封闭的环境作业,一定要佩戴防尘口罩,即打磨一间、封闭一间,防止粉尘蔓延。

c.拆除过程中,要做到拆除下来的东西不能乱抛乱扔,统一由一个出口转运,采取溜槽和袋装转运,防止拆除下来的物件撞击引起扬尘。

d.对车辆运输易引起扬尘的场地,首先设限速区,然后派专人在施工道路上定时洒水清扫。

e.五级风以上不得进行土方施工,砂、灰料的筛分,在大风的气候条件下不得作业。回填工程时运土车辆在出大门口外,马路上铺设草垫,用于扫清轮胎上外带土块。现场车辆行驶的过程中进行洒水压尘。每天收车后,派专人清扫马路,并适量洒水压尘,达到环卫要求。

2)废气控制

①工地的茶炉、火灶,必须使用电、液化石油气等清洁燃料,不准随意焚烧产生有毒气体的物品。

②禁止焚烧沥青、油毡以及其他产生有毒有害烟尘和恶臭气体的物质。严禁用废油棉纱做引燃品,禁止烧刨花、木材余料等。

③凡使用柴油、汽油的机动机械(车辆),必须使用无铅汽油和优质柴油做燃料,以减少对大气的污染。

(4)噪声控制

施工现场的噪声控制执行《建筑施工场界环境噪声排放标准》(GB 12523—2011)规定的噪声限值,并按《建筑施工场界环境噪声排放标准》(GB 12523—2011)进行声级测量。

1)机械设备的噪声控制

①进行土方施工作业的各种挖掘、运输设备,保持机械完好,在施工前按照机械设备维修保养制度,做好维修保养,在施工中发现故障及时排除,不得带病作业。所有土方运输车辆进入现场后禁止鸣笛,以减少噪声。

②现场租用的塔吊、施工电梯、混凝土输送泵等大型机械设备进场前进行状况检查验收,对塔吊、施工电梯必须取得地方行政部门颁发的"使用许可证",才可投入使用,在使用中,操作人员对有可能发出噪声的部位进行清理、润滑、保养,控制噪声的产生。

③设备在使用前要检查鉴定,使用进行中要督促开展正常的维修保养,必要时对设备采取专项噪声控制措施,如对混凝土输送泵等设备设置隔音防护棚,转动装置防护罩,尽量采用环保型机械设备等。

④对有可能发生尖锐噪声的小型电动工具,如冲击钻、手持电锯等,严格控制使用时间,控制使用的频次和设备数量,在夜间休息时减少或不进行作业。

2)施工作业噪声控制

①严格控制施工作业中的噪声,对机械设备安拆、脚手架搭拆、模板安拆、钢筋制作绑扎、混凝土浇捣等,按降低和控制噪声发生的程度,尽可能将以上工作安排在昼间进行。生产工艺上要求必须连续施工或特殊需要夜间施工的,必须在施工前到工程所在地的区、县建设行政主管部门提出申请经批准后,并在环保部门备案后方可施工。项目部要协助建设单位做好周边居民工作。

②在脚手架或各种金属防护棚的搭、拆中,要求钢管或钢架的搭设要符合搭拆程序,特别在拆除工作中,不允许从高空抛丢拆下的钢管、扣件或构件。

③在结构施工中,控制模板搬运、装配、拆除声及钢筋制作绑扎过程中的撞击声,要求按施工作业噪声控制措施进行作业,不允许随意敲击模板的钢筋,特别是高处拆除的模板不得撬落并让其自由落下,或从高处向下抛落。

④在混凝土振捣中,按施工作业程序施工,控制振捣器撞击模板钢筋发出的尖锐噪声,在

必要时,采用环保振捣器。

⑤上下电梯严禁呼叫,严禁敲打钢管,必须安装呼叫电铃。

⑥在清理料斗及车辆时,采用铲、刮,严禁随意敲打制造噪声。

3)运输作业中的噪声控制

①在现场材料及设备运输作业中,控制运输工具发出的噪声,材料、设备搬运、堆放作业中的噪声,对进入场内的运输工具,要求发出的声响符合噪声排放要求。

②材料如钢管、钢筋、金属构配件、钢模板等的拆除,采用机械吊运或人工搬运方式,注意避免剧烈碰撞、撞击等产生噪声。

③在堆放易发出声响的材料时,要轻取轻放,不得从高处抛丢,以免发出较大声响。

（5）光污染控制

①夜间照明灯设灯罩,透光方向集中在施工区域。

②电焊作业采取遮挡措施,避免电弧光外泄。

③钢筋加工场地,搭设防护棚。

（6）水污染控制

施工现场污水排放达到国家标准《污水综合排放标准》（GB 8978—1996）的要求。

1)废水分为工程废水和生活废水

工程废水主要包括混凝土养护、混凝土泵、砂浆搅拌机清洗、砌砖工程中的浸砖、进出车辆的清洗、湿作业（抹灰、水磨石等作业）。生活废水主要有食堂用水、浴室用水、洗涮用水、厕所用水。

2)控制措施

①工程废水的控制。

a.项目经理部负责编制施工现场废水排放方案（方案在施工组织设计中体现）包括排水沟或排水管道的平面布置图,选定排水管径,明确沉淀池、洗车台做法。

b.现场施工针对不同的污水,设置沉淀池、隔油池、化粪池,生产污水必须经三级沉淀后再排出。

c.污水排放委托有资质单位进行废水水质检测,提供相应的污水检测报告。

d.施工现场设置供、排水设施,施工场地不得积水,输水管道不得跑、冒、滴、漏。施工中产生的泥浆,进行沉淀处理,未经沉淀处理的,不得直接排入市政排水设施,不得有泥浆、废水、污水外流,不得妨碍周围环境。

e.混凝土养护尽量采用蓄水养护,防止废水横流产生污染。混凝土量较小的工程,混凝土养护可采用浸湿麻袋片覆盖,尽量减少喷洒现象,以免造成废水污染。

f.混凝土泵、砂浆搅拌机按平面图布置,并对场地作硬化处理,设排水沟和沉淀池,废水经沉淀流入排水管道。

g.砌砖工程中的浸砖在经硬化的固定场所,并做到有组织地排放。

h.进出车辆的清洗在洗车台有组织排水,经沉淀循环使用清掏后流入市政管网。

②生活废水的控制。

a.食堂刷锅水经隔油池作油水分离后排入管网,浮油用专用容器存放。

b.浴室用水经过滤流入管网。

c.厕所设化粪池,设冲水装置并定期冲刷,不允许将污水直接排入城市地下水网。

d. 生活区设洗刷专用水管水池,不得随处洗刷。

e. 生活用水、水池规范化,不允许乱开水龙头。

(7) 固体废弃物控制

1) 固体废弃物的分类

①无毒无害有利用价值的废弃物。

废旧钢材、木材、有色金属;材料设备包装盒、桶、袋;废旧电气材料、机械金属配件;废旧建筑砖瓦、门窗等材料;废旧办公用品;废旧装饰材料;废旧安装材料等。

②无毒无害无利用价值的废料。

废弃建筑垃圾;废弃碎砖、碎石、生活垃圾。

③有毒有害类。

废旧日光灯管、电池;废弃圆珠笔芯、计算器;废弃复写纸、胶片、色带;废弃墨盒、硒鼓;废弃橡胶、塑料制品;废弃有毒有害化学包装物;废弃油污桶、化学添加剂袋。

2) 固体废弃物的收集、存放

①施工现场在施工作业前,分门别类地设置固体废弃物堆放场地或容器,施工现场的生活垃圾实行袋装化,对有可能因雨水淋湿造成污染的,搭设防雨设施。

②现场堆放的固体废弃物标志名称、有无毒害、可否回收等,并按标志分类堆放。

③有毒有害类的废弃物不与无毒无害的废弃物混放。

④固体废弃物按平面布置规划位置堆放整齐,与现场文明施工要求相适。

⑤固体废弃物收集由工程部在工作安排时予以明确,并由安全管理部安排专人负责日常管理。

⑥各分包单位的固体废弃物按要求分类运至堆放场所堆放。

3) 固体废弃物的处理

①固体废弃物的处理由管理负责人根据固体废弃物存放量的多少以及存放场所的情况安排处理。

②由项目经理审核废弃物管理负责人提出的处理报告,由项目材料部门和废弃物管理小组共同处理废弃物。

③固体废弃物根据分类进行处理,不得混堆处理,定点集中堆放,杜绝乱扔现象,及时将垃圾运到指定的地点。

④对无毒无害、有利用价值的废弃物,如在其他工程项目可再次利用的,可调其他项目再次利用;对不能再次利用的,向有经营许可证的废品回收站回收。

⑤对无毒无害无利用价值的固体废弃物,委托环卫垃圾清运单位清运处理。

⑥对有毒有害的固体废弃物的处理,无论是否利用价值,均交由有危害物经营许可证的单位处理。

⑦受施工场地限制,对污染地面必须清扫和冲洗,保持路面的整洁。

⑧加强宿舍区的管理,明确责任,杜绝乱扔、乱泼、乱接,对违反行为及时处理。建立健全的规章制度,加强环境保护意识,严格奖罚制度,加强现场管理。

⑨禁止在施工现场露天熔化沥青或焚烧油毡、油漆以及其他产生有毒有害气体的物质。

(8) 废水废油的控制

1) 废水控制

沿场地四周及基坑四周设置排水明沟,大门口设洗车池,在混凝土输送泵、门口设沉淀池,食堂设置隔油分离处理池,厕所设置化粪池等;基坑积水、雨水、养护水、排水沟的水经沉淀后排入市政管网;生活污水经化粪池处理,油污水经隔油分离池处理,对施工作业产生的污水,经专人冲洗后排入排水沟,经沉淀、隔油分离处理等符合排放标准后,排入市政管网。

2)废油控制

食堂设垃圾桶,油污不能直接倒入排水明沟,放置在垃圾桶内,定期由专人回收;混凝土输送泵等机械设备用油严格遵守操作规程,设置专用废油隔离回收池进行回收;在其他施工用油中,注意避免遗洒,若有渗漏现象,采取隔离措施并回收;与废油处理公司签订协议,定期对废油进行回收处理。

10.3　节水与水资源利用

(1)提高用水效率

①绘制施工现场用水布置图,明确水源控制部位。

②施工现场喷洒路面、绿化浇灌尽量少地使用市政自来水。现场搅拌用水、养护用水专人负责,禁止水龙头无人管理。

③施工现场供水管网根据用水量设计布置施工用水和消防用水,减少管网和用水器具的漏损。

④现场机具、设备、车辆冲洗用水必须设立循环水池。施工现场办公区、生活区、施工的生活用水采用节水系统和节水器具(洗手间便池冲洗水箱采用手动控制或者感应控制,尽量不采用定时高位水箱、洗车池设置沉淀池及循环池,排水沟设置沉淀蓄水池,保证现场用水循环使用),安装计量装置。

⑤对施工现场用水量较多的部位或过程(如混凝土养护、砂浆的搅拌、消防水源的储备、抹灰及其他湿作业等)进行重点控制,可行时采取新工艺、新材料等,提高水资源的利用率。

⑥加强员工素质教育,提高员工节水意识。

⑦浴室用水定时供给,浴室内禁止洗衣服。

⑧加强检查监督,避免跑、冒、滴漏和常流水现象。

(2)非传统水源利用

处于基坑降水阶段的工地,宜优先采用地下水作为混凝土搅拌用水、养护用水、冲洗用水和部分生活用水;现场机具、设备、车辆冲洗、喷洒路面、绿化浇灌等用水,优先采用非传统水源,尽量不使用市政自来水;大型施工现场,尤其是雨量充沛地区的大型施工现场建立雨水收集利用系统,充分收集自然降水用于施工和生活中适宜的部位。

(3)用水安全

在非传统水源和现场循环再利用水的使用过程中,进行水质检测,确保避免对人体健康、工程质量以及周围环境产生不良影响。

10.4　节能与能源利用

优先使用国家、行业推荐的节能、高效、环保的施工设备和机具,如选用变频技术的节能施工设备等。

在施工组织设计中,合理安排施工顺序、工作面,以减少作业区域的机具数量,相邻作业区充分利用共有的机具资源。安排施工工艺时,优先考虑耗用电能少的或其他能耗较少的施工工艺。避免超负荷使用设备的现象。

(1)节能措施

优先使用国家、行业推荐的节能、高效、环保的施工设备和机具,如使用交规技术的节能施工设备等,在施工组织设计中,合理安排施工顺序、工作面,以减少作业区域的机具数量,相邻作业区充分利用共有的机具资源,安排施工工艺时,应优先考虑耗用电能的或其他能耗较少的施工工艺,避免设备额定功率远大于使用功率或超负荷使用设备的现象。

(2)机械设备与机具

选择功率与负载相匹配的施工机械设备,避免大功率施工机械设备低负载长时间运行,机电安装可采用节电型机械设备,如逆变式电焊机和能耗低、效率高的手持电动工具等,以利节电,机械设备宜使用节能型油料添加剂,在可能的情况下,考虑回收利用,节约油量,合理安排工序,提高各种机械的使用率和满载率,降低各种设备的单位能耗。

(3)施工用电及照明

临时用电优先选用节能电线和节能灯具,临电线路合理设计、布置,临电设备宜采用自动控制装置。采用声控、光控等节能照明灯具;照明设计以满足最低照明度为原则。

10.5　地下设施、文物及资源保护

调查清楚地下各种设施,进行基坑周边的各类管线的位移监测,编制应急预案。

在工程开工前对施工现场周围管线实施保护方案(方案在施工组织设计中体现),如在跨越管线的临时道路上方实施硬化或采用钢板保护等。在基坑开挖前委托有资质的监测单位,编制监测方案,在管线上或周围布置监测点,在开挖过程中进行监测。基坑本身及其周围基坑开挖深度两倍范围内的重要管线作为本工程的重点监测对象。

施工现场一旦发现文物,立即停止施工,保护好现场并通报文物部门并做好协助工作。

施工前应调查清楚地下各种设施,做好保护计划,保证施工场地周边的各类管道、管线、建筑物、构筑物的安全运行,施工过程中发现文物,立即停止施工,保护现场,通报文物部门并协助做好工作,避让、保护施工场区及周边的古树名木。

10.6　集中用地管理

建设工程临时用地包括施工区、加工区、办公区、生活区等。工程临时用地需根据"集中居住、封闭管理"的原则进行布置。

(1)集中用地指标

①根据施工规模及现场条件等因素合理确定临时设施,如临时加工厂、现场作业棚及材料堆场、办公生活设施等的占地指标。临时设施的占地面积按用地指标所需的最低面积

设计。

②现场平面布置合理、紧凑,在满足环境、职业健康与安全及文明施工要求的前提下尽可能减少废弃地和死角,临时设施占地面积有效利用率大于90%。

(2)用地保护

①对深基坑施工方案进行优化,减少土方开挖和回填量,最大限度地减少对土地的扰动,保护周边自然生态环境。

②红线外临时占地尽量使用荒地、废地,少占用农田和耕地。工程完工后,及时对红线外占地恢复原地形、地貌,使施工活动对周边环境的影响降至最低。

(3)施工总平面布置

①施工总平面布置应科学、合理,充分利用原有建筑物、构筑物、道路、管线为施工服务。

②施工现场搅拌站、仓库、加工厂、作业棚、材料堆场等布置尽量靠近已有交通线路或即将修建的正式或临时交通线路,缩短运输距离。

③临时办公和生活用房采用经济、美观、占地面积小、对周边地貌环境影响较小,且适合于施工平面布置动态调整的多层轻钢活动板房标准化装配式结构。生活区与生产区分开布置,设置标准的分隔设施。

④施工现场围墙可采用连续封闭的轻钢结构预制装配式活动围挡,减少建筑垃圾,保护土地。

⑤临时设施布置注意远近结合(本期工程与下期工程),努力减少和避免大量临时建筑拆迁和场地搬迁。

10.7　室内空气质量管理

(1)施工过程室内空气质量管理目标

施工过程中须达到或超过国家规定的建筑施工中室内空气质量导则要求,以保护现场储存或安装的材料不因受潮而损坏。

(2)施工过程室内空气质量控制措施

1)空调系统施工及维护

①按顺序安排施工,防止易吸收性材料,如保温材料等受到污染。要求各种机电材料严格按照施工进度计划进场,尽量避免现场存放大量的机电材料而导致机电材料的二次污染。保温材料在入场后,经验收合格后需要存放在现场的清洁、干燥环境,用苫布或彩条布等可靠覆盖,保温材料的包装须严密,避免与大气直接接触吸湿。必要时,可以把设备的过滤段等容易吸附水分和污物的部分暂时拆除后密封单独保管,待设备正式使用前再进行安装。

②各种通风管道在安装前,必须用棉纱进行内壁的擦拭,以去除管道内壁的灰尘和油污,以干净的白毛巾擦拭内壁无明显污染为合格标准,在通风管道内壁可靠除尘、除油污合格后方可进行下一步的安装工作。此外在进行安装前,必须对本部位的环境卫生进行处理,避免干净的风管因为周围环境而受到二次污染。

③空调通风各种管道在安装过程中,各种敞口部位必须用塑料布和胶带严密封闭,避免灰尘等污染物进入管道内部,在具备调试条件的基础上才能将该部分封堵进行拆除。在施工

下一段风管时,拆除前一段风管的封堵,待安装完毕后,对两端敞口的部位再次进行封堵。

④设备在吊装过程中尽量保留原包装,如果原包装无法达到密封的条件,空调机组、设备在安装完成后用地毯等材料盖住设备。保护空调设备免受灰尘、气味的袭击,在施工过程中不能使用空调设备作为施工的保障措施。

⑤安装的空调系统,避免在施工中使用,防止污染。现场如存在临时采暖的必要,必须敷设安装单独的系统。

⑥定期检查回水管和空气处理设备是否有漏洞,如存在问题须书面、照片存档,及时修复。

⑦不能把设备室当存储室使用。各种设备机房在安装设备前达到封闭条件,如不具备正式门安装的条件,可加临时门和锁以施工许可单的形式办理施工手续,并且交班前须由专门的成品保护成员签字认可后方可交接。

⑧所有空调设备在正式竣工验收前更换全部过滤介质,对施工结束时安装的滤层,规定滤层的 MERV 最低值必须达到要求。

2)低挥发性材料使用

根据绿色施工策略,黏结剂、密封材料和底胶、建筑内墙面和天花板的涂料、涂层及基层 VOC 含量、用于室内铁质物的防腐防锈涂料 VOC 含量、净木罩面层(地板、楼梯等) VOC 含量不得超过《室内装饰装修材料有害物质限量 10 项强制性国家标准》的规定;招标和施工前明确材料的测试和认证要求,选用的产品必须经过绿色标志计划认证(或者经有相应资质的实验室测试)。复合木材和纤维制品中不得含有多余甲醛。对以上材料无论是自行采购,还是分包单位采购,均须从经甲方认可的合格产品厂家清单中选择,并按要求提供相应的材质证明和相关材料检测报告,相关要求在三方合同及施工方案中明确。

3)污染物控制

①从材料厂商的选型上进行把关,尽量使用毒性小的、无毒、防辐射的物质材料。各种材料的选用标准必须满足绿色施工的各种材料使用要求。

②隔离或者通风排除室内的毒害物质。在施工期间凡存在挥发性有毒气体的房间,该及时进行通风换气,可采用开启外窗、安装临时风机等手段保证施工的室内空气质量。为保证地下室部分的空气质量,增设临时通风系统,在地下室每层靠近送、排风竖井的位置就近各设置补风、排风风机进行机械通风,换气次数按照 1~2 次/h 考虑。

③现场定期消毒来控制污染物。

④施工计划安排方面措施。在施工计划安排方面,对高污染的施工作业活动,尽量安排在周末或夜晚进行,保证有足够的时间来稀释室内空气污染。安排足够的时间进行入住前的清洗或室内空气质量检测。在施工完成后对污染的空调系统过滤介质进行更换。

10.8　施工过程资料管理

项目部在施工中,将配合业主完善相关计划和方案,并在施工过程中严格控制和实施,及时收集相关资料,确保施工过程达到绿色施工要求。根据绿色施工评估及得分策略,建造过程中施工承包单位需提供以下资料:

①防止水土流失的方案,防止水土流失、防止环境污染的措施及相关照片。

②对回收和处理的施工废弃物进行统计计算,填埋或回收等相关证明文件。

③再生材料跟踪台账(供商、产地、价格、数量、使用部位等),含再生材料的材料价值占总的材料价值的比例的相关计算,以及再生成分、循环成分含量的厂家证明文件。

④本地材料跟踪台账(产品名称、制造商、产地、供商与施工现场距离等),本地材料用量的相关计算及使用记录等文件。

⑤施工室内空气质量管理方案、与施工空气质量管理方面相关的图片。

⑥入住前室内空气质量检测报告。

⑦黏结剂、密封剂、涂料、涂层、油漆 VOC 含量的检测报告,证明其可挥发性成分含量满足绿色施工的相关要求。

思考题

1. 绿色施工的原则与意义是什么?

2. 绿色施工过程有哪 5 项要求?

3. 绿色施工中工程周围环境保护有哪 6 项指标?

4. 绿色施工过程污染防治方案包括哪些措施?

5. 绿色施工过程怎样对地下设施、文物及资源进行保护?

6. 绿色施工过程集中用地管理与施工总平面设计有何关系?

7. 绿色施工过程中室内空气质量控制可采用哪些措施?

8. 绿色施工过程中的资料管理有哪些内容?

11 路桥工程

本章学习要求

本章重难点:钢筋混凝土路面施工;桥梁墩台施工及桥梁上部结构施工。

学习目标:了解路基工程、路面工程、桥梁工程分类,基本施工方法;了解预应力混凝土梁桥的分类;掌握路基工程及附属设施的施工方法与施工工艺、钢筋混凝土路面的施工方法与施工工艺、悬臂拼装法和悬臂浇筑法的施工方法。

11.1 路基工程

路基是支撑路面的土工构筑物,路基是开挖天然地层后形成的路堑,在填方地段,则是用土石填筑、压实后形成的路堤。由于路基在使用过程中要承受由路面传递而来的行车荷载并抵御各种环境因素的影响,因此要求路基必须具有足够的强度、良好的水稳定性、温度稳定性和耐久性。所谓路基施工,就是以设计文件和技术规范为依据,以工程质量为中心,有组织、有计划地将路基设计文件转化为工程实体的建筑活动,如图 11.1 所示。

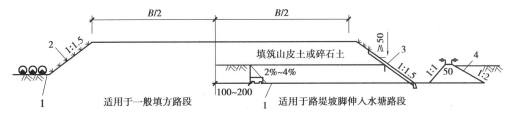

图 11.1 某市政道路路基设计断面(单位:mm)
1—地面线;2—坡面防护;3—浆砌片石护坡;4—围堰

路基施工主要有开挖、运输、填筑、压实等工序,工序都相对简单,但路基施工中存在施工条件变化大、工程数量大、施工难度大、施工方法多样,再加上工程地质不良地基、结构物或隐蔽工程较多等特点,使得工程施工经常遇到各种复杂的技术问题,保证工程质量的难度较大。路基工程主要为土石方工程,施工方法有人工施工、简易机械化施工、机械化施工及爆破施工等,施工时应根据工程性质、岩土类别、工程规模、施工期限、施工条件等选择其中一种或几种方法。

11.1.1 土质路堤施工

(1)填料选择

填筑路堤所用的大量填料,通常是就近取用的当地土石。为保证路堤的强度和稳定性,应选择强度高、稳定性好、易于开挖的土石作为填料,如碎石、岩石、卵石、粗砂等透水性好的材料。它们具有强度高、水稳性好,填筑时受含水量影响较小等特点,经分层压实后较易达到规定的施工质量,此类材料应优先选用。用透水性不良或不透水的土(如黏土)作路堤填料时,必须在最佳含水量下分层填筑并充分压实。粉质土的水稳性和温度稳定性较差,不宜作为路堤填料,在季节性冻土地区更应慎用。黏性土和高液限黏土可用来填筑高度小于 5 m 的路堤,且要水平分层填筑并压实到规定的密实度。高速公路和一、二级公路路堤填料应到实地采取土样进行土工试验,相关技术指标应符合表 11.1 的要求,二级以下公路填料也宜按此表采用。

表 11.1　路基填方材料最小强度和最大粒径要求

项目分类(路面底面以下深度/m)		填料最小强度(CBR 值)/%		填料最大粒径/cm
		高速公路及一级公路	其他等级公路	
路堤	上路床(0~30)	8	6	10
	下路床(30~80)	5	4	10
	上路堤(80~150)	4	3	15
	下路堤(>150)	3	2	15
零填及路堑路床		8	6	10

注:CBR 值即加州承载比,是美国加利福尼亚州提出的一种评定基层材料显示能力的实验方法,根据该方法测定的评定路基及路面材料承载能力的指标。承载能力以材料抵抗局部荷载压入变形的能力表征,并以标准碎石的承载能力为标准,以相对值的百分数表示 CBR 值。

(2)填筑方式

路堤填筑应尽可能采用水平分层填筑方式,即将路堤划分为若干水平层次,逐层向上填筑,如原地面不平,则从地势最低处开始填筑,每填一层,经检测压实度达到要求后再填筑下一层。当原地面纵向坡度大于 12°、路线跨越深谷或局部地面横坡较陡的地段,地面高差大无法采取水平填筑时,可以采用竖向填筑方式,即施工时将填料沿路线纵向在坡度较大的原地面上倾填,形成倾斜的土层,然后碾压密实,如此逐层向前推进。这种填筑方式形成的填土过厚且不易压实,必须采取一定的技术措施,如采用沉降量较小的砂石或开挖路堑的废弃石方,路堤全宽应一次填筑并选用高效能压路机压实。混合填筑方式是路堤下部采用竖向填筑而上部采用水平分层填筑方式,这样可使上部填土获得足够的密实度。

(3)路基压实

为了使路基具有足够的强度和良好的稳定性,必须将路基碾压密实。使用压实机械压实土质路基,就是利用压实功能使三相土体中团块和粗颗粒重新排列,互相靠近挤密,使小颗粒土填充大颗粒土之间的间隙,排出土中空气,使空隙减小,密实度提高,内摩擦力和黏聚力增加,从而使路基的强度和稳定性提高。

影响路基压实效果的因素包括内因(如含水量、土的性质)和外因(包括压实功能、压实机械和压实方法)两个部分。研究和实践表明,土的含水量是影响压实效果的决定性因素,在最佳含水量条件下,容易获得最佳的压实效果,压实后可接近土的最大干密度,此时土体强度最高,水稳性和温度稳定性最好。土质不同压实效果也不同,一般是在同一压实功能作用下,粗颗粒含量多的土,最大干密度较大,最佳含水量较小,比较容易压实。压实功能包括压实机械质量、碾压遍数等,它们是影响压实效果的另一重要因素。对同一类型的土,最佳含水量随压实功能的增加而降低,而最大干密度则随压实功能的增加而增大,只有达到一定的压实功能才能将土碾压密实,但当压实功能增加到一定程度后,最佳含水量的减小和最大干密度的提高并不明显,单纯依靠增大压实功能提高压实效果并不经济。一般路基压实机械有夯击式、振动式和静碾压式3种,夯击式压实效果好于振动式,而振动式压实效果好于静碾式,在工程实践中,一般用土的压实度指标来检验压实质量。压实度,即某种土经过压实后现场测得干密度与实验室内在规定压实功能下获得的最大干密度之比,以百分数表示。各种土的最大干密度按照实验规程通过击实试验来确定,是检测压实度的基准值。土质路基的各层位填土的压实度质量标准不应低于表 11.2 的要求。

表 11.2　土质路基压实度质量标准填挖类型

填挖类型		路面底面计起深度范围/cm	压实度/%	
			高速、一级公路	其他公路
路堤	上路床	0 ~ 30	≥95	≥93
	下路床	30 ~ 80	≥95	≥93
	上路堤	80 ~ 150	≥93	≥90
	下路堤	>150	≥90	≥90
零堤及路堑路床		0 ~ 30	≥95	≥93

注:表列压实度以《公路土工试验规程》(JTG 3430—2020)中规定的由重型击实试验法求得的路基压实标准为准。

土质路基的压实度检测可采用灌砂法、环刀法、蜡封法、灌水法(水袋法)或核子密度湿度仪等方法测定。施工时各压实层均应进行压实度检测,检测频率为每 2 000 m² 检测 8 个点,不足 2 000 m² 至少检测两个点,检测合格后方可进行下一层土的填筑,若检测不合格,则应查明原因,进行补压,直到符合要求为止。土质路基顶面压实完成后应进行弯沉测试,以检查路基刚度是否符合设计要求,一般采用标准轴载汽车测试路基顶面的回弹弯沉值,检验频率为每幅双车道 50 m 长度测点,左右轮隙下各一点。

11.1.2　填石路堤施工

填石路堤是指用挖方路段的石方弃渣或其他来源的石料修筑路堤,它的填料性质、填筑方法、压实标准及边坡的防护与土质路堤有很大的差异。

用于修筑的石料强度不应小于 15 MPa,用于护坡的石料强度不应小于 20 MPa,填料最大粒径不宜超过分层压实厚度的 2/3,当石料性质差异较大时,不同性质的石料应分层或分段填筑,若利用路堑挖方或隧道弃渣岩石为不同岩石种类互层时,允许使用不同种类的混合岩石填筑,但石料强度和粒径应符合要求,暴露在大气中风化速度较快的石块不应作为填石路堤的填料,必须使用这种石料时,应先检验其填料最小强度是否符合土质路堤的填筑要求,不符合不得使用。高速公路和一级公路填石路堤顶面以下 50 cm 范围内用符合路床要求的土填筑,土的最大粒径不得超过 10 cm,分层压实,其他公路填石路堤路床顶面以下 30 cm 范围内用符合路床要求的土填筑,填料粒径不得大于 15 cm。

填石路堤的基底处理方式与土质路堤相同。高速公路和一级公路、铺设高级路面的其他公路的填石路堤应分层填筑、分层压实,在陡峭的山坡路段,当施工难度较大或大量爆破移挖回填时,二级及二级以下公路和铺设中、低级路面的公路路堤下部可采用倾填方式填筑,但路床底面以下不小于 100 cm 范围内应改为水平分层填筑、分层压实。为保证路堤边坡的稳定性,倾填前应先用粒径不小于 30 cm 的硬质石料码砌路堤边坡,路堤高度在 6 m 以下的,码砌宽度不小于 100 cm,高度超过 6 m 时,码砌宽度不小于 200 cm。

高速公路和一级公路的填石路堤填料分层松铺厚度不大于 50 cm,其他等级公路不大于 100 cm。当填料石块粒径级配较差、粒径较大、填层较厚、石块间空隙较大时,为保证路堤的强度和稳定性,在水源丰富的条件下可采用水沉积法将石渣、石屑、中粗砂等扫入石块空隙中,用压力水将这些填料冲入该层下部,反复数次,可使路堤空隙填满。

填石路堤应使用工作质量 12 t 以上的振动压路机压实,当缺乏振动压路机时,可采用重型静载光轮压路机碾压并减薄分层厚度、减小石料粒径。适宜的压实厚度应通过试压确定,但最大厚度不超过 50 cm;若采用重型振动压路机,压实厚度可增大至 100 cm。压路机碾压时先压路堤两侧,后压中间,压实路线沿纵向保持平行,轮迹重叠 40 ~ 50 m,前后相邻工段重叠 100 ~ 150 cm,用夯锤夯实时应呈弧状布点,达到密实度后向后移动一个夯锤位置。

填石路堤压实到要求的密实度所需要的碾压遍数应通过试压确定,石料的紧密程度用 12 t 以上的振动压路机进行压实检验,若压实层顶面稳定,不再下沉,表面无轮迹,可判定已碾压密实。用重型夯锤夯实时,以重锤下落时不下沉而发生弹跳现象为达到密实度要求。

11.1.3 土质路堑开挖

土质路堑开挖是将路基范围内设计高程之上的天然土体挖除,并运输到填方地段或其他指定地点的施工活动。开挖路基时将破坏原有土体的平衡状态,保证开挖边坡的稳定性是一个非常重要的问题,深长路基往往工程量巨大,开挖作业面窄,常常是一段路基施工的控制工程。一般根据路基深度和纵向长度,开挖时可照横挖法、纵挖法或混合式开挖方法进行。

横挖法是从路堑的一端或两端在横断面全宽范围内向前开挖,主要适用于短而浅路堑,路堑深度不大时,一次挖到设计高程的开挖方式称为单层横挖法,若路堑较深且为增加作业面,以便容纳较多的作业机械,形成多层出土以加快工程进度,在不同高度上分成几个台阶同时开挖的方式称为多层横挖法,此时各施工面具有独立的出土通道和临时排水设施。人工开挖时的分层台阶高度可为 1.5 ~ 2.0 m,机械开挖时每层台阶高度可为 3 ~ 4 m。

纵挖法是开挖时沿路堑纵向将开挖深度内的土体分成厚度较小的土层一次开挖,分为分层纵挖法和通道纵挖法。分层纵挖法适用于路堑深度和宽度均不大的情况,在路堑纵断面全宽范围内纵向分层挖掘;通道纵挖法适用于路堑较长、较深、较宽而两端地面坡度较小的情况,开挖时先沿纵向分层,每层先挖出一条通道,然后开挖通道两旁,通道作为机械运行和出土的路线。如果开挖的路堑很长,可在一侧适当位置将路堑横向挖穿,把路堑分成几段,各段再采用纵向开挖的方式作业,这种挖掘路堑的方法称为分段纵挖法,这种挖掘方式可以增加施工作业面,减少作业面之间的干扰并增加出料口,提高工效,适用于傍山的深长路堑的开挖。

11.1.4 石质路堑开挖

由于岩石坚硬,石质路堑的开挖往往比较困难,这对路基的施工进度影响很大,尤其是工程量大而集中的山区石质路堑。通常情况下,应根据岩石路堑的岩石类别、风化程度、节理发育程度、施工条件及工程量大小选择爆破法、松土法或破碎法进行开挖。

爆破法是利用炸药爆炸的能量将土石炸碎以利于挖运或借助爆炸能量将土石移动到预定位置。这种方法开挖石质路基具有工效高、速度快、劳动力消耗少、施工成本低等优点。对岩质坚硬,不可能用人工或机械开挖的石质路堑,通常要采用爆破法开挖。爆破后用机械清方,是非常有效的路堑开挖方法。

根据炸药用量的多少,爆破法分为中小型爆破和大爆破,其中使用频率最高的是中小型爆破,大爆破的应用受到多种因素的限制,当开挖山岭地带的石方路堑,岩层整体性好,路堑较深且路线经过凸出的山嘴时,采用大爆破开挖可提高施工效率,但当路堑位于页岩、片岩、砂岩、砾岩等非整体性岩石时,则不应采用大爆破开挖,尤其是路堑位于岩石倾斜朝向路线且有夹砂层、黏土层的软弱地段及易坍塌的堆积层时,禁止采用大爆破开挖,以免对路基稳定性造成影响。

爆破法施工对山体破坏较大,对周围环境也有较大影响,必须按照现有施工规范和安全规程进行作业,严格按照设计文件实施,通常应作试爆分析,以其结果作为指导施工的依据。

松土法开挖是充分利用岩体的各种裂缝和结构面,利用推土机车引松土器将岩体翻松,再用推土机或装载机与自卸汽车配合将翻松的岩块运输到指定的位置。松土法开挖避免了爆破作业的危险性,而且有利于挖方边坡的稳定和附近建筑设施的安全,凡能用松土法开挖的石方路堑,应尽量不采用爆破法施工。

松土法开挖的效率与岩体破裂面情况及其风化程度有关,岩体被破碎岩石分割成较大块体时,松开效率较高,当岩体已裂成小石块或呈粒状时,松土只能劈成沟槽,效率较低,砂岩、石灰岩、页岩等沉积岩有沉积层面,是比较容易松开的岩石,沉积层越薄越容易松开,片麻岩、石英岩等变质岩,松开的难易程度要视其破裂面的发育程度而定。

花岗岩、玄武岩、安山岩等岩浆岩不呈层状或带状,松开比较困难。

齿松土器适用于松动较破碎的薄层岩体,单齿松土器则适用松动较坚硬的厚层岩体。对坚硬完整的岩石难以翻松,可进行适当的浅孔松动爆破,再进行松土作业。

破碎法开挖是利用破碎机凿碎岩块,然后进行装、运作业,这种方法是将凿子安装在推土机或挖土机上,利用活塞的冲击作用使凿子产生的冲击力凿碎岩石,其凿碎岩石的能力取决于活塞功率的大小,破碎法主要适用于岩体裂隙较多、岩块体积小、抗压强度低于 100 MPa 的岩石,由于开挖效率不高,一般只用于局部场合,作为爆破法和松土法的辅助作业方法。

11.1.5 基层施工

基层是指位于公路路面和路基之间的过渡层,它起到传递、扩散路面层荷载到路基层的作用,是十分重要的缓冲层。基层可分为无机结合料稳定类和粒料类。无机结合料稳定类又称为半刚性基层,常包括石灰稳定类、水泥稳定类和综合稳定类,粒料类常分嵌锁型和级配型,我国大部分高等级公路均采用半刚性基层。

石灰稳定类基层包括石灰土、石灰岩砂土、石灰碎石土等,其强度形成主要是靠石灰与细粒土的相互作用;水泥稳定类基层包括水泥稳定砾砂、砂砾土、碎石土、粉土等,其强度形成主要是靠水泥与细粒土的相互作用;综合稳定类基层是以水泥或石灰为主要结合剂,外掺少量活性物质或其他材料,以提高和改善土的技术性质,常用综合稳定类有石灰粉煤灰稳定、水泥石灰稳定。

半刚性基层的显著特点是整体性强、承载力高、刚度大、水稳性好,而且较为经济。半刚性基层材料的显著缺点是抵抗变形能力差,在温度和湿度变化时容易产生开裂,当面层沥青较薄,容易形成反射裂纹,从而影响路面的使用性能,施工前必须清楚半刚性基层材料的裂缝规律。

我国高等级公路半刚性基层施工中,混合料的拌和方式有路拌法和厂拌法,其摊铺方式有人工和机械两种,从施工程序来看,一般先通过修筑实验路段,制订标准施工方法后再进行大面积施工。

修筑实验路段的任务是检验拌和、运输、摊铺、碾压、养生等计划投入使用设备的可靠性;检验混合料的组成设计是否符合质量要求及各道工序的质量控制措施;提出用于大面积材料配合比及松铺系数;确定每一作业段的合适长度和一次铺筑的合理厚度;提出标准施工方法,标准施工方法的主要内容包含集料与结合料数量的控制。

摊铺方法:合适的拌和方法、拌和速度、拌和深度及拌和遍数;混合料的最佳含水量控制方法;整平与整型的合适机具与方法;压实机械的组合、压实顺序、速度和遍数;压实度检查方法以及每一作业段的最少检查数量。若采用集中厂拌和摊铺机摊铺,则应解决好机械的选型与配套问题。

半刚性基层大面积施工的路拌法施工主要工序为:准备路基、路堑层→施工测量→备料→摊铺→拌和→整平与碾压成型→初期养护。厂拌法的主要工作是拌和设备的调试,找出各料斗的闸门开启刻度(简称“开度”)和设计配合比之间的关系,并试拌一两次以达到设计要求。目前我国高等级公路的半刚性基层施工多采用集中厂拌和摊铺机摊铺,修筑的基层平整度、高程、路拱、纵坡和厚度都达到了规范或合同的要求,从而避免了人工或平地机施工中配料不准、拌和不均、反复找平、厚度难以控制的问题,不仅提高了施工质量,还加快了工程进度,适用于大面积机械化施工。

粒料类基层按其强度构成原理可分为嵌锁型和级配型。嵌锁型包括泥结碎石、泥灰结碎石、填隙碎石等;级配型包括级配碎石、级配砾石,符合级配的天然砂砾、部分砾石经轧制掺配而成的级配砾、碎石等。

11.2　路面工程

我国公路路面主要有沥青路面和钢筋混凝土路面两种。沥青路面具有表面平登、无接缝、行车舒适、耐磨、噪声低、施工期短、养护维修简便,且适宜于分期修建等优点,得到了广泛应用。在我国,高等级公路路面的常见类型是沥青混凝土和沥青碎石路面。钢筋混凝土路面具有刚度大、强度高、稳定性好、养护维修费用低等优点,在高等级、重交通的道路中有很大的发展。

11.2.1　沥青路面施工

通常把未经摊铺、碾压的沥青路面材料称为沥青混合料,分为沥青混凝土混合料和沥青碎石混合料。根据最大粒径的不同,沥青混凝土混合料分为粗粒式、中粒式、细粉式和砂粒式,按标准落实后的孔隙率可将其分为Ⅰ型(剩余孔隙率为3%~6%,城市道路为2%~6%)和Ⅱ型(剩余孔隙率为6%~10%)。沥青碎石混凝土分为粗粒式、中粒式和细粒式。沥青混合料的强度由两个部分组成:一是矿料之间的联挤力和内摩阻力;二是沥青和矿料之间的黏结力。

沥青路面施工的主要工序有沥青混合料的拌和与运输,沥青混合料摊铺、碾压。沥青混合料宜在拌和厂制备,在拌制一种新配合比的混合料之前,或生产中断一段时间之后,应根据室内配合比进行试拌,通过试拌的抽样实验确定施工质量控制指标。沥青混合料正式拌制时应根据配料单进行,严格控制各种材料用量及其加热温度,拌和后的沥青混合料应均匀一致,无花白、无离析和结团成块现象。每班抽样做沥青混合料性能、矿料级配组成和沥青用量检验。每班拌和结束时,清洁拌和设备,放空管道中的沥青,做好检查记录,不符合要求的沥青混合料禁止出厂。

沥青混合料用自卸汽车运至工地,车厢底板及周壁应涂抹一薄层油水(柴油:水为1:3)混合液。运输车辆应加以覆盖,运输至摊铺地点的沥青混合料温度不宜低于130℃,运输中尽量避免急刹车,以减少混合料离析。混合料运输至工地应及时,工前应查明具体位置、施工条件、摊铺能力、运输路线、运距和运输时间,以及所需要的混合料的种类和数量等。要组织好车辆在拌和设备处装料和卸料的顺序,尤其要计划好车辆在工地卸料时的停置地点,装料时按其运载质量装足,安全检查后再启运。摊铺作业是沥青路面施工的关键工序,常包括下承层(路基及半刚性基层)准备、施工放样、摊铺机各种参数调整与选择、摊铺机作业等内容。

摊铺时应先检查摊铺机的熨平板宽度和高度是否适当,并调整好自动调平装置,有条件时,应尽可能采用全路幅摊铺,如果采用分路幅摊铺,接缝应紧密、拉直,并应设置样桩控制厚度,双层式沥青混凝土路面的上下层铺筑宜在当天内完成,如间隔时间较长,在铺筑上层前应对下层受到污染的路段进行清扫,并浇洒黏层沥青,摊铺时,沥青混合料温度不应低于100℃,摊铺厚度应为设计厚度乘以松铺系数,沥青混合料的松铺系数通过试铺碾压确定,也可按沥青混合料为1.15~1.35,沥青碎石混合料为1.15~1.30取值,细粒式取上限,粗粒式取下限,摊铺后应检查平整度及路拱。

施工气温在10℃以下或冬季温度虽在10℃以上,但有大风时,摊铺时间宜在上午9时至下午4时进行,做到快卸料、快摊铺、快整平、快碾压,摊铺机的熨平板及其他接触热沥青的机具要经常加热。在摊铺前,应对接茬处已经被压实的沥青层进行预热,摊铺后,在接茬处用热夯夯实,热烙铁熨平,并使压路机沿接茬处碾压。雨季施工时,要做好防雨排水工作,下承层潮湿时,不得进行摊铺工作,对经雨淋的沥青混合料,要全部清除,更换新料。

压实是沥青路面施工的最后一道工序,其目的是提高沥青混合料的强度、稳定性及疲劳性能。压实不足将减少路面的疲劳寿命和加速其老化。压实工作的主要内容包括压实机具选型与组合、压实温度、速度、遍数、压实方式的确定及特殊路段的压实(弯道与陡坡等)。

常用压实机具有静作用光轮压路机、轮胎压路机和振动压路机,压实作业程序分为初压、复压和终压3道工序。初压的目的是整平与稳定混合料,同时为复压创造有利条件,是压实的基础,要注意压实的平整性;复压的目的是使混合料密实、稳定、成型,混合料的密实程度取决于这一道工序,必须与初压紧密衔接,且一般采用重型压路机;终压的目的是消除轮迹,最后形成平整的压实面,这道工序不宜采用重型压路机在高温下完成,否则会影响平整度。碾压时压路机应由路边压向路中,三轮式压机每次重叠宽度宜为后轮宽的 1/2,双轮压路机每次重叠宽度宜为 30 cm,压路机碾压沥青路面的压实速度可参考表 11.3。

表 11.3 压路机碾压沥青路面的压实速度

最大碾压速度压路机类型	初压/(km·h⁻¹)	复压/(km·h⁻¹)	终压/(km·h⁻¹)
钢轮压路机	1.5 ~ 2.0	2.5 ~ 3.5	2.5 ~ 3.5
轮胎压路机	—	3.5 ~ 4.5	—
振动压路机	静压 1.5 ~ 2.0	振动 5 ~ 6	静压 2 ~ 3

注:静压是指关闭振动装置的无振动碾压。

提高碾压压实质量的关键在于控制碾压温度(一般来说,沥青混合料的最佳压实温度为 110 ~ 120 ℃,最高不超过 160 ℃),选择合理的压实速度和压实遍数,选择合理的动压路机的振频和振幅,严格把控混合料的出厂质量。

11.2.2 钢筋混凝土路面施工

国内外大量实践证明,钢筋混凝土路面的使用性能在很大程度上取决于施工质量,施工质量又依赖于先进的施工机具,钢筋混凝土路面施工的先进工具有轨道式摊铺机施工和滑模式摊铺机施工,目前全国的高等级公路基本已实现机械化施工。轨道式摊铺机施工各工序可选用的机械见表 11.4。

表 11.4 轨道式摊铺机施工各工序可选用的机械

工序	可考虑选用的机械
混凝土拌和	拌和机、装载机、称量设备
混凝土运输	自卸汽车、搅拌车
卸料	侧面卸料机、纵向卸料机
摊铺	刮板式匀料机、箱式摊铺机、螺旋式摊铺机
振捣	刮板式匀料机、箱式摊铺机、螺旋式摊铺机
接缝施工	钢筋(传力杆、拉杆)插入机、切缝机
表面修理	修整机、纵向表面修整机、斜向表面修整机
修整粗糙面	拉毛机、压(刻)槽机

各施工工序可以采用不同类型的机械,而不同类型的机械具有不同的工艺要求和生产率,整个机械化施工需要考虑机械的选型和配套。通常把混凝土摊铺机械作为第一主导机械,而把混凝土拌和机械作为第二主导机械,在选用机械时,应首先选定主导机械,然后根据主导机械的技术性能和生产率,选用配套机械。

轨道式摊铺机施工的整套机械,在轨道上移动推进,以轨道为基准控制路面表面的高程,轨道和模板同步安装,统一协调定位,将轨道固定在模板上,既是混凝土路面的侧模板,也是每节轨道的固定基座。轨道高程控制是否精准,铺轨是否平直,接头是否平顺,将直接影响路面表面的质量和行驶性能,模板不仅要承受从轨道传递下来的机组质量,还要具有一定的横向刚度,轨道数量应根据施工进度配备,并要有拆模周期内的周转数量。

摊铺施工是将倾倒在基层上或推铺机箱内的混凝土按照摊铺厚度均匀地充满模板范围之类的过程,摊铺机械可以选用刮板式、箱式或螺旋式。刮板式摊铺机本身能在模板上自由地前后移动,在导管上左右移动,刮板本身也可以旋转,可以将卸在基层上的混凝土堆向任意方向摊铺,这种摊铺机比其他类型摊铺机自重小,容易操作,易于掌握,使用普遍,但其摊铺能力较小。箱式摊铺机的混凝土通过卸料机(纵向或横向)卸在钢制的箱子里,箱子在机械前进行驶时横向移动,同时箱子的下端按松铺厚度刮平混凝土。混凝土一次全部放在箱子里,质量较大,但摊铺均匀而准确,摊铺能力大,故障较少。螺旋式摊铺机具有可以正反向旋转的螺旋杆(直径约 50 cm)将混凝土摊开,螺旋后面有刮板,可以准确调整高度,这种摊铺机的摊铺能力大,其松铺系数一般在 1.15~1.30,它与混凝土的配合比、集料粒径和坍落度等因素有关,施工阶段主要取决于坍落度。

摊铺完成后可采用振捣机或内部振动式振捣机振捣密实混凝土,振捣后路面还应进行整平、精光、纹理制作等工序。混凝土表面修整完毕,应进行养生,使混凝土路面在开放交通前具有足够的强度。滑模式摊铺机的特点是不需要轨道模板,整个摊铺机的机架支撑在 4 个液压油缸上,它可以实现控制机械上下移动,以调整摊铺机铺层厚度,在摊铺机的两侧设置能随机移动的固定滑模板,不需要另设轨模,这种摊铺机一次通过就可以完成摊铺、振捣、整平等多道工序。

滑模式摊铺机的施工工艺过程与轨道式基本相同,但轨道式摊铺机预制配套施工的机械较复杂,程序多,特别是拆装固定式轨模,不仅费工,而且施工成本也大大增加,操作比较复杂,而滑模式摊铺机则不同,整机性能好,操作方便,生产率高。

11.3　桥梁工程

桥梁工程包括上部结构和下部结构。桥梁工程下部结构基础形式大多采用桩基础,其成孔施工方法常根据桥位处场地地质、水文情况采用人工拉孔、正反循环钻进、旋挖钻进、冲抓钻进等。位于深水中的桥梁基础可采用双壁钢围堰、钢吊箱、沉井、钢板桩工法配合以上成孔方法施工。桥梁上部结构形式多样,按照所采用的材料可分为钢筋混凝土桥、预应力混凝土桥、钢桥和钢混组合梁桥;按受力情况可分为梁式桥、拱式桥、悬索桥三大体系。所用材料和受力体系的组合使得桥梁上部结构形式丰富多样,施工方法千差万别,相应的工艺流程和规范要求不尽相同。

近几十年,我国的桥梁建设事业无论是从建设规模还是技术水平,都处于世界的领先地位。在混凝土桥梁建设领域,我国在 1997 年建成的昆明南过境干道高架简支梁桥跨度达到 63 m,同年建成的广东虎门辅航道连续刚构桥跨度为 150 m+270 m+150 m,位于同类型桥世界第四;在拱桥建设领域,2003 年建成的上海卢浦大桥主跨 550 m,为世界最大的钢箱拱桥,2009 年建成的重庆朝天门长江大桥为中承式钢桁架拱桥,主跨为 552 m,为世界最大跨度的拱桥;在悬索、斜拉索桥建设领域,我国的建设成就世界瞩目。2007 年建成的浙江西堠门跨海大桥主跨 1 650 m,为世界跨度第二大的悬索桥,2008 年建成的江苏苏通长江公路大桥主跨达到 1 088 m,为当时世界跨度最大的斜拉桥,而 2020 年建成通车的沪苏通长江公铁大桥主航道跨度更是达到 1 092 m,且为公铁两用桥,已刷新这一纪录。

在我国快速发展的高速铁路建设中,桥梁工程所占比例更高,如京沪高速铁路中桥梁工程里程占到总里程的 80%,桥梁工程施工对我国交通、经济建设具有重要意义。

11.3.1　沉井施工

沉井的施工方法与墩台基础所在地点的地质和水文情况有关。施工前,应根据设计单位提供的地质资料决定是否增加补充施工钻探。为编制施工技术方案提供准确依据,并对洪汛、凌汛、河床冲刷、通航及漂流物等作好调查研究。需要在施工中度汛、度凌的沉井应制订必要的措施确保安全。尽量利用枯水季节进行施工,如施工需经过汛期,应有相应的措施。沉井下沉前,应对附近的堤防、建筑物和施工设备采取有效的防护措施,并在下沉过程中,经常进行沉降观测及观察基线、基点的设置情况。

圆形沉井:在下沉过程中易控制方向;使用抓泥斗抓土,要比其他类型的沉井更能保证其刃脚均匀地支撑在土层上;在侧压力的作用下,井壁只受轴向压力(侧向压力均匀分布时)或稍受挠曲(侧向压力非均匀分布时);对水流方向或斜交均有利。

矩形沉井:具有制造简单,基础受力有利的优点。常能配合墩台(或其他结构物)底部平面形状。四角一般做成圆角,以减少井壁摩阻力和取土清孔的困难,矩形沉井在侧压力作用下井壁受较大的挠曲力矩;在流水中阻水系数较大,冲刷较严重。

圆端形沉井:控制下沉、受力条件、阻水冲刷均较矩形有利,但沉井制造较复杂。对平面尺寸较大的沉井,可在沉井中设隔墙,使沉井由单孔变成双孔或多孔。

沉井基础施工一般可分为旱地施工、水中筑岛施工及浮运沉井施工 3 种,旱地沉井基础施工是桥梁墩台位于旱地时,沉井可就地制造、挖土下沉、封底、填充井孔以及浇筑顶板(图 11.2)。

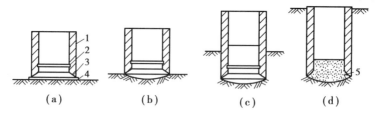

图 11.2　沉井施工顺序图

1—井壁;2—凹槽;3—刃脚;4—承垫木;5—素混凝土封底

在水流速不大,水深在 3～4 m 以内,可采用水中筑岛的方法施工。当水深较大,如超过 10 m 时,筑岛法很不经济且施工困难,可改用浮运法施工。沉井在岸边做成,利用在岸边铺成的滑道滑入水中,然后用绳索引到设计墩位。沉井井壁可做成空体形式或采用其他措施使沉井浮于水上,也可以在船坞内制成浮船定位和吊放下沉或利用潮汐水位上涨浮起,再浮运至设计位置,沉井就位后用水或混凝土灌入空体,徐徐下沉至河底;或依靠在悬浮状态下接长沉井及填充混凝土使其逐步下沉,施工中的每个步骤均需保证沉井本身足够的稳定性。沉井刃脚切入河床一定深度后,可按前述下沉方法施工。

11.3.2　桥墩施工

(1)石砌墩台

墩台筑前应按设计图放出大样,按大样图用挤浆法分段砌筑。砌筑时应计算砌筑层数,选好石料,严格控制平面位置和高度。镇面石一顺一丁排列,砌缝横平竖直,缝宽不大于 2 cm,上下层竖缝错开距离不小于 10 cm。里面可按块石砌筑,其平缝宽度不大于 3 cm,竖缝宽度不大于 6 cm,上下层竖缝应错开。

1)砌筑脚手架

砌石时所采用的施工脚手架应环绕墩台搭设,以便堆放材料,并支撑施工人员砌镶面定位行列及勾缝。脚手架的类型根据墩台高度选择,6 m 以下墩台一般采用固定式轻型脚手架,25 m 以下墩台选用简易活动脚手架,墩台较高时则多采用悬挑脚手架。

2)石砌墩台施工要点

①圆端形桥墩。桥台应先砌角石,再接砌镶面石,除角石错缝不小于 15 cm 外,接缝宽度宜控制在 2～3 cm;桥墩砌石时一般先从桥墩的上下游圆头石或分水尖开始,然后砌镶面石,最后再砌腹石。网端桥墩的圆端顶点不应有垂直灰缝,砌石应从顶端开始先砌石块①,然后以丁顺相间排列,接砌四周镇面石,如图 11.3(a)所示。圆端底层顺石宜稍长,以利于逐层减短收坡,使丁石位置保持不变。

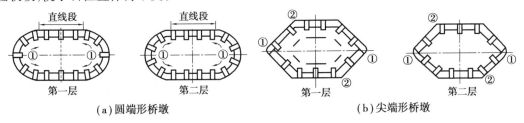

（a）圆端形桥墩　　　　　　　　　（b）尖端形桥墩

图 11.3　石砌桥墩

②尖端形桥墩。尖端及转角不得有垂直接缝,同样应先砌石块①,再砌转角石②,如图 11.3(b)所示。然后丁顺相间排列,接砌四周镇面石。砌石时应将大面平面朝下,安放稳定,砂浆饱满,并不得在石块间垫塞小石块。

③同一层砌筑顺序:桥墩的上下游圆头石或分水尖,桥台先砌 4 个转角,然后挂线砌筑中部表层,最后填砌腹部。

④挤浆法砌筑时,横向缝和竖缝的砂浆均应饱满。

⑤墩台的顶帽(盖梁)一般用混凝土或钢筋混凝土灌注。支撑垫石位置、标高和锚栓孔眼的位置都特别注意,其偏差必须满足施工规范要求。

(2)混凝土墩台

混凝土墩台的施工与混凝土构件施工方法一样,它对混凝土结构的模板要求与其他钢筋混凝土构件的模板要求相同。一般情况下,当墩台高度小于 30 m 时,采用固定模板施工;当墩台高度大于等于 30 m 时,采用滑动模板施工。

采用滑升模板浇筑混凝土时,宜采用低流动,半干硬性混凝土进行分层浇筑,各段应浇筑到距模板上口 100～150 mm 的位置为止,可搭入一定数量的早强剂以加速模板提升,在滑升中需防止千斤顶或油管接头在混凝土或钢筋处漏油,混凝土脱模强度宜为 0.2～0.5 MPa。

(3)装配式墩台

装配式墩台适用于山谷架桥、路越平级无漂流物的河沟、河滩等的桥梁,特别是在工地干扰多、施工场地狭窄、缺水与砂石供应困难地区,其效果更为显著。装配式墩台结构形式具有轻便、建桥速度快、圬工省、预制构件质量有保证等特点。目前经常采用的有砌块式、柱式和管节式或环圈式墩台等。

1)砌块式墩台

砌块式墩台的施工大体上与石砌墩台相同,只是预制砌块的形式因墩台形状不同有很多变化。这种施工方法可节省混凝土数量,节省木材和大量铁件,施工进度快且砌缝整齐美观。

2)柱式墩台

装配式柱式墩即将桥墩分解为若干轻型部件,在工厂或工地集中预制,再运送到现场装配成墩台。其形式有双挂式、排架式、板笼式和钢架式等。施工工序为预制构件、安装连接与混凝土填缝养护等。

11.3.3 桥梁结构施工

11.3.3.1 预应力混凝土桥梁悬臂施工

悬停法是以桥墩为中心向两岸对称的、逐节接长悬臂的施工方法。预应力混凝土梁桥的悬臂法施工分为悬臂拼装法(简称悬拼法)和悬臂浇筑法(简称悬浇法)两种。前者是将预制块件在桥墩上逐段进行悬臂拼装,并穿束和张拉预应力筋,最后合龙;后者是在桥墩台上安装钢桁架并向两侧伸出悬臂以供垂吊挂篮,在挂篮上进行施工,对称浇筑混凝土,最后合龙。

(1)悬臂拼装法

预应力混凝土梁式结构悬臂法,是先将梁体沿顺桥方向划分成适当长度的块件进行预制,然后将其运至施工地点进行拼装,经张拉预应力筋,使块件成为整体的桥梁施工方法。该方法的优点是施工速度快,可显著缩短工期;块件为预制构件,施工质量可以保证;预应力损失较小;施工不受气候影响。其主要缺点是需要较大的预制场地和大型的机械设备。

悬臂拼装法的主要施工工序包括混凝土块件预制、分段吊装施工、悬臂拼装接缝和合龙段施工。

1)混凝土块件预制

混凝土块件在预制前应对其分段预制长度进行控制,以便于预制和安装。预制块要求尺寸准确,特别是拼装接缝要密贴,预留孔道对接要顺畅。混凝土块件的预制方法有长线预制法、短线预制法和卧式预制法3种。箱梁块件通常采用长线预制或短线预制,桁架梁可采用卧式预制。

2)分段吊装施工

预制块的悬臂拼装可根据现场布置和设备条件采用不同的方法进行施工。当靠近岸边的桥跨不高且可在陆地或便桥上施工时,可采用门式吊车、自行式吊车来拼装。对河中桥孔,可以采用水上浮吊进行安装。如果桥墩很高,或者水流湍急而不便在陆地上、水上施工,可以利用各种吊机进行高空悬拼施工。

在桥墩施工完成后,先进行0号块件的施工。0号块件能为预制块件的安装提供必要的施工作业面,可以根据预制块件的安装设备,决定0号块件的尺寸。安装挂篮或吊机,从桥墩两侧同时、对称地安装预制块件,以保证桥墩平衡受力,减小弯曲力矩。当采用移动式吊车悬拼施工时,应先将预制节段从桥下或水上运至桥位处,然后用吊车吊装就位。

3)悬臂拼装接缝

悬臂拼装时,预制块件间接缝可采用湿接缝和胶接缝两类。外伸钢筋焊接后浇筑混凝土或砂浆的接缝形式称为湿接缝,湿接缝采用高强度细石混凝土或水泥砂浆作为接缝材料。采用湿接缝可使块件安装的位置易于调整。胶接缝通常采用环氧树脂胶作为黏结材料。胶接缝能消除水分对接头的有害作用,能提高结构的耐久性。

接缝施工:

①湿接缝施工程序:块件定位,测量中线及高程→接头钢筋焊接→安装湿接缝模板→浇筑湿接缝混凝土或砂浆→养护→脱模,穿1号块预应力筋、张拉、锚固。

②胶接缝施工程序:将块件吊升至拼装高度,就位试拼,移开块件离缝4 mm左右→穿预应力筋(束),涂胶,正式定位→按设计要求张拉一定数量钢筋后放松吊机→张拉全部钢筋(束)后进行孔道灌浆。

4)合龙段施工

合龙段施工时通常由两个挂篮向一个挂篮过渡,先拆除一个挂篮,用另一个挂篮跨过合龙段至另一端悬臂施工梁段上,形成合龙施工支架,也可采用吊架的形式形成支架。

(2)悬臂浇筑法

悬臂浇筑法是采用移动式挂篮作为主要施工设备,以桥墩为中心,对称向两岸利用挂篮逐段浇筑梁段混凝土,待混凝土达到要求强度后,张拉预应力束,再移动挂篮,进行下一梁段的施工。利用移动挂篮进行悬臂施工的主要工作内容包括在桥墩顶浇筑起步梁段(0号段),在起步梁段上拼装悬浇挂篮并依次分段悬浇梁段,最后分段及总体合龙,如图11.4所示。其主要施工工序:浇筑0号段→拼装挂篮,浇筑1号段→挂篮前移、调整、锚固,浇筑下一梁段→依次完成悬臂浇筑→挂篮拆除→合龙。

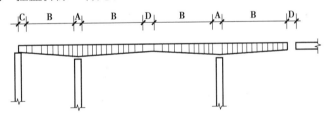

图11.4 悬臂浇筑分段施工

A—墩顶梁段;B—对称悬浇梁段;C—支架现浇梁段;D—合龙梁端

①在墩顶托架上浇筑0号段并实施墩梁临时固结系统。

②在0号段上安装悬臂挂篮,向两侧依次对称地分段浇筑主梁至合龙前段。

③在临时支架或梁端与边墩间的临时托架上支模浇筑现浇梁段。

④主梁合龙段可在改装的简支挂篮托架上浇筑。

11.3.3.2 装配式桥梁施工

装配式桥梁施工包括构件的预制、运输和安装等各个阶段和过程。

(1)支架便桥架设法

支架便桥架设法是在桥孔内或靠墩台旁顺桥向用钢梁或木料搭设便桥作为运送梁、板构件的通道,在通道上面设置走板、滚筒或轨道平车,从对岸用绞车将梁、板牵引至桥孔后,再横移至设计位置定位安装,如图 11.5 所示。

（2）自行式吊机架设法

自行式吊机本身有动力,不需要临时动力设备以及任何架设设备的工作准备,且安装迅速,缩短工期,适用于中小跨径的预制梁吊装。如图 11.6 所示为吊机和绞车配合架设法示意图。

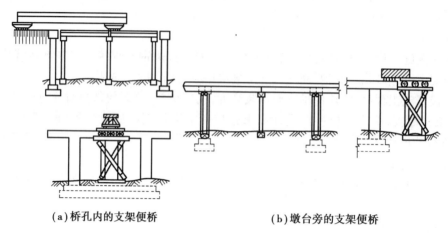

(a)桥孔内的支架便桥　　　　　　(b)墩台旁的支架便桥

图 11.5　支架便桥架设法

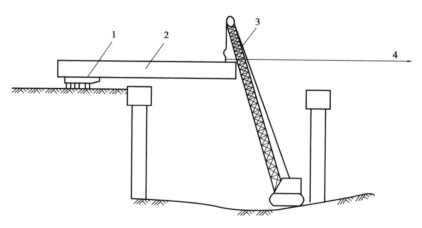

图 11.6　吊机和绞车配合架设法

1—走板滚筒;2—预制梁;3—吊机起重臂;4—绞车

（3）双导梁穿行式架设法

双导梁穿行式架设法是在架设跨间设置两组导梁,导梁上配置有悬吊预制梁的轨道平车和起重行车或移动式龙门架,将预制梁在双导梁内吊运到指定位置后,再落梁、横移就位。双导梁穿行式架设法如图 11.7 所示。

双导梁穿行式架设法的安装程序:在桥头路堤上拼装导梁和行车→吊运预制梁→预制梁和导梁横移→先安装两个边梁,再安装中间各梁→全跨安装完毕横向焊接联系后,将导梁推向前进,安装下一跨。

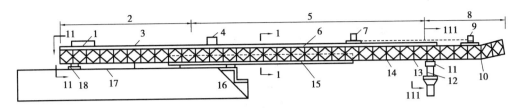

图 11.7　双导梁穿行式架设法

1—平衡压重;2—平衡部分;3—人行便桥;4—后行车;5—承重部分;6—行车轨道;7—前行车;
8—引导部分;9—绞车;10—装置特殊接头;11—横移设备;12—墩上排架;13—花篮螺丝;
14—钢桁架导梁;15—预制梁;16—预制梁纵向滚移设备;17—纵向滚道;18—支点横移设备

思考题

1. 土质路基如何施工? 怎样检测压实质量?
2. 填石路堤对石料有什么要求?
3. 土质和石质路堑开挖有哪些方法?
4. 悬臂拼装施工桥梁如何预制? 施工方法是什么?
5 简述钢管混凝土拱桥的分类。

12 土木工程施工组织概论

13 流水施工基本原理

14 网络计划技术

15 单位工程施工组织设计

16 施工组织总设计

参考文献

［1］江正荣. 简明施工工程师手册［M］. 2 版. 北京:机械工业出版社,2010.

［2］重庆大学,同济大学,哈尔滨工业大学. 土木工程施工［M］. 3 版. 北京:中国建筑工业出版社,2016.

［3］《建筑施工手册》编委会. 建筑施工手册［M］. 5 版. 北京:中国建筑工业出版社,2012.

［4］石元印. 建设工程监理概论［M］. 重庆:重庆大学出版社,2007.

［5］石元印. 土木工程建设监理［M］. 2 版. 重庆:重庆大学出版社,2004.

［6］石元印,王泽云. 建筑施工技术［M］. 2 版. 重庆:重庆大学出版社,2004.

［7］申琪玉. 土木工程施工［M］. 3 版. 北京:科学出版社,2021.

［8］工程建设标准强制性条文(房屋建筑部分)咨询委员会. 工程建设标准强制性条文(房屋建筑部分)［M］. 北京:中国建筑工业出版社,2013.

［9］中国建筑工业出版社. 新版建筑工程施工质量验收规范汇编:2021 年版［M］. 北京:中国建筑工业出版社,2021.

［10］刘宏伟. 现代高层建筑施工［M］. 北京:机械工业出版社,2019.

［11］郭正兴. 土木工程施工［M］. 3 版. 南京:东南大学出版社,2020.

［12］现行建筑施工规范大全修订缩印本编写组. 现行建筑施工规范大全(修订缩印本)［M］. 北京:中国建筑工业出版社,2005.

［13］王泽云. 土力学［M］. 重庆:重庆大学出版社,2002.

［14］石元印,王泽云. 土木工程建设监理［M］. 重庆:重庆大学出版社,2001.

［15］肖维品. 建设监理与工程控制［M］. 北京:科技出版社,2001.

［16］石元印,肖维品. 建筑施工技术［M］. 重庆:重庆大学出版社,1999.

［17］石元印. 建设项目投资风险分析及评估准则［J］. 四川建筑科学研究,1998,24(1):54-58.

［18］穆静波,侯敬峰. 土木工程施工［M］. 3 版. 北京:中国建筑工业出版社,2020.

［19］刘将. 土木工程施工［M］. 西安:西安交通大学出版社,2021.

［20］石元印. 土木工程建设监理［M］. 5 版. 重庆:重庆大学出版社,2014.

［21］石元印. 工程建设监理概论与实践［M］. 重庆:重庆大学出版社,2014.